Infinitesimalrechnung 2

Grundkurs

von
Karl-August Keil
Johannes Kratz
Hans Müller
Karl Wörle

Lösungen

bearbeitet von
Hans Karl Abele

Bayerischer Schulbuch Verlag · München

 mathematik

Gedruckt auf chlorfrei gebleichtem Papier

© 1999 Bayerischer Schulbuch Verlag GmbH, München

Das Werk und seine Teile sind urheberrechtlich geschützt. Jede Verwertung in anderen als den gesetzlich zugelassenen Fällen bedarf deshalb der schriftlichen Einwilligung des Verlags.

1. Auflage 1999 R
Druck 03 02
Die letzte Zahl bezeichnet das Jahr des Drucks.

Umschlagkonzept: Lutz Siebert, München
Satz und Druck: Tutte Druckerei GmbH, Salzweg-Passau

ISBN 3-7627-**3859**-9

G.1

1. a) $m = 2$; $\alpha = 63{,}43°$; $y = 2x - 2$. b) $m = -\frac{1}{4}$; $\alpha = -14{,}04°$; $y = -\frac{1}{4}x - \frac{5}{4}$.

2. a) $\alpha_1 = 56{,}31°$; $\alpha_2 = -18{,}43°$; b) $\alpha_1 = 33{,}69°$; $\alpha_2 = -56{,}31°$;
$\alpha = 74{,}74°$; $S(-2; -1)$. $\alpha = 90°$; $S(-1; -2)$.

3. a) $y = 2x - 2$; $A(2; 2)$. b) $y = -\frac{3}{2}x + \frac{17}{2}$; $A(3; 4)$.

G.2.1

Für $0 < x_1 < x_2$ gilt ebenso wie für $x_1 < x_2 < 0$:

$$f(x_2) - f(x_1) = \frac{1}{x_2} - \frac{1}{x_1} = \frac{x_1 - x_2}{x_1 x_2} < 0 \Rightarrow \text{f nimmt in } \mathbb{R}^+ \text{ und } \mathbb{R}^- \text{ streng monoton ab.}$$

G.2.2

a) Umkehrbar, weil streng monoton zunehmend

$f^{-1}: x \mapsto 2x - 4$; $x \in \mathbb{R}$

$S(4; 4)$; Siehe Fig. G.1a.

b) Umkehrbar, weil streng monoton abnehmend

$f^{-1}: x \mapsto -\sqrt{x}$; $x \in \mathbb{R}_0^+$

$S(0; 0)$; Siehe Fig. G.1b.

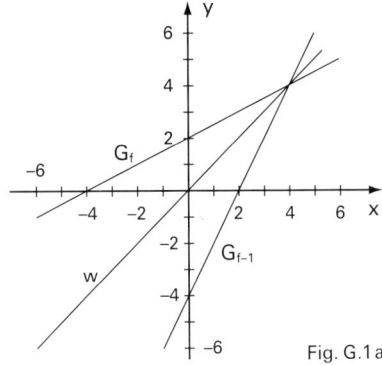

Fig. G.1a

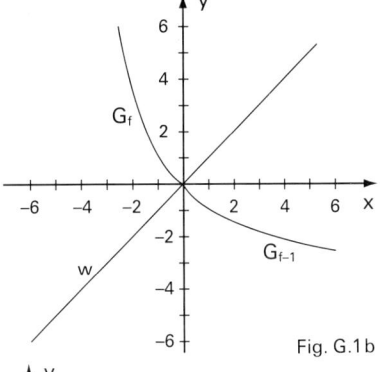

Fig. G.1b

c) Umkehrbar, weil streng monoton zunehmend

$f^{-1}: x \mapsto \sqrt{2x - 1}$; $x \in [\frac{1}{2}; +\infty[$

$S(1; 1)$; Siehe Fig. G.1c.

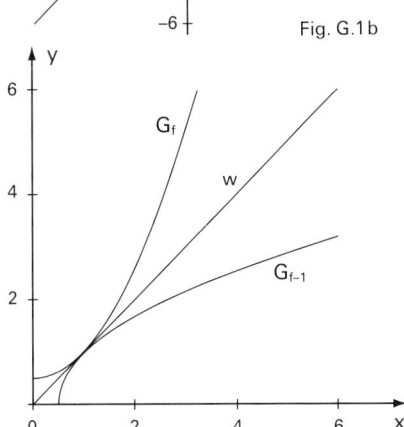

Fig. G.1c

d) Umkehrbar, weil streng monoton abnehmend

$f^{-1}: x \mapsto -x + 4; \quad x \in \mathbb{R}$

G_f und $G_{f^{-1}}$ fallen zusammen. Siehe Fig. G.1d.

e) Umkehrbar, weil streng monoton zunehmend

$f^{-1}: x \mapsto 3 + \sqrt{x-1}; \quad x \in [1; +\infty[$

$S(5; 5)$; Siehe Fig. G.1e.

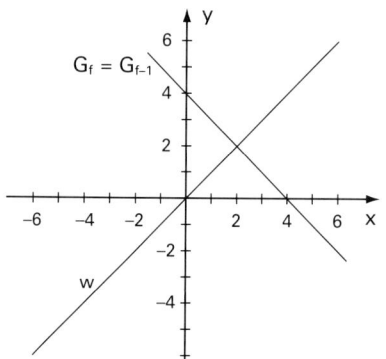

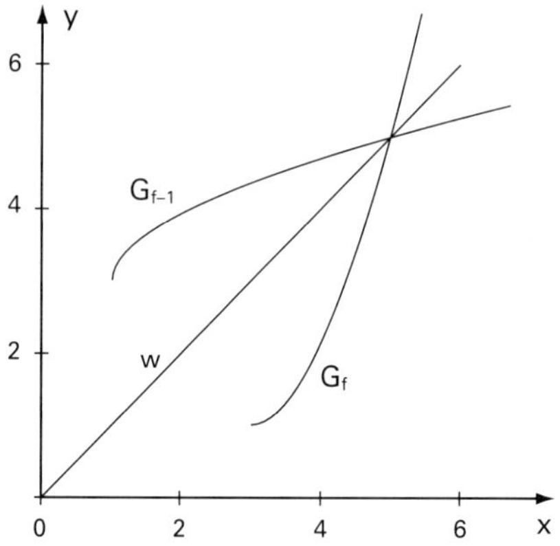

Fig. G.1d

Fig. G.1e

f) Umkehrbar, weil streng monoton zunehmend

$f^{-1}: x \mapsto -1 + \sqrt{2x+1}; \quad x \in [-\frac{1}{2}; +\infty[$

$S(0; 0)$; Siehe Fig. G.1f.

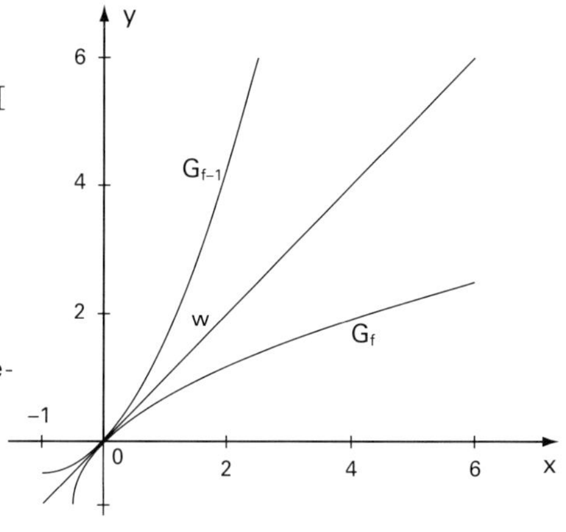

G.2.3

S.12 a) $f(x) = -(x-1)^2 + 1 \leq 1$; nach oben beschränkt

$\sup f(x) = 1 \in W$.

b) $f(x) \geq 2$; nach unten beschränkt

$\inf f(x) = 2 \in W$.

c) $f(x) > 0$ für $x \in \mathbb{R}^+$; nach unten beschränkt; $\inf f(x) = 0 \notin W$.

Fig. G.1f

G.2.4

S.13 Symmetrisch zur y-Achse: a, b, d, e, h. Punktsymmetrisch zum Ursprung: c, f, g.

G.3.1

S.14 a) 1;   b) −3;
      c) 2;   d) 0.

G.3.2

a) 0; b) $\lim_{x\to 1} \frac{x^3-1}{x^2-1} = \lim_{x\to 1} \frac{(x-1)(x^2+x+1)}{(x-1)(x+1)} = \frac{3}{2}$;

c) 10; d) $\frac{3}{2}$.

S. 15

G.4.1

a) $f'(x_0) = -\frac{1}{x_0^2}$; $y = -x + 2$.

b) $f'(x_0) = -\frac{2}{x_0^3}$; $y = -2x + 3$.

c) $f'(x_0) = \frac{1}{2\sqrt{x_0}}$; $y = \frac{1}{2}x + \frac{1}{2}$.

S. 17

G.4.2

a) $f': x \mapsto m$; b) $f': x \mapsto 2ax$; c) $f': x \mapsto -\frac{2}{x^3}$, $(x \neq 0)$.

S. 18

G.5.1

a) $f'(x) = 2x + 1$; b) $f'(x) = -4x - 8$; c) $f'(x) = 3x^2$;

d) $f'(x) = \frac{1}{\sqrt{x}} + 3\cos x$; e) $f'(x) = -\frac{a}{x^2} + \frac{b}{2\sqrt{x}}$; f) $f'(x) = a\cos x - b\sin x$.

S. 19

G.5.2

1. a) $f'(x) = \frac{1}{2}x \cdot \frac{1}{\sqrt{x}} + \sqrt{x} = 1{,}5\sqrt{x}$; b) $f'(x) = -\frac{\sqrt{x}}{x^2} + \frac{1}{2}\frac{1}{x\sqrt{x}} = -\frac{\sqrt{x}}{2x^2}$;

   c) $f'(x) = -\frac{2}{x^3}$; d) $f'(x) = 2x\cos x - x^2 \sin x$;

   e) $f'(x) = 7x^6 \sin x + x^7 \cos x$; f) $f'(x) = -\frac{\cos x}{x^2} - \frac{\sin x}{x}$.

2. $f'(x) = c' \cdot u(x) + c \cdot u'(x) = c \cdot u'(x)$ (wegen $c' = 0$).

3. $f'(x) = (u(x)\, v(x)\, w(x))' = ((u(x)\, v(x))\, w(x))'$
   $= (u(x)\, v(x))'\, w(x) + (u(x)\, v(x))\, w'(x)$
   $= (u'(x)\, v(x) + (u(x)\, v'(x))\, w(x) + u(x)\, v(x)\, w'(x)$
   $= u'(x)\, v(x)\, w(x) + u(x)\, v'(x)\, w(x) + u(x)\, v(x)\, w'(x)$.

S. 21

G.5.3

S. 22 1. Es sei $f(x) = \dfrac{u(x)}{v(x)}$. Zähler und Nenner seien differenzierbar an der Stelle x_0, $v(x_0) \neq 0$.

Der Differenzquotient bzgl. der Stelle x_0 lautet:

$$\frac{f(x) - f(x_0)}{x - x_0} = \frac{\dfrac{u(x)}{v(x)} - \dfrac{u(x_0)}{v(x_0)}}{x - x_0} = \frac{u(x) v(x_0) - u(x_0) v(x)}{(x - x_0) v(x) v(x_0)}$$

$$= \frac{1}{v(x) v(x_0)} \cdot \frac{u(x) v(x_0) - u(x_0) v(x_0) + u(x_0) v(x_0) - u(x_0) v(x)}{x - x_0}$$

$$= \frac{1}{v(x) v(x_0)} \cdot \left[v(x_0) \cdot \frac{u(x) - u(x_0)}{x - x_0} - u(x_0) \cdot \frac{v(x) - v(x_0)}{x - x_0} \right].$$

Somit ist nach den Grenzwertregeln

$$f'(x_0) = \lim_{x \to x_0} \frac{1}{v(x) v(x_0)} \cdot \left[\lim_{x \to x_0} v(x_0) \cdot \lim_{x \to x_0} \frac{u(x) - u(x_0)}{x - x_0} - \lim_{x \to x_0} u(x_0) \cdot \lim_{x \to x_0} \frac{v(x) - v(x_0)}{x - x_0} \right]$$

$$= \frac{1}{[v(x_0)]^2} \cdot [v(x_0) \cdot u'(x_0) - u(x_0) \cdot v'(x_0)].$$

Nach einfacher Umformung erhält man, wenn man x_0 wieder durch x ersetzt, die Quotientenregel:

$$f'(x) = \frac{u'(x) \cdot v(x) - u(x) \cdot v'(x)}{[v(x)]^2}.$$

2. a) $f'(x) = \dfrac{2x}{(9 - x^2)^2}$; b) $f'(x) = -\dfrac{1}{2\sqrt{x^3}}$; c) $f'(x) = -\dfrac{\cos x}{\sin^2 x}$; d) $f'(x) = \dfrac{2x - 1}{(2 + x - x^2)^2}$.

3. Nach Quotientenregel mit $u(x) = 1$, $v(x) = g(x)$ ($u'(x) = 0$)

$$f'(x) = \frac{1' \cdot g(x) - g'(x) \cdot 1}{(g(x))^2} = -\frac{g'(x)}{(g(x))^2}.$$

4. a) $f'(x) = -\dfrac{1}{x^2}$; b) $f'(x) = \dfrac{x^2 - a^2}{x^2}$; c) $f'(x) = \dfrac{2}{x^3}$.

Die Brüche in a), b), c) kann man auch zuerst in Summen auftrennen.

d) $f'(x) = \dfrac{x^3 - 3ax^2}{(x - a)^3}$; e) $f'(x) = \dfrac{\sin x - x \cos x}{\sin^2 x}$; f) $f'(x) = \dfrac{5 - 4x}{x^6}$.

G.5.4

S. 24 1. a) $12(3x + 2)^3$, $D_{f'} = \mathbb{R}$; b) $-5(1 - x)^4$, $D_{f'} = \mathbb{R}$;

c) $3(3x^2 - 2x + 5)^2 (6x - 2)$, $D_{f'} = \mathbb{R}$.

2. a) $\dfrac{-2}{(2x - 1)^2}$, $D_{f'} = D_f$; b) $\dfrac{-6}{(2x - 1)^4}$, $D_{f'} = D_f$; c) $\dfrac{-4x - 2}{(x^2 + x + 1)^3}$, $D_{f'} = D_{f'}$;

d) $\dfrac{2 \cos x}{(2 - \sin x)^3}$, $D_{f'} = D_f$.

3. a) $2\cos 2x$, $D_{f'} = \mathbb{R}$; b) $-\frac{1}{2}\pi \sin(\frac{1}{2}\pi x)$, $D_{f'} = \mathbb{R}$; c) $a\cos(ax + S)$, $D_{f'} = \mathbb{R}$;
d) $\frac{\pi}{\cos^2 \pi x}$, $D_{f'} = \mathbb{R}$.

4. a) $2\sin x \cos x$, $D_{f'} = \mathbb{R}$; b) 0; c) $3\sin^2 x \cos x$, $D_{f'} = \mathbb{R}$;
d) $4\cos^3 x \sin x$, $D_{f'} = \mathbb{R}$.

5. a) $\frac{1}{\sqrt{2x-3}}$, $D_{f'} =]1{,}5; \infty[$; b) $\frac{x}{\sqrt{x^2+1}}$, $D_{f'} = \mathbb{R}$;
c) $\frac{1}{2}\sqrt{\frac{x}{x^2+1}} \cdot \left(1 - \frac{1}{x^2}\right)$, $D_{f'} = \mathbb{R}^+$; d) $f'(x) = \frac{2 + \frac{1}{\sqrt{x}}}{\sqrt{x+\sqrt{x}}} = \frac{2\sqrt{x}+1}{\sqrt{x^2+x\sqrt{x}}}$, $D_{f'} = \mathbb{R}^+$.

6. a) $2\sin x \cdot \cos 2x + \cos x \sin 2x$, $D_{f'} = \mathbb{R}$; b) $\frac{2x^2+1}{\sqrt{x^2+1}}$, $D_{f'} = \mathbb{R}$;
c) $\frac{2(x-2x^3)}{\sqrt{1-x^2}}$, $D_{f'} =]-1;1[$; d) $2x(x\cos 2x + \sin 2x)$, $D_{f'} = \mathbb{R}$.

7. a) $\frac{2(x\cos 2x - \sin 2x)}{x^3}$, $D_{f'} = \mathbb{R}^+$; b) $\frac{\cos 3x + 6x\sin 3x}{2\sqrt{x}\cos^2 3x}$, $D_{f'} =]0, \frac{\pi}{6}[$;
c) $\frac{\cos 2x}{\sqrt{\sin 2x}}$, $D_{f'} =]0, \frac{1}{2}\pi[$; d) $-2\pi \cos \pi x \sin \pi x$, $D_{f'} = \mathbb{R}$.

8. $f(0) = 0 \Rightarrow \sin b = -a$.
G_f berührt die x-Achse ...
... von oben: $y_{min} = 0$
$\Rightarrow a = 1 \Rightarrow \sin b = -1 \Rightarrow b = \frac{3\pi}{2} + k \cdot 2\pi$, $k \in \mathbb{Z}$;
... von unten: $y_{max} = 0$
$\Rightarrow a = -1 \Rightarrow \sin b = 1 \Rightarrow b = \frac{\pi}{2} + k \cdot 2\pi$, $k \in \mathbb{Z}$.

9. $y' = A \cdot \sqrt{c} \cos \sqrt{c}x - B \cdot \sqrt{c} \sin \sqrt{c}x$;
$y'' = -A \cdot c \sin \sqrt{c}x - B \cdot c \cdot \cos \sqrt{c}x = -c(A\sin\sqrt{c}x + B\cos\sqrt{c}x) = -cy$.

G.6

1. a) $D_f = \mathbb{R}$
Punktsymmetrie zum Ursprung
Nullstellen $x_1 = -\sqrt{3}$; $x_2 = 0$; $x_3 = \sqrt{3}$
$\lim\limits_{x \to \pm\infty} f(x) = \pm\infty$
$f'(x) = 3x^2 - 3$ hat die Nullstellen $x_4 = -1$ und $x_5 = 1$

x		-1		1	
$f'(x)$	$+$		$-$		$+$
G_f	steigt		fällt		steigt

Hochpunkt H(-1; 2);   Tiefpunkt T(1; -2)
$f''(x) = 6x$ hat die Nullstelle $x_6 = 0$
$f''(x) < 0$, G_f rechtsgekrümmt für $x < 0$
$f''(x) > 0$, G_f linksgekrümmt für $x > 0$
Wendepunkt W(0; 0)
Wertemenge $W = \mathbb{R}$ Siehe Fig. G.2.

b) $D_f = \mathbb{R}$
Punktsymmetrie zum Ursprung
Nullstelle $x_1 = 0$
$\lim\limits_{x \to \pm\infty} f(x) = \pm\infty$
$f'(x) = 3x^2 + 3$ hat keine Nullstellen
$f'(x) > 0$ in D_f, Graph steigt in D_f, keine Extremwerte
$f''(x) = 6x$ hat die Nullstelle $x_1 = 0$
$f''(x) < 0$, G_f rechtsgekrümmt für $x < 0$
$f''(x) > 0$, G_f linksgekrümmt für $x > 0$
Wendepunkt W(0; 0)
Wertemenge $W = \mathbb{R}$ Siehe Fig. G.3.

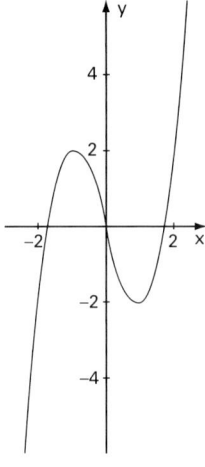

Fig. G.2

c) $D_f = \mathbb{R}$
Symmetrie zur y-Achse
Nullstellen $x_1 = 0$ (doppelt), $x_{2/3} = \pm 3$
$\lim\limits_{x \to \pm\infty} f(x) = +\infty$
$f'(x) = \frac{1}{6}(4x^3 - 18x)$ hat die Nullstellen $x_3 = 0$,
$x_{4/5} = \pm\frac{3}{2}\sqrt{2}$

x	$-\frac{3}{2}\sqrt{2}$	0	$+\frac{3}{2}\sqrt{2}$	
$f'(x)$	$-$	$+$	$-$	$+$
G_f	fällt	steigt	fällt	steigt

Tiefpunkte $T_{1/2}(\pm\frac{3}{2}\sqrt{2};\ -3\frac{3}{8})$;   Hochpunkt H(0; 0)
$f''(x) = 2x^2 - 3 = 0$ für $x_{6/7} = \pm\frac{1}{2}\sqrt{6}$

x	$-\frac{1}{2}\sqrt{6}$	$\frac{1}{2}\sqrt{6}$	
$f''(x)$	$+$	$-$	$+$
G_f	Linkskrümmung	Rechtskrümmung	Linkskrümmung

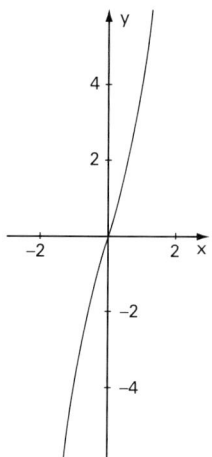

Fig. G.3

Wendepunkte $W_{1/2}(\pm\frac{1}{2}\sqrt{6};\ -1\frac{7}{8})$
Wertemenge $W = [-3\frac{3}{8};\ \infty[$
Siehe Fig. G.4.

d) $D_f = \mathbb{R}$
Keine Symmetrie zum Koordinatensystem
Nullstellen: $x_1 = 0$; $x_2 = 3$ (doppelt)
$\lim\limits_{x \to \pm\infty} f(x) = \pm\infty$

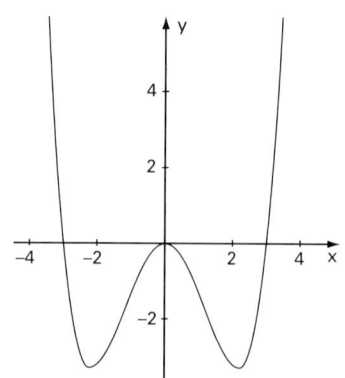

Fig. G.4

$f'(x) = 3x^2 - 12x + 9$ hat die Nullstellen $x_3 = 1$, $x_4 = 3$

x		1		3	
f'(x)	+		−		+
G_f	steigt		fällt		steigt

Hochpunkt H(1; 4);   Tiefpunkt T(3; 0)
$f''(x) = 6x - 12$ hat die Nullstelle $x_5 = 2$
$f''(x) < 0$, G_f rechtsgekrümmt für $x < 2$
$f''(x) > 0$, G_f linksgekrümmt für $x > 2$
Wendepunkt W(2; 2)
Wertemenge $W = \mathbb{R}$
Siehe Fig. G.5.

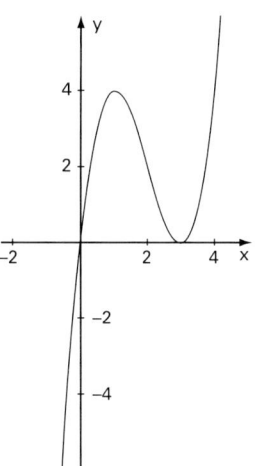

Fig. G.5

e) $D_f = \mathbb{R}$
Keine Symmetrie zum Koordinatensystem
Keine Nullstellen (Am besten stellt man die Nullstellen zurück, bis man anhand der Extremwerte sieht, dass es keine gibt.)

$\lim_{x \to \pm\infty} f(x) = +\infty$

$f'(x) = x(x-2)^2$ hat die Nullstellen $x_1 = 0$; $x_2 = 2$ (doppelt)

x		0		2	
f'(x)	−		+		+
G_f	fällt		steigt		steigt

Tiefpunkt T(0; 2);   Terrassenpunkt W_1 (2; $3\frac{1}{3}$)
$f''(x) = 3x^2 - 8x + 4$ hat die Nullstellen $x_2 = 2$, $x_3 = \frac{2}{3}$

x		$-\frac{2}{3}$		2	
f''(x)	+		−		+
G_f	Linkskrümm.		Rechtskrümm.		Linkskrümm.

Wendepunkte W_1, W_2 ($\frac{2}{3}$; $2\frac{44}{81}$)
Wertemenge $W = [2; \infty[$
Siehe Fig. G.6.

f) $f(x) = \dfrac{x^2 + 1}{x} = x + \dfrac{1}{x}$

$D_f = \mathbb{R} \setminus \{0\}$
Punktsymmetrie zum Ursprung
Keine Nullstellen

$\lim_{x \to \pm\infty} f(x) = \pm\infty$

$\lim_{x \to 0 \pm 0} f(x) = \pm\infty$

Asymptoten: $x = 0$, $y = x$
$f'(x) = 1 - \dfrac{1}{x^2}$ hat die Nullstellen $x_1 = -1$
und $x_2 = 1$.

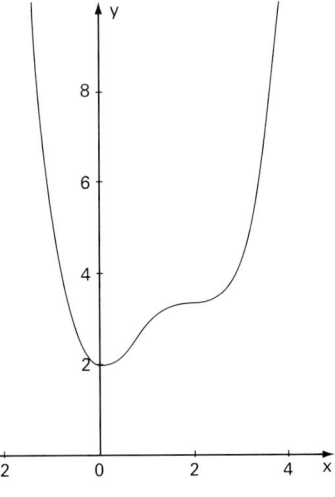

Fig. G.6

x		-1		0		1	
f'(x)	+		−		−		+
G_f	steigt		fällt		fällt		steigt

Hochpunkt H $(-1; -2)$;
Tiefpunkt T $(1; 2)$

$f''(x) = \frac{2}{x^3}$ hat keine Nullstelle

$f''(x) > 0$, G_f linksgekrümmt für $x > 0$

$f''(0) < 0$, G_f rechtsgekrümmt für $x < 0$

Kein Wendepunkt
$W_f = \mathbb{R} \setminus]-2; 2[$
Siehe Fig. G.7.

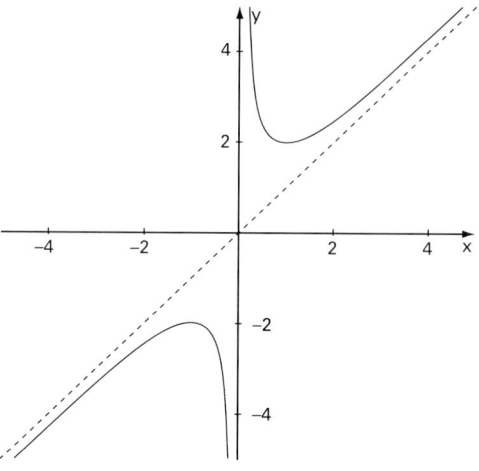

Fig. G.7

S. 28 g) $f(x) = \frac{x^2-1}{x} = x - \frac{1}{x}$

$D_f = \mathbb{R} \setminus \{0\}$
Punktsymmetrie zum Ursprung
Nullstellen $x_1 = -1$; $x_2 = 1$

$\lim_{x \to \pm\infty} f(x) = \pm\infty$

$\lim_{x \to 0\pm 0} f(x) = \mp\infty$

Asymptoten: $x = 0$, $y = x$

$f'(x) = 1 + \frac{1}{x^2}$ hat keine Nullstelle

$f'(x) > 0$, G_f steigt in D_f

$f''(x) = -\frac{2}{x^3}$ hat keine Nullstelle

$f''(x) > 0$, G_f linksgekrümmt für $x < 0$

$f''(x) < 0$, G_f rechtsgekrümmt für $x > 0$

Kein Wendepunkt
$W_f = \mathbb{R}$
Siehe Fig. G.8.

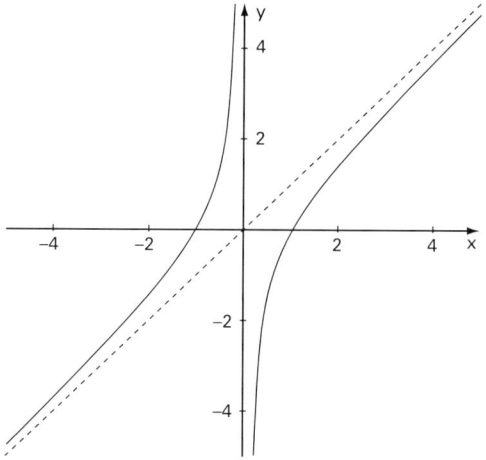

Fig. G.8

h) $D_f = \mathbb{R}$
Symmetrie zur y-Achse
Keine Nullstellen

$\lim_{x \to \pm\infty} f(x) = 0$

Asymptoten: $y = 0$

$f'(x) = \frac{-2x}{(x^2+1)^2}$ hat die Nullstelle $x_1 = 0$

$f'(x) < 0$, G_f fällt für $x > 0$
$f'(x) > 0$, G_f steigt für $x < 0$
Hochpunkt H $(0; 1)$

$f''(x) = \frac{6x^2 - 2}{(x^2+1)^3}$ hat die Nullstellen $x_{2/3} = \pm\frac{1}{3}\sqrt{3}$

x		$-\frac{1}{3}\sqrt{3}$		$\frac{1}{3}\sqrt{3}$	
f''(x)	+		−		+
G_f	Linkskrümmung		Rechtskrümmung		Linkskrümmung

Wendepunkte $W_{1/2}(\pm\frac{1}{3}\sqrt{3}; \frac{3}{4})$
$W_f =]0; 1]$
Siehe Fig. G.9.

i) $D_f = \mathbb{R}\setminus\{-1; 1\}$
Symmetrie zur y-Achse
Keine Nullstellen
$\lim\limits_{x\to\pm\infty} f(x) = 0$
$\lim\limits_{x\to 1\pm 0} f(x) = \pm\infty$
$\lim\limits_{x\to -1\pm 0} f(x) = \mp\infty$

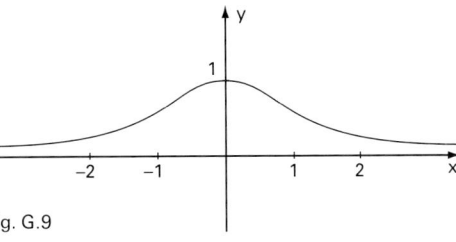

Fig. G.9

Asymptoten: $y = 0$, $x = -1$, $x = 1$
$f'(x) = \frac{-2x}{(x^2-1)^2}$ hat die Nullstelle $x_1 = 0$

$f'(x) < 0$, G_f fällt für $x > 0$
$f'(x) > 0$, G_f steigt für $x < 0$
Hochpunkt $H(0; -1)$
$f''(x) = \frac{6x^2 + 2}{(x^2-1)^3}$ hat keine Nullstelle

x		-1		1	
f''(x)	+		−		+
G_f	Linkskrümmung		Rechtskrümmung		Linkskrümmung

Kein Wendepunkt
$W_f = \mathbb{R}\setminus]-1; 0]$
Siehe Fig. G.10.

2. a) $f(x) = ax^3 + bx^2 + cx + d$
mit $a \neq 0$;
$f''(x) = 6ax + 2b = 0$
hat immer eine Lösung
$x_0 = -\frac{b}{3a}$; $f'''(x_0) = 6a \neq 0$
$\Rightarrow$ Wendepunkt bei x_0.

b) $f''(x) = 12ax^2 + 6bx + 2c = 0$
muss zwei Lösungen haben, damit es Wendepunkte gibt. Bei nur einer Lösung gibt es keinen Vorzeichenwechsel in f''(x) und damit keinen Wendepunkt.
$\Rightarrow$ Diskriminante > 0;
$\Rightarrow$ $3b^2 - 8ac > 0$.

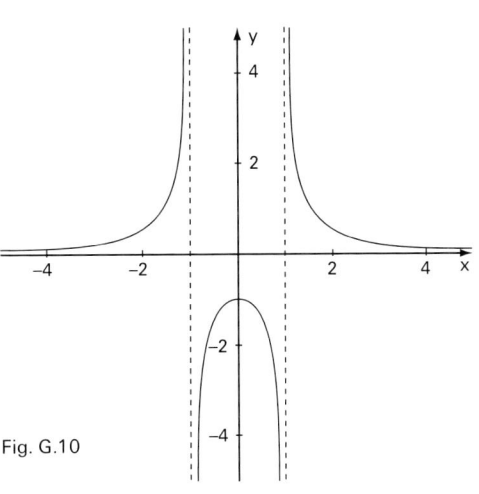

Fig. G.10

3. a) f(x) ist Polynom 6. Grades.
  f''(x) ist Polynom 4. Grades mit höchstens 4 Nullstellen;
  ⇒ höchstens 4 Wendepunkte.

b) f'(x) ist Polynom 5. Grades mit höchstens 5 Nullstellen;
  ⇒ höchstens 5 Extremwerte $x_1 \ldots x_5$.
  Terrassenpunkte entstehen, wenn zwei benachbarte Extremwerte zusammenfallen,
  z.B. $x_1 = x_2$, $x_3 = x_4$;
  ⇒ höchstens zwei Terrassenpunkte.

4. a) Polynomdivision ergibt: $f(x) = -\frac{1}{8}(x+3)(x-1)(x^2+2x+5)$;
  $x^2 + 2x + 5 = 0$ hat keine Lösung.
  ⇒ Es gibt keine weiteren Nullstellen.

b) $f'(x) = -\frac{1}{8}(4x^3 + 12x^2 + 12x + 4)$
  $= -\frac{1}{2}(x^3 + 3x^2 + 3x + 1)$
  $= -\frac{1}{2}(x+1)^3$ (Druckfehler in 1. Auflage).

c) $f'(x) = 0 \Rightarrow x = -1$ (dreifache Nullstelle)
  $f''(x) = -\frac{3}{2}(x+1)^2$; $f''(-1) = 0$ erlaubt keine eindeutige Aussage.
  $f'(x) < 0$, G_f fällt für $x > -1$
  $f'(x) > 0$, G_f steigt für $x < -1$
  Hochpunkt bei $x = -1$.

d) $f''(x) = -\frac{3}{2}(x+1)^2$ hat die Nullstelle $x = -1$, wechselt
  aber hier nicht das Vorzeichen;
  ⇒ kein Wendepunkt.

e) $f(-1+x) = f(-1-x) = -\frac{1}{8}(x^4 - 16)$
  Das Kriterium für Symmetrie bezüglich einer Geraden
  $x = x_0$:
  $f(x_0 - h) = f(x_0 + h)$ (vgl. Infinitesimalrechnung 1, 1.4.4)
  ist erfüllt mit $x_0 = -1$ und $h = x$.

f) Siehe Fig. G.11.

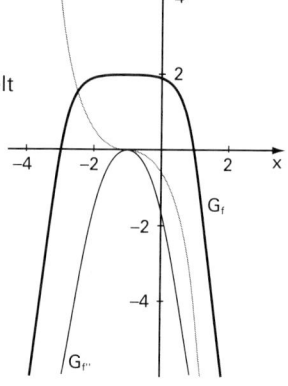

Fig. G.11

5. a) $f'(x) = -\frac{1}{9}(x^2 + 2x - 8)$
  hat die Nullstellen $x_1 = -4$, $x_2 = 2$.

x		-4		2	
f'(x)	$-$		$+$		$-$
G_f	fällt		steigt		fällt

Hochpunkt $H(2; 3)$;
Tiefpunkt $T(-4; -1)$.

c) $f''(x) = -\frac{1}{9}(2x + 2)$ hat die Nullstelle
  $x_3 = -1$
  $f'''(x) \neq 0 \Rightarrow$ Wendepunkt $W(-1; 1)$
  $m_t = f'(-1) = 1$; $t: y = x + 2$.

d) Siehe Fig. G.12.

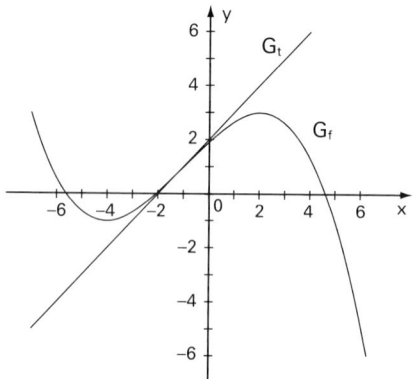

Fig. G.12

6. a) $f(x) = ax^3 + bx^2 + cx + d, \quad a \neq 0$
$f'(x) = 3ax^2 + 2bx + c$
$f''(x) = 6ax + 2b$
$f''(x) = 0 \Rightarrow x = -\dfrac{b}{3a}$
$f'''(x) = 6a \neq 0$
$\Rightarrow x_w = -\dfrac{b}{3a}.$

b) $f(0) = d = t(0)$
$f'(0) = c = m_t$
$\Rightarrow t(x)$ ist Tangente im Schnittpunkt $T(0; d)$ mit der y-Achse.

c) $f(x) = t(x)$
$\Rightarrow ax^3 + bx^2 = 0 \Rightarrow x^2(ax + b) = 0.$
Lösungen: $x_1 = 0, \; x_2 = -\dfrac{b}{a}$
Es gibt nur **eine** Lösung, wenn $x_2 = 0 \Leftrightarrow b = 0$
$f_0(x) = ax^3 + cx + d$
$f_0'(x) = 3ax^2 + c$
$f_0''(x) = 6ax$
$f_0'''(x) = 6a \neq 0$
$f_0''(x) = 0 \Rightarrow x = 0$
$\Rightarrow T(0; d)$ ist Wendepunkt $\Rightarrow t(x)$ ist Wendetangente.

7.1

1. a) Viertelkreis im 1. Quadranten: S. 34

$f(x) = \sqrt{r^2 - x^2}; \; x \in [0; r]; \; f(x)$ monoton fallend
$n = 100; \; d = \dfrac{r}{100}.$

Obersumme:
$\bar{A} = d[f(0) + f(d) + f(2d) + \cdots + f((n-1)d)]$
$= \dfrac{r}{100}\left(\sqrt{r^2} + \sqrt{r^2 - \left(\dfrac{r}{100}\right)^2} + \sqrt{r^2 - \left(\dfrac{2r}{100}\right)^2} + \cdots + \sqrt{r^2 - \left(\dfrac{(100-1)r}{100}\right)^2}\right)$
$= \dfrac{r^2}{100}\left(1 + \sqrt{1 - \left(\dfrac{1}{100}\right)^2} + \sqrt{1 - \left(\dfrac{2}{100}\right)^2} + \cdots + \sqrt{1 - \left(\dfrac{99}{100}\right)^2}\right).$

Die Summe kann mit einem programmierbaren Taschenrechner oder einem PC-Programm wie etwa dem folgenden QBasic-Programm berechnet werden.

```
s=1
FOR i=1 TO 99
s=s+SQR(1-(i/100)^2)
NEXT i
PRINT s
END
```

Man erhält: $\bar{A} = \dfrac{r^2}{100} \cdot 79{,}01 = 0{,}7901 \, r^2.$

Untersumme:

$\underline{A} = d[f(d) + f(2d) + \cdots + f(r)]$

$= \dfrac{r^2}{100} \left(\sqrt{1 - \left(\dfrac{1}{100}\right)^2} + \sqrt{1 - \left(\dfrac{2}{100}\right)^2} + \cdots + \sqrt{1 - \left(\dfrac{99}{100}\right)^2} + 0 \right)$

$= \dfrac{r^2}{100} (79{,}01 - 1) = 0{,}7801\, r^2.$

Für die Kreisfläche A_K gilt somit:

$4\underline{A} < A_K < 4\bar{A}$

$3{,}1204\, r^2 < A_K < 3{,}1604\, r^2.$

b) s. Fig. 7.1; die graue Fläche sei A; sie wird begrenzt von der Kreislinie mit

$f(x) = \sqrt{r^2 - x^2};\ x \in \left[0;\, \dfrac{r}{2}\right];\quad f(x)$ monoton fallend

$d = \dfrac{r}{20};\ n = 10$ Streifen.

Obersumme:

$\bar{A} = d[f(0) + f(d) + f(2d) + \cdots + f(9d)]$

$= \dfrac{r}{20} \left(\sqrt{r^2} + \sqrt{r^2 - \left(\dfrac{r}{20}\right)^2} + \sqrt{r^2 - \left(\dfrac{2r}{20}\right)^2} + \cdots + \sqrt{r^2 - \left(\dfrac{9r}{20}\right)^2} \right)$

$= \dfrac{r^2}{20} \left(1 + \sqrt{1 - \left(\dfrac{1}{20}\right)^2} + \sqrt{1 - \left(\dfrac{2}{20}\right)^2} + \cdots + \sqrt{1 - \left(\dfrac{9}{20}\right)^2} \right).$

Mit dem Taschenrechner oder einem Programm wie in a) erhält man:

$\bar{A} = \dfrac{r^2}{20} \cdot 9{,}6307 = 0{,}48185\, r^2.$

Untersumme:

$\underline{A} = d\left[f(d) + f(2d) + \cdots + f(9d) + f\left(\dfrac{r}{2}\right) \right]$

$= \dfrac{r^2}{20} \left(\sqrt{1 - \left(\dfrac{1}{20}\right)^2} + \sqrt{1 - \left(\dfrac{2}{20}\right)^2} + \cdots + \sqrt{1 - \left(\dfrac{9}{20}\right)^2} + \sqrt{1 - \dfrac{1}{4}} \right)$

$= \dfrac{r^2}{20} \left(9{,}6307 - 1 + \sqrt{\dfrac{3}{4}} \right) = 0{,}4748\, r^2.$

$\Rightarrow 0{,}4748\, r^2 < A < 0{,}48185\, r^2$

$A_{\triangle OAB} = \dfrac{1}{2} \cdot \dfrac{r}{2} \cdot \dfrac{r}{2} \sqrt{3} = \dfrac{1}{8} r^2 \sqrt{3}$

$A_{Sektor} = 2(A - A_{\triangle OAB})$

$\Rightarrow 0{,}5166\, r^2 < A_{Sektor} < 0{,}5307\, r^2.$ Fig. 7.1

2. a) Zeit mal Geschwindigkeit = Weg

$A_1 - A_2 =$ gesamte Ortsveränderung im Zeitabschnitt $[x_1;\, x_2]$.

b) Kraft mal Weg = Arbeit (Energie)

A_1 ist die Energie, die die Feder bei einer Dehnung vom gestauchten Zustand x_1 bis zum entspannten Zustand abgibt.

A_2 ist die Energie, die die Feder bei einer weiteren Dehnung bis zum gedehnten Zustand x_2 aufnimmt.

$A_1 - A_2 =$ Nettoenergieabgabe bei Dehnung von x_1 bis x_2.

c) Zeit mal Beschleunigung = Geschwindigkeit
$A_1 - A_2$ = gesamte Änderung der Geschwindigkeit im Zeitabschnitt $[x_1; x_2]$.

7.2.2

1. a) Dreieck mit Grundlinie $b - a$ und Höhe 2.
$$\int_a^b f(x)\,dx = \tfrac{1}{2} \cdot (b - a) \cdot 2 = 5.$$

   b) (Trapez oder) rechtwinkliges Dreieck und Rechteck jeweils unterhalb der x-Achse.
$$\int_a^b f(x)\,dx = -\left(\frac{2^2}{2} + 1{,}5 \cdot 2\right) = -5.$$

   c) $\int_a^b f(x)\,dx = A_1 - A_2 + A_3 - A_4$
$$= \tfrac{1}{2} - (\tfrac{1}{2} + 1 + \tfrac{1}{2}) + (\tfrac{1}{2} + \tfrac{1}{2}) - \left(\frac{2^2}{2} + 1 \cdot 2\right) = \tfrac{1}{2} - 2 + 1 - 4 = -4{,}5.$$
s. Fig. 7.2

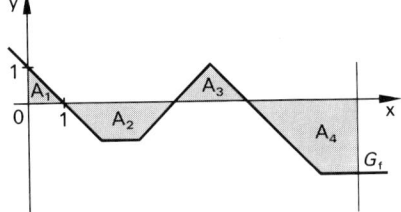

Fig. 7.2

2. a) Da das Integral der Flächeninhalt des rot gerasterten Rechtecks mit Höhe 1 sein soll, haben wir nur zu zeigen, dass für $a < b$, $a, b \in \mathbb{R}$ der Term $b - a$ die Breite des Rechtecks darstellt.
Für $0 \leq a < b$ ist das klar.
Für $a < b \leq 0$ ist $|b| < |a|$, die Breite des Rechtecks also $|a| - |b|$. Da sowohl a als auch b negativ sind, ist die Breite $-a - (-b) = b - a$. Für $a < 0 < b$ ist die Breite des Rechtecks $|a| + |b| = -a + b = b - a$.
$$\Rightarrow \int_a^b dx = b - a \quad \text{für } a, b \in \mathbb{R}, a < b)$$

   b) 1. Fall: $c > 0$
   Man erhält ein Rechteck mit Höhe c oberhalb der x-Achse.
   Das Integral ist gleich der Rechtecksfläche: $\int_a^b c\,dx = c(b - a)$

   2. Fall: $c < 0$
   Man erhält ein Rechteck mit Höhe $-c$ unterhalb der x-Achse.
   Das Integral ist gleich der gerichteten Rechtecksfläche.
$$\int_a^b c\,dx = -[-c(b - a)] = c(b - a)$$

   3. Fall: $c = 0$
   Die Fläche verschwindet; das Integral ist gleich null.
$$\Rightarrow \int_a^b c\,dx = c(b - a) \quad \text{für } c \in \mathbb{R}$$

7.3.3 A

S. 43 1. a) $\sum_{v=1}^{5} v = 1 + 2 + 3 + 4 + 5$.

b) $\sum_{v=1}^{6} (2v - 1) = (2 \cdot 1 - 1) + (2 \cdot 2 - 1) + (2 \cdot 3 - 1) + (2 \cdot 4 - 1) + (2 \cdot 5 - 1)$
$+ (2 \cdot 6 - 1) = 1 + 3 + 5 + 7 + 9 + 11$.

c) $\sum_{v=1}^{8} (-1)^v = (-1)^1 + (-1)^2 + (-1)^3 + \ldots + (-1)^8$
$= -1 + 1 - 1 + 1 - 1 + 1 - 1 + 1 = 0$.

d) $\sum_{v=1}^{6} (-1)^{v+1} = (-1)^2 + (-1)^3 + \ldots + (-1)^7 = 0$.

e) $\sum_{v=3}^{6} 3^v = 3^3 + 3^4 + 3^5 + 3^6$. f) $\sum_{v=1}^{5} (-1)^v \cdot \frac{v}{v+1} = -\frac{1}{2} + \frac{2}{3} - \frac{3}{4} + \frac{4}{5} - \frac{5}{6}$.

g) $\sum_{v=2}^{6} \frac{v}{v-1} = \frac{2}{1} + \frac{3}{2} + \frac{4}{3} + \frac{5}{4} + \frac{6}{5}$.

h) $\sum_{v=0}^{n} f(x_v + v) = f(x_0) + f(x_1 + 1) + f(x_2 + 2) + \ldots + f(x_{n-1} + n - 1) + f(x_n + n)$.

2. a) $\sum_{v=1}^{8} v$ b) $\sum_{v=3}^{9} v^2$ c) $\sum_{v=1}^{5} 2^v$ d) $\sum_{v=1}^{6} v^4$

e) $\sum_{v=0}^{4} (-1)^v \cdot 4^v = \sum_{v=0}^{4} (-4)^v$ f) $\sum_{v=1}^{5} \frac{(-1)^{v+1}}{v \cdot (v+1)}$ g) $\sum_{v=1}^{n} f(a + v \cdot h) \cdot h$.

3. a) $\int_{0}^{4} x\,dx = \frac{4^2}{2} - \frac{0^2}{2} = 8$; gleichschenklig-rechtwinkliges Dreieck mit Kathete 4

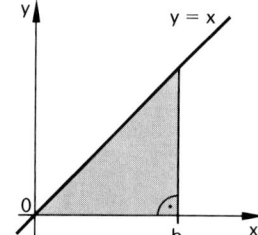

Fig. 7.3a

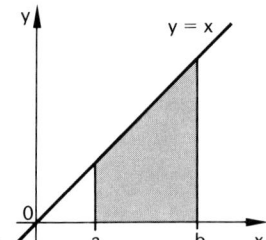

Fig. 7.3b

b) $\int_{0}^{6} x\,dx = \frac{6^2}{2} - \frac{0^2}{2} = 18$; gleichschenklig-rechtwinkliges Dreieck mit Kathete 6

c) $\int_{4}^{6} x\,dx = \frac{6^2}{2} - \frac{4^2}{2} = 10$.

Das Trapez hat die beiden Grundlinien 6 und 4 und die Höhe $6 - 4 = 2$.

$A = \frac{6+4}{2} \cdot 2 = 10$. s. Fig. 7.3b

d) $\int_{1}^{7} x\,dx = \frac{7^2}{2} - \frac{1^2}{2} = 24$; $A = \frac{7+1}{2} \cdot 6 = 24$.

4. a) $\int_{0}^{b} x\,dx = 8 \Leftrightarrow \frac{b^2}{2} - \frac{0^2}{2} = 8 \Leftrightarrow b^2 = 16$, $b^2 = 16 \wedge b > 0 \Rightarrow b = 4$.

16

b) $\int_1^b x\,dx = 1{,}5 \Leftrightarrow \dfrac{b^2}{2} - \dfrac{1^2}{2} = 1{,}5 \Leftrightarrow \dfrac{b^2}{2} = 2 \Leftrightarrow b^2 = 4;$
$b^2 = 4 \wedge b > 0 \Rightarrow b = 2.$

c) $\int_a^4 x\,dx = 6 \Leftrightarrow \dfrac{4^2}{2} - \dfrac{a^2}{2} = 6 \Leftrightarrow a^2 = 4;\ a^2 = 4 \wedge a > 0 \Rightarrow a = 2.$

d) $\int_a^{2a} x\,dx = 24 \Leftrightarrow \dfrac{(2a)^2}{2} - \dfrac{a^2}{2} = 24 \Leftrightarrow \dfrac{3a^2}{2} = 24 \Leftrightarrow a^2 = 16;$
$a^2 = 16 \wedge a > 0 \Rightarrow a = 4.$

5. An der Intervallbreite und an den Abszissen ändert sich nichts. Für die Untersumme gilt S. 44 jedoch:

$$\underline{J}_n = \dfrac{b}{n} \cdot 0 + \dfrac{b}{n} \cdot \dfrac{b}{n} + \dfrac{b}{n} \cdot \left(2 \cdot \dfrac{b}{n}\right) + \ldots + \dfrac{b}{n} \cdot \left((n-1) \cdot \dfrac{b}{n}\right)$$

$$= \dfrac{b^2}{n^2} \cdot (1 + 2 + \ldots + (n-1)) = \dfrac{b^2}{n^2} \cdot \dfrac{(n-1) \cdot n}{2}.$$

Nach einer Umformung erhält man:

$$\underline{J}_n = \dfrac{b^2}{2} \cdot \left(1 - \dfrac{1}{n}\right),\quad [J]_0^b = \lim_{n \to \infty} \underline{J}_n = \lim_{n \to \infty} \dfrac{b^2}{2} \cdot \left(1 - \dfrac{1}{n}\right) = \dfrac{b^2}{2}.$$

Der Rest ist identisch mit dem 2. Schritt im Lehrbuch.

6. a) $\overline{J}_n = \sum_{i=1}^{n} \dfrac{b-a}{n}\left(2\left(a + i \cdot \dfrac{b-a}{n}\right)\right) = \dfrac{b-a}{n} \cdot 2 \cdot \sum_{i=1}^{n} \left(a + i \cdot \dfrac{b-a}{n}\right)$

$= \dfrac{b-a}{n} \cdot 2 \cdot \left(n \cdot a + \dfrac{b-a}{n} \sum_{i=1}^{n} i\right) = \dfrac{b-a}{n} \cdot 2 \cdot \left(n \cdot a + \dfrac{b-a}{n} \cdot \dfrac{n(n+1)}{2}\right)$

$= \dfrac{b-a}{n} \cdot 2 \cdot \left(n \cdot a + \dfrac{(b-a)(n+1)}{2}\right) = 2a(b-a) + (b-a)^2 \cdot \dfrac{n+1}{n}$

$= (b-a)\left(2a + (b-a) \cdot \dfrac{n+1}{n}\right).$

$\lim_{n \to \infty} \overline{J}_n = (b-a)(2a + b - a) = (b-a)(b+a) = b^2 - a^2$

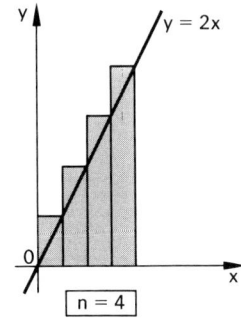

Fig. 7.4a $\boxed{n = 4}$

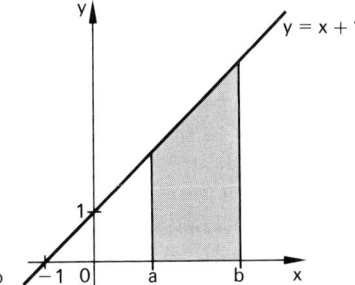

Fig. 7.4b

b) $\overline{J}_n = \sum_{i=1}^{n} \dfrac{b-a}{n}\left(\left(a + \dfrac{b-a}{n} \cdot i\right) + 1\right) = \dfrac{b-a}{n} \cdot \sum_{i=1}^{n}\left(a + \dfrac{b-a}{n} \cdot i + 1\right)$

$$= \frac{b-a}{n}\left(n \cdot a + \frac{b-a}{n}\sum_{i=1}^{n} i + n\right) = \frac{b-a}{n}\left(n \cdot a + \frac{b-a}{n} \cdot \frac{n(n+1)}{2} + n\right)$$

$$= (b-a)a + \frac{(b-a)^2(n+1)}{2 \cdot n} + (b-a).$$

$$\lim_{n \to \infty} \bar{J}_n = (b-a)a + \frac{(b-a)^2}{2} + (b-a) = \left(\frac{b^2}{2} - \frac{a^2}{2}\right) + (b-a).$$

c) $\bar{J}_n = \sum_{i=1}^{n} \frac{b-a}{n}\left(\frac{1}{2}\left(a + i \cdot \frac{b-a}{n}\right) + 3\right) = \frac{b-a}{n}\sum_{i=1}^{n}\left(\frac{1}{2}\left(a + i \cdot \frac{b-a}{n}\right) + 3\right)$

$$= \frac{b-a}{n}\left(\frac{1}{2}\left(n \cdot a + \frac{b-a}{n}\sum_{i=1}^{n} i\right) + 3n\right) = \frac{b-a}{n}\left(\frac{1}{2}\left(n \cdot a + \frac{b-a}{n} \cdot \frac{n(n+1)}{2}\right) + 3n\right)$$

$$= \frac{b-a}{n}\left(\frac{n \cdot a}{2} + \frac{b-a}{4n} \cdot n(n+1) + 3n\right) = \frac{(b-a)a}{2} + \frac{(b-a)^2}{4} \cdot \frac{(n+1)}{n} + 3(b-a).$$

$$\lim_{n \to \infty} \bar{J}_n = \frac{(b-a)a}{2} + \frac{(b-a)^2}{4} + 3(b-a) = \frac{1}{4}(b^2 - a^2) + 3(b-a).$$

Fig. 7.4 c

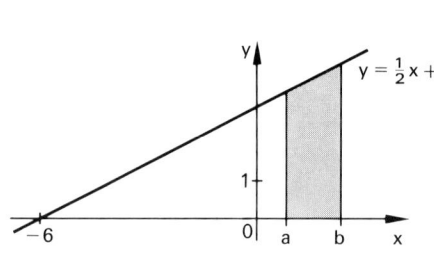

Fig. 7.5

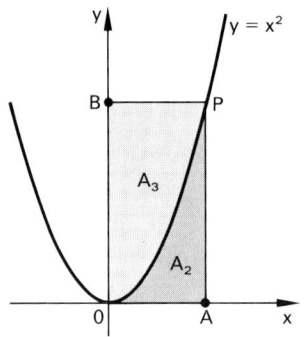

7.3.3.B

S. 45 1. a) $\int_0^2 x^2 dx = \frac{2^3}{3} = \frac{8}{3}.$ b) $\int_0^4 x^2 dx = \frac{4^3}{3} = \frac{64}{3}.$ c) $\int_3^6 x^2 dx = \frac{6^3}{3} - \frac{3^3}{3} = 63.$

d) $\int_{0,2}^{0,6} x^2 dx = \frac{0,6^3}{3} - \frac{0,2^3}{3} = \frac{1}{3} \cdot (0,216 - 0,008) = \frac{0,208}{3} = \frac{208}{3000} = \frac{26}{375}.$

2. a) $\int_0^b x^2 dx = 9 \Leftrightarrow \frac{b^3}{3} = 9 \Leftrightarrow b^3 = 27 \Leftrightarrow b = 3 > 0.$

b) $\int_2^{2a} x^2 dx = 69\frac{1}{3} \Leftrightarrow \frac{(2a)^3}{3} - \frac{2^3}{3} = \frac{208}{3} \Leftrightarrow 8a^3 - 8 = 208$

$\Leftrightarrow a^3 = 27 \Leftrightarrow a = 3 > 1.$

3. Rechteckfläche $A_1 = 2 \cdot 4 = 8$; unterhalb der Parabel $A_2 = \int_0^2 x^2 dx = \frac{2^3}{3} = \frac{8}{3}$;

$\Rightarrow$ oberhalb der Parabel $A_3 = A_1 - A_2 = \frac{16}{3}$;

$\Rightarrow A_2 : A_3 = \frac{8}{3} : \frac{16}{3} = 8 : 16 = 1 : 2.$ s. Fig. 7.5

4. $\underline{J}_n = \frac{b}{n} \cdot 0 + \frac{b}{n} \cdot \left(\frac{b}{n}\right)^2 + \frac{b}{n} \cdot \left(2 \cdot \frac{b}{n}\right)^2 + \frac{b}{n} \cdot \left(3 \cdot \frac{b}{n}\right)^2 + \ldots + \frac{b}{n} \cdot \left((n-1) \cdot \frac{b}{n}\right)^2$

$$= \left(\frac{b}{n}\right)^3 \cdot (1^2 + 2^2 + 3^2 + \ldots + (n-1)^2) = \frac{b^3}{n^3} \cdot \frac{(n-1) \cdot (n-1+1) \cdot (2 \cdot (n-1) + 1)}{6}$$

$$\doteq \frac{b^3}{n^3} \cdot \frac{(n-1) \cdot n \cdot (2n-1)}{6} = \frac{b^3}{6} \cdot \left(1 - \frac{1}{n}\right) \cdot \left(2 - \frac{1}{n}\right)$$

Grenzübergang für $n \to \infty$ liefert: $[J]_0^b = \frac{b^3}{3} \Rightarrow [J]_a^b = \frac{b^3}{3} - \frac{a^3}{3}$.

5. a) Breite der Abschnitte und Abszissen wie im Lehrbuch. Ordinaten sind mit dem Faktor 2 zu multiplizieren, wodurch $\bar{J}_n$ doppelt so groß wird wie für $f(x) = x^2$.

$$\Rightarrow \int_0^b 2x^2 \, dx = 2 \cdot \frac{b^3}{3}; \quad \int_a^b 2x^2 \, dx = 2 \cdot \frac{b^3}{3} - 2 \cdot \frac{a^3}{3}. \quad \text{s. Fig. 7.6 a}$$

b) Zu jeder Ordinate von $f(x) = x^2$ ist die 1 zu addieren, wodurch zu jedem Summanden der Obersumme für $f(x) = x^2$ der Summand $\frac{b}{n}$ hinzukommt.

Es ergibt sich $\bar{J}_n = \frac{b^3}{6} \cdot \left(1 + \frac{1}{n}\right) \cdot \left(2 + \frac{1}{n}\right) + n \cdot \frac{b}{n}$.

Damit erhalten wir nach dem Grenzübergang:

$$[J]_0^b = \int_0^b (x^2 + 1) \, dx = \frac{b^3}{3} + b \Rightarrow \int_a^b (x^2 + 1) \, dx = \frac{b^3}{3} - \frac{a^3}{3} + b - a. \quad \text{s. Fig. 7.6 b}$$

c) Jede Ordinate erhält im Vergleich zu $f(x) = x^2$ den Faktor $\frac{1}{2}$ und den Summanden 3. Dadurch wird $\bar{J}_n = \frac{1}{2} \cdot \frac{b^3}{6} \cdot \left(1 + \frac{1}{n}\right) \cdot \left(2 + \frac{1}{n}\right) + n \cdot 3 \cdot \frac{b}{n}$, also

$$\int_0^b \left(\frac{1}{2}x^2 + 3\right) dx = \frac{1}{2} \cdot \frac{b^3}{3} + 3b \quad \text{und}$$

$$\int_a^b \left(\frac{1}{2}x^2 + 3\right) dx = \frac{1}{2} \cdot \frac{b^3}{3} + 3b - \left(\frac{1}{2} \cdot \frac{a^3}{3} + 3a\right) = \frac{1}{2} \cdot \left(\frac{b^3}{3} - \frac{a^3}{3}\right) + 3 \cdot (b - a).$$

s. Fig. 7.6 c

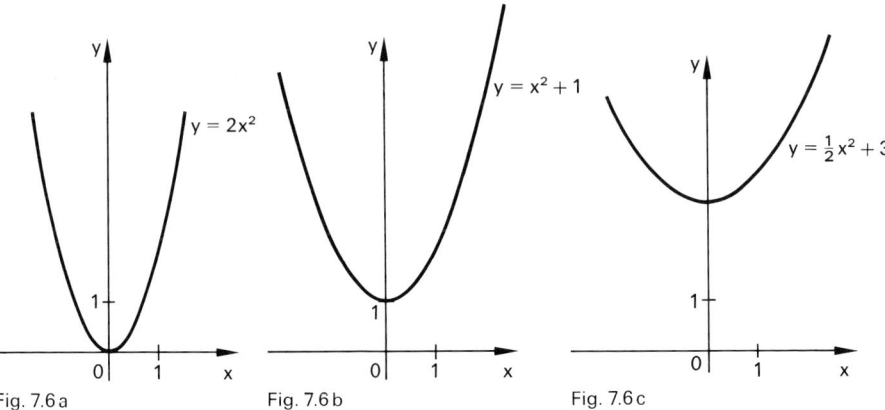

Fig. 7.6a Fig. 7.6b Fig. 7.6c

6. Aus Aufgabe 4 lässt sich der Unterschied zwischen $\bar{J}_n$ und $\underline{J}_n$ entnehmen:

$$\bar{J}_n - \underline{J}_n = \frac{b}{n} \cdot \left(n \cdot \frac{b}{n}\right)^2 = \frac{b^3}{n}.$$

Mit $b = 4$ erhalten wir: $\frac{4^3}{n} < 0{,}1 \Leftrightarrow \frac{4^3}{0{,}1} < n \Leftrightarrow n > 640$.

$n = 2^k \Rightarrow 2^k > 640 \Rightarrow$ Es sind 10 Halbierungen nötig.

7.3.3 C

S. 47 1. a) $\int_0^2 x^2 dx = \frac{2^3}{3} = \frac{8}{3};$ b) $\int_3^4 x^3 dx = \frac{4^4}{4} - \frac{3^4}{4} = \frac{175}{4};$

c) $\int_0^1 x^3 dx + \int_1^2 x^3 dx = \frac{1^4}{4} + \left(\frac{2^4}{4} - \frac{1^4}{4}\right) = 4;$

d) $\int_1^2 x^3 dx + \int_2^4 x^3 dx - \int_1^4 x^3 dx = \frac{1}{4}(2^4 - 1^4 + 4^4 - 2^4 - 4^4 + 1^4) = 0.$

2. a) $\int_2^b x^3 dx = 60 \Leftrightarrow \frac{b^4}{4} - \frac{2^4}{4} = 60$

$\Leftrightarrow b^4 - 16 = 240 \Leftrightarrow b^4 = 256$

$b > 2 \Rightarrow b = 4.$

b) $\int_{3a}^{4a} x^3 dx = 43\frac{3}{4} \Leftrightarrow \frac{(4a)^4}{4} - \frac{(3a)^4}{4} = \frac{175}{4}$

$\Leftrightarrow 256a^4 - 81a^4 = 175$

$\Leftrightarrow 175a^4 = 175 \Leftrightarrow a^4 = 1$

$a > 0 \Rightarrow a = +1.$

c) $\frac{a^4}{4} = a^2 \Rightarrow a^4 - 4a^2 = 0 \Rightarrow a^2(a^2 - 4) = 0 \Rightarrow$ (mit $a > 0$) $\Rightarrow a = 2.$

Für $a = 2$ ist die Fläche zwischen dem Graphen der Funktion und der x-Achse zwischen $x = 0$ und $x = a$ gleich dem Inhalt eines Quadrats mit Seitenlänge a. s. Fig. 7.7

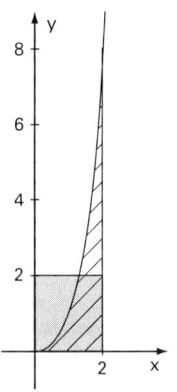

Fig. 7.7

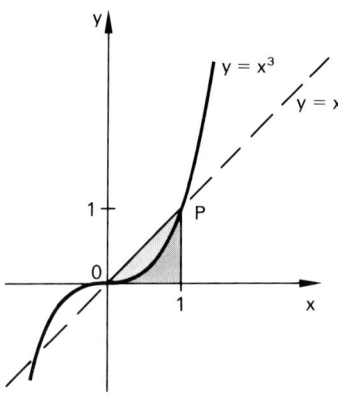

Fig. 7.8

3. $y_p = f(1) = 1$

$\Rightarrow$ [OP]: $x \mapsto x, x \in [0; 1]$

$\Rightarrow$ Fläche zwischen [OP] und x-Achse: $\int_0^1 x \, dx = \frac{1}{2}.$

Fläche zwischen G_f und x-Achse im Intervall [0; 1]:

$\int_0^1 x^3 dx = \frac{1}{4} \Rightarrow A = \frac{1}{2} - \frac{1}{4} = \frac{1}{4}.$ (s. Fig. 7.8)

4. a) Wie bei Aufgabe 5.b) in Abschnitt 7.3.3.B ist jede Ordinate um einen Summanden zu vergrößern, sodass hier die Obersumme um $n \cdot 2 \cdot \frac{b}{n} = 2b$ wächst.

Dieser Summand bleibt auch im Grenzübergang erhalten, wodurch sich ergibt:

$$\int_0^b (x^3 + 2)\,dx = \frac{b^4}{4} + 2b, \quad \int_a^b (x^3 + 2)\,dx = \frac{b^4}{4} - \frac{a^4}{4} + 2 \cdot (b-a).$$

b) Wie in 5.a) von 7.3.3.B erhält mit jeder Ordinate auch die Obersumme und damit das Integral den Faktor 2:

$$\int_a^b 2x^3\,dx = 2 \cdot \left(\frac{b^4}{4} - \frac{a^4}{4}\right).$$

5. Wie in 5c) von 7.3.3.B sind die letzten beiden Aufgaben (hier 4.a),b)) zu kombinieren:

$$\int_a^b (Ax^3 + B)\,dx = A \cdot \left(\frac{b^4}{4} - \frac{a^4}{4}\right) + B \cdot (b-a).$$

6. a) $g: y = 7x - 6$; $x^3 = 7x - 6 \Leftrightarrow x^3 - 7x + 6 = 0$.

Die Lösung $x_1 = 1$ ist leicht zu sehen. Die Gleichung muss also den Faktor $(x-1)$ enthalten: $x^3 - 7x + 6 = (x-1) \cdot (x^2 + x - 6)$.

Weitere Lösungen aus $x^2 + x - 6 = 0 \Rightarrow x_2 = -3; x_3 = 2$.

Einsetzen der x-Werte in eine Funktionsgleichung liefert die y-Werte:

$y_1 = 1; y_2 = -27; y_3 = 8$.

b) Wir bezeichnen das von $x = 1$ bis $x = 2$ zwischen g und der x-Achse eingeschlossene Flächenstück mit A_1, das zwischen G_f und der x-Achse eingeschlossene mit A_2.

Dann ist der gesuchte Flächeninhalt:

$$A = A_1 - A_2 = \int_1^2 (7x - 6)\,dx - \int_1^2 x^3\,dx$$

$$= 7 \cdot \left(\frac{2^2}{2} - \frac{1^2}{2}\right) - 6 \cdot (2-1)$$

$$- \left(\frac{2^4}{4} - \frac{1^4}{4}\right) = \frac{21}{2} - 6 - \frac{15}{4} = \frac{3}{4}.$$

Anmerkung:
Zur Berechnung von Flächeninhalten durch Integrale werden y-Werte offensichtlich nicht benötigt!

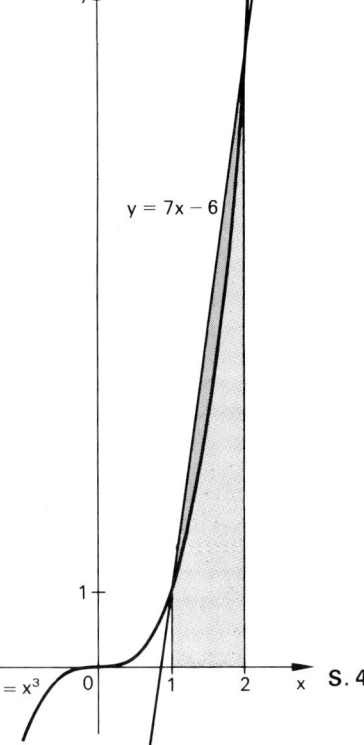

Fig. 7.9

7.3.4 A

1. Zerlegung des Intervalls $[r; 0]$ in n Abschnitte gleicher Breite $\frac{r}{n}$ liefert die Abszissen:

$r = n \cdot \frac{r}{n}, (n-1) \cdot \frac{r}{n}, (n-2) \cdot \frac{r}{n}, \ldots, 2 \cdot \frac{r}{n}, \frac{r}{n}, 0;$

die Ordinaten:

$$\left(n\cdot\frac{r}{n}\right)^2, \left[(n-1)\cdot\frac{r}{n}\right]^2, \ldots, \left(2\cdot\frac{r}{n}\right)^2, \left(\frac{r}{n}\right)^2, 0.$$

Für die Obersumme erhalten wir

$$J_n = \frac{r}{n}\cdot\left(n\cdot\frac{r}{n}\right)^2 + \ldots + \frac{r}{n}\cdot\left(2\cdot\frac{r}{n}\right)^2 + \frac{r}{n}\cdot\left(\frac{r}{n}\right)^2.$$

Dies stimmt bis auf die Reihenfolge und die Bezeichnung der Variablen (r statt b) mit der Obersumme von Seite 44 im Lehrbuch überein, sodass geschlossen werden darf: $\int_r^0 x^2 dx = \frac{r^3}{3}$, $\int_r^s x^2 dx = \frac{r^3}{3} - \frac{s^3}{3}$.

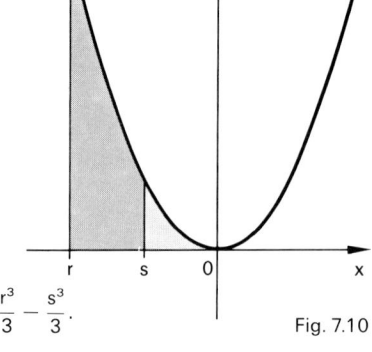

Fig. 7.10

Beachte, dass die Fläche von s bis 0 kleiner ist als die von r bis 0, da s weiter rechts liegt als r.

2. $\int_a^b x^2 dx$ mit $a < 0 < b$

$= A_1 + A_2 + A_3$ (s. Fig. 7.11)

$=$ (wegen Symmetrie der Parabel)

$= A_2 + (A_2 + A_3)$

$= \int_0^{-a} x^2 dx + \int_0^b x^2 dx = \frac{(-a)^3}{3} + \frac{b^3}{3} = \frac{b^3}{3} - \frac{a^3}{3}.$

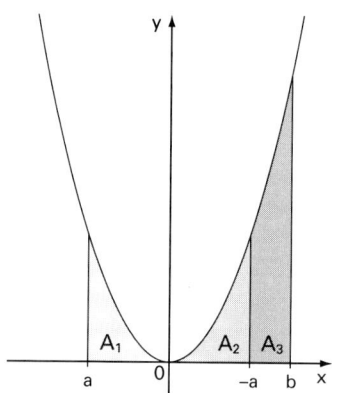

Fig. 7.11

7.3.4 B

S. 50 1. $\int_a^b x\,dx = \lim_{n\to\infty} \sum_{\nu=1}^n (a + \nu\Delta x)\cdot\Delta x$

$= \lim_{n\to\infty} [(a+\Delta x)\cdot\Delta x + (a+2\cdot\Delta x)\cdot\Delta x + \ldots + (a+n\cdot\Delta x)\cdot\Delta x]$

$= \lim_{n\to\infty} [n\cdot a\cdot\Delta x + (1+2+3+\ldots+n)\cdot(\Delta x)^2]$

$= \lim_{n\to\infty} \left[n\cdot a\cdot\Delta x + \frac{n\cdot(n-1)}{2}\cdot(\Delta x)^2\right]$

$= \lim_{n\to\infty} \left[n\cdot a\cdot\frac{b-a}{n} + \frac{n\cdot(n-1)}{2}\cdot\frac{(b-a)^2}{n^2}\right]$

$= \lim_{n\to\infty} \left[a\cdot(b-a) + \frac{(b-a)^2}{2}\cdot\left(1-\frac{1}{n}\right)\right]$

$= a\cdot(b-a) + \frac{(b-a)^2}{2}$

$= ab - a^2 + \frac{b^2}{2} - ab + \frac{a^2}{2} = \frac{b^2}{2} - \frac{a^2}{2}.$

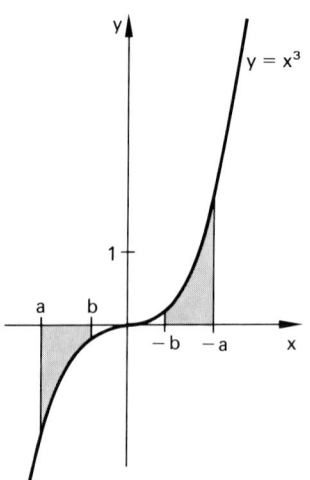

2. a) Wegen Punktsymmetrie des Graphen gilt:

$$\int_a^b x^3 dx = -\int_{-b}^{-a} x^3 dx,$$

Fig. 7.12

wobei mit a < b ≦ 0 nun 0 ≦ −b < −a ist. Damit ist die bekannte Integrationsformel aus Abschnitt 7.3.3C anwendbar.

$$\int_a^b x^3 \, dx = -\int_{-b}^{-a} x^3 \, dx = -\left(\frac{(-a)^4}{4} - \frac{(-b)^4}{4}\right)$$

$$= -\left(\frac{a^4}{4} - \frac{b^4}{4}\right) = \frac{b^4}{4} - \frac{a^4}{4}.$$

b) $\int_a^b x^3 \, dx = \lim_{n \to \infty} \sum_{\nu=1}^{n} (a + \nu \cdot \Delta x)^3 \cdot \Delta x$

$= \lim_{n \to \infty} [(a + \Delta x)^3 \cdot \Delta x + (a + 2 \cdot \Delta x)^3 \cdot \Delta x + \ldots + (a + n \cdot \Delta x)^3 \cdot \Delta x]$

$= \lim_{n \to \infty} [(a^3 + 3a^2 \cdot \Delta x + 3a \cdot (\Delta x)^2 + (\Delta x)^3$
$\qquad + a^3 + 3a^2 \cdot 2 \cdot \Delta x + 3a \cdot (2\Delta x)^2 + (2\Delta x)^3$
$\qquad + \ldots$
$\qquad + a^3 + 3a^2 \cdot n \cdot \Delta x + 3a \cdot (n\Delta x)^2 + (n\Delta x)^3) \cdot \Delta x]$

$= \lim_{n \to \infty} [n \cdot \Delta x \cdot a^3 + (1 + 2 + \ldots + n) \cdot (\Delta x)^2 \cdot 3a^2$
$\qquad + (1^2 + 2^2 + \ldots + n^2) \cdot (\Delta x)^3 \cdot 3a + (1^3 + 2^3 + \ldots + n^3) \cdot (\Delta x)^4]$

$= \lim_{n \to \infty} \left[n \cdot \Delta x \cdot a^3 + \frac{n \cdot (n+1)}{2} \cdot (\Delta x)^2 \cdot 3a^2 \right.$
$\qquad \left. + \frac{n \cdot (n+1) \cdot (2n+1)}{6} \cdot (\Delta x)^3 \cdot 3a + \frac{n^2 \cdot (n+1)^2}{4} \cdot (\Delta x)^4 \right]$

$= \lim_{n \to \infty} \left[n \cdot \frac{b-a}{n} \cdot a^3 + \frac{n \cdot (n+1)}{2} \cdot \frac{(b-a)^2}{n^2} \cdot 3a^2 \right.$
$\qquad \left. + \frac{n \cdot (n+1) \cdot (2n+1)}{6} \cdot \frac{(b-a)^3}{n^3} \cdot 3a + \frac{n^2 \cdot (n+1)^2}{4} \cdot \frac{(b-a)^4}{n^4} \right]$

$= \lim_{n \to \infty} \left[(b-a) \cdot a^3 + \frac{(b-a)^2}{2} \cdot \left(1 + \frac{1}{n}\right) \cdot 3a^2 \right.$
$\qquad \left. + \frac{(b-a)^3}{6} \cdot \left(1 + \frac{1}{n}\right) \cdot \left(2 + \frac{1}{n}\right) \cdot 3a + \frac{(b-a)^4}{4} \cdot \left(1 + \frac{1}{n}\right)^2 \right]$

$= (b-a) \cdot a^3 + \frac{(b-a)^2}{2} \cdot 3a^2 + \frac{(b-a)^3}{6} \cdot 2 \cdot 3a + \frac{(b-a)^4}{4}$

$= a^3 b - a^4 + \frac{3}{2} \cdot (a^2 b^2 - 2a^3 b + a^4)$
$\qquad + ab^3 - 3a^2 b^2 + 3a^3 b - a^4 + \frac{1}{4} \cdot (b^4 - 4ab^3 + 6a^2 b^2 - 4a^3 b + a^4)$

$= a^3 b - a^4 + \frac{3}{2} a^2 b^2 - 3a^3 b + \frac{3}{2} a^4$
$\qquad + ab^3 - 3a^2 b^2 + 3a^3 b - a^4 + \frac{1}{4} b^4 - ab^3 + \frac{3}{2} a^2 b^2 - a^3 b + \frac{1}{4} a^4$

$= \frac{b^4}{4} + b^3 a \cdot (1 - 1) + b^2 a^2 \cdot (\frac{3}{2} - 3 + \frac{3}{2})$
$\qquad + ba^3 \cdot (1 - 3 + 3 - 1) + a^4 \cdot (-1 + \frac{3}{2} - 1 + \frac{1}{4}) = \frac{b^4}{4} - \frac{a^4}{4}.$

7.3.4 C

S. 52 1. $\int_a^b x\,dx = \frac{b^2}{2} - \frac{a^2}{2}$, falls $a < b \leq 0$ und falls $0 \leq a < b$,

nach Aufgabe 1, 7.3.4.B bzw. nach 7.3.3.A.
Es ist also noch für $a < 0 < b$ das Integral auszuwerten.
Nach der Formel auf Seite 51 gilt dann:

$$\int_a^b x\,dx = \int_a^0 x\,dx + \int_0^b x\,dx = \left(\frac{0^2}{2} - \frac{a^2}{2}\right) + \left(\frac{b^2}{2} - \frac{0^2}{2}\right) = \frac{b^2}{2} - \frac{a^2}{2}.$$

Somit ist gezeigt: Für $a, b \in \mathbb{R}$, $a < b$ gilt $\int_a^b x\,dx = \frac{b^2}{2} - \frac{a^2}{2}$.

2. Falls $a < 0 < b$, gilt: $\int_a^b x^3\,dx = \int_a^0 x^3\,dx + \int_0^b x^3\,dx = \left(\frac{0^4}{4} - \frac{a^4}{4}\right) + \left(\frac{b^4}{4} - \frac{0^4}{4}\right) = \frac{b^4}{4} - \frac{a^4}{4}.$

Nach 7.3.3.C bzw. 7.3.4.B Aufgabe 2 gilt dies auch in den Fällen $0 \leq a < b$ bzw. $a < b \leq 0$, sodass auch dieses Integral allgemein gilt.

3. $\int_a^b x^3\,dx = \frac{b^4}{4} - \frac{a^4}{4}$, $\int_a^b x^2\,dx = \frac{b^3}{3} - \frac{a^3}{3}$,

$\int_a^b x\,dx = \frac{b^2}{2} - \frac{a^2}{2}$, $\int_a^b 1\,dx = \int_a^b x^0\,dx = b - a = \frac{b^1}{1} - \frac{a^1}{1}$.

Die zu vermutende Regel lautet somit:
$$\int_a^b x^n\,dx = \frac{b^{n+1}}{n+1} - \frac{a^{n+1}}{n+1}.$$

4. a) $\int_{-3}^b x^2\,dx = 8\frac{2}{3} \Leftrightarrow \frac{b^3}{3} - \frac{(-3)^3}{3} = \frac{26}{3}$
$\Leftrightarrow b^3 = -1 \Leftrightarrow b = -1$.

b) $\int_{-4}^b x^3\,dx = -60 \Leftrightarrow \frac{b^4}{4} - \frac{(-4)^4}{4} = -60$
$\Leftrightarrow b^4 = 16$
$\Leftrightarrow b = -2 \vee b = +2$.

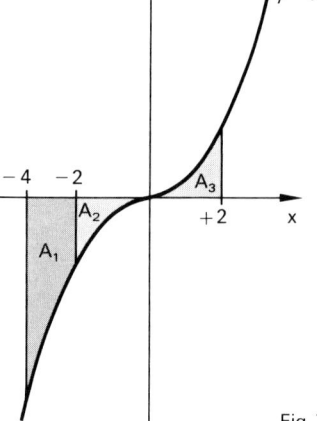

Fig. 7.13a

Die Abbildung 7.13a zeigt, dass im Fall $b = +2$ das Integral die Summe $-A_1 - A_2 + A_3$ liefert.
Wegen Punktsymmetrie zum Ursprung ist $A_2 = A_3$, wodurch wie für $b = -2$ das Ergebnis $-A_1$ ist.

c) $\int_b^5 x\,dx = 8 \Leftrightarrow \frac{25}{2} - \frac{b^2}{2} = 8$
$\Leftrightarrow b^2 = 9 \Leftrightarrow b = -3 \vee b = +3$.

Punktsymmetrie zum Ursprung
$\Rightarrow -A_1 + A_2 + A_3 = A_3$.

d) $\int_b^3 dx = 8 \Leftrightarrow 3 - b = 8 \Leftrightarrow b = -5$.

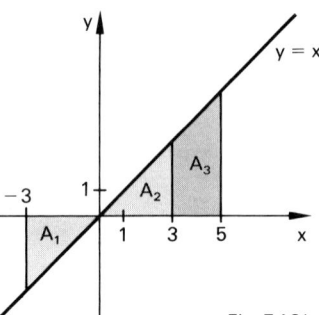

Fig. 7.13b

e) $\int_{-2}^{b} x^3 dx = 0$

Aus Def. 7.1 kann man folgern, dass $\int_{a}^{a} f(x)\,dx = 0$; damit erhält man eine Lösung, nämlich $b_1 = -2$.

Für $b > -2$ erhält man mit dem Ergebnis von Aufgabe 2:

$\dfrac{b^4}{4} - \dfrac{(-2)^4}{4} = 0 \Rightarrow b^4 = 2^4 \Rightarrow b = \pm 2$, also $b_2 = 2$.

Geometrische Deutung: Mit $b_1 = -2$ erhält man eine verschwindende Fläche.
Mit $b_2 = 2$ erhält man die Differenz aus zwei gleich großen Flächen.
Der Fall $b < -2$ (allg. Integrale $\int_{a}^{b} f(x)\,dx$ mit $b < a$) wurde bisher noch nicht behandelt.
Mit 7.4.1 wird man sehen, dass es keine weitere Lösung gibt.

f) $\int_{2}^{b} x^2 dx = \int_{-1}^{2} x^2 dx$

Für $b > 2$ erhält man (siehe Lehrbuch, Beispiel S. 52 oben):

$\dfrac{b^3}{3} - \dfrac{2^3}{3} = 3 \Rightarrow b^3 = 17 \Rightarrow b = \sqrt[3]{17}$

$b = 2$ (siehe e) liefert keine Lösung.
Der Fall $b < 2$ (allg. Integrale $\int_{a}^{b} f(x)\,dx$ mit $b < a$) wurde bisher noch nicht behandelt.
Mit 7.4.1 wird man sehen, dass es keine weitere Lösung gibt.

5. Siehe Fig. 7.14

$J = \int_{-2}^{2} f(x)\,dx = \int_{-2}^{0} x^2 dx + \int_{0}^{2} \tfrac{1}{4} x^3 dx.$

Die Formeln in 7.3.3 gelten nur für $0 \leq a < b$.
Wegen der Symmetrie der Parabel $y = x^2$ weiß man jedoch:

$\int_{-2}^{0} x^2 dx = \int_{0}^{2} x^2 dx = \dfrac{2^3}{3} = 2\tfrac{2}{3}.$

Das Integral $\int_{0}^{2} \tfrac{1}{4} x^3 dx$ muss noch mit der

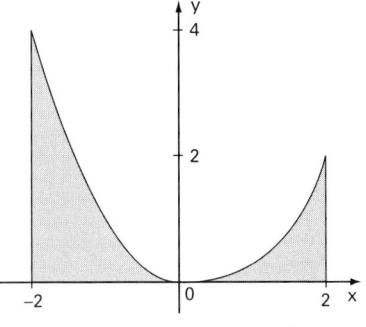

Fig. 7.14

Streifenmethode (Summengrenzwertformel)
berechnet werden, da eine einfachere Formel hierfür noch nicht zur Verfügung steht.

$\int_{0}^{2} \tfrac{1}{4} x^3 dx = \lim\limits_{n \to \infty} \Delta x\, [f(0) + f(\Delta x) + f(2\Delta x) + \cdots + f((n-1)\Delta x)]$

$= \lim\limits_{n \to \infty} \Delta x\, [0 + \tfrac{1}{4}(\Delta x)^3 + \tfrac{1}{4}(2\Delta x)^3 + \cdots + \tfrac{1}{4}((n-1)\Delta x)^3]$

$= \lim\limits_{n \to \infty} \Delta x \cdot \tfrac{1}{4}(\Delta x)^3 [1 + 2^3 + 3^3 + \cdots + (n-1)^3]$

$= \lim\limits_{n \to \infty} \tfrac{1}{4} \cdot \left(\dfrac{2}{n}\right)^4 \cdot \dfrac{(n-1)^2 n^2}{4} = 1.$

$J = 2\tfrac{2}{3} + 1 = 3\tfrac{2}{3}.$

7.3.4 D

S. 54 1. Da die Formeln von 7.3.3 nur für $0 \leq a < b$ gelten, muss man auf die Ergebnisse vorangegangener Aufgaben oder auf Symmetriebetrachtungen zurückgreifen.

a) $\int_{-1}^{2} x\,dx$ (nach Aufgabe 1 in C)

$= \dfrac{2^2}{2} - \dfrac{(-1)^2}{2} = \dfrac{3}{2} = A_2 - A_1$

(s. Fig. 7.15a).

b) $\int_{-2}^{2} x^3\,dx$ (nach Aufgabe 2 in C)

$= \dfrac{2^4}{4} - \dfrac{(-2)^4}{4} = 0 = A - A$

(s. Fig. 7.15b).

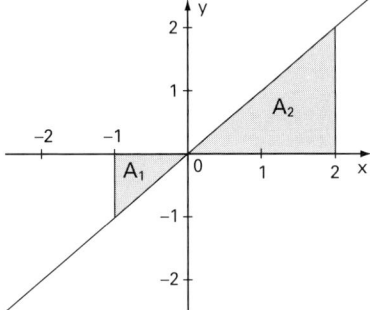

Fig. 7.15a

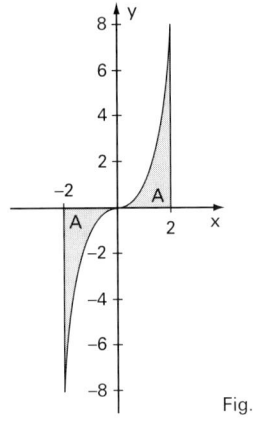

Fig. 7.15b

c) $\int_{-2}^{0} x^2\,dx$ (nach Aufgabe 1 in A)

$= 0 - \dfrac{(-2)^3}{3} = 2\tfrac{2}{3} = A$

(s. Fig. 7.15c).

d) $\int_{-2}^{3} x^2\,dx$ (nach Aufgabe 2 in A)

$= \dfrac{3^3}{3} - \dfrac{(-2)^3}{3} = 11\tfrac{2}{3} = A_1 + A_2$

(s. Fig. 7.15d).

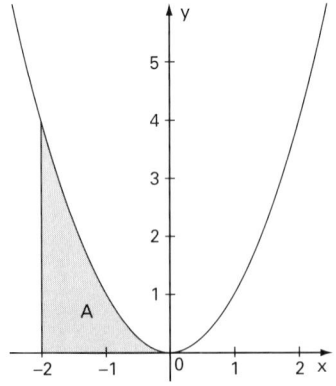

Fig. 7.15c

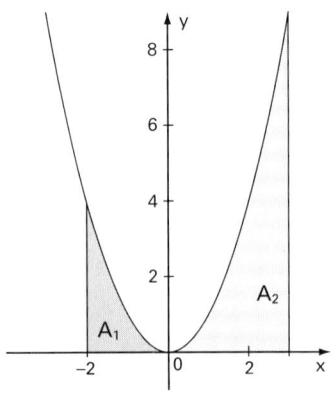

Fig. 7.15d

e) $\int_{-3}^{-1} x\,dx$ (nach Aufgabe 1 in C)

$= \frac{(-1)^2}{2} - \frac{(-3)^2}{2} = -4 = -A$

(s. Fig. 7.15e).

f) $\int_{-2}^{0} x^3\,dx$ (nach Aufgabe 2 in C)

$= \frac{(-2)^4}{4} = -4 = -A$

(s. Fig. 7.15f).

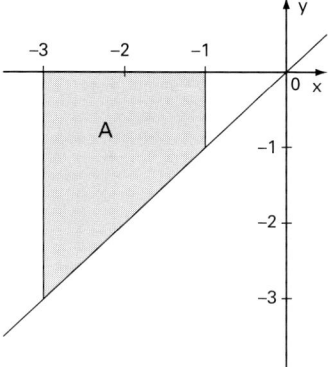

Fig. 7.15e

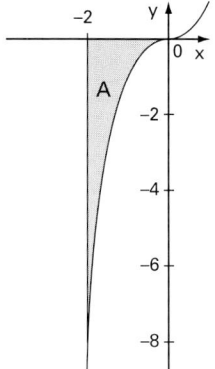

Fig. 7.15f

g) $\int_{-2}^{2} |x|\,dx = 2A = 2\int_{0}^{2} x\,dx$

$= 2 \cdot \frac{2^2}{2} = 4$

(s. Fig. 7.15g).

h) $\int_{-2}^{2} |x^3|\,dx = 2A$

$= 2\int_{0}^{2} x^3\,dx$

$= 2\left(\frac{2^4}{4} - 0\right) = 8$

(s. Fig. 7.15h).

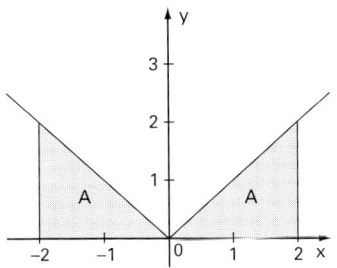

Fig. 7.15g

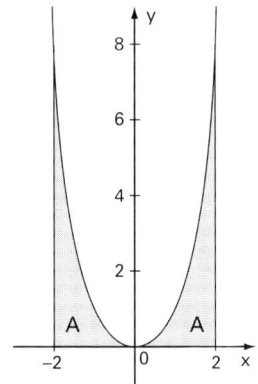

Fig. 7.15h

2. Obersumme: $\bar{A}$; Untersumme: $\underline{A}$;

$\int_{-2}^{4} (2x + 4)\,dx = J$;

Anzahl der Streifen: n.
Am Graphen (Fig. 7.16) sieht man:
$\frac{1}{2}(\bar{A} + \underline{A}) = \frac{1}{2}(J + n \cdot A_\Delta + J - n \cdot A_\Delta) = J$,
w.z.z.w.

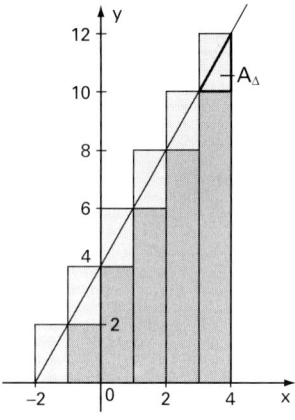

Fig. 7.16

3. a) $\int_a^b 3x^2\,dx = \lim_{n\to\infty} \sum_{\nu=1}^{n} 3 \cdot (a + \nu \cdot \Delta x)^2 \cdot \Delta x$

$= \lim_{n\to\infty} 3 \cdot \sum_{\nu=1}^{n} (a + \nu \cdot \Delta x)^2 \cdot \Delta x$

$= 3 \cdot \lim_{n\to\infty} \sum_{\nu=1}^{n} (a + \nu \cdot \Delta x)^2 \cdot \Delta x$

$= 3 \cdot \int_a^b x^2\,dx$, wobei $\Delta x = \dfrac{b-a}{n}$.

b) $\int_a^b (x^2 + x)\,dx = \lim_{n\to\infty} \sum_{\nu=1}^{n} [(a + \nu \cdot \Delta x)^2 + (a + \nu \cdot \Delta x)] \cdot \Delta x$

$= \lim_{n\to\infty} \sum_{\nu=1}^{n} [(a + \nu \cdot \Delta x)^2 \cdot \Delta x + (a + \nu \cdot \Delta x) \cdot \Delta x]$

$= \lim_{n\to\infty} \left(\sum_{\nu=1}^{n} (a + \nu \cdot \Delta x)^2 \cdot \Delta x + \sum_{\nu=1}^{n} (a + \nu \cdot \Delta x) \cdot \Delta x \right)$

$= \lim_{n\to\infty} \sum_{\nu=1}^{n} (a + \nu \cdot \Delta x)^2 \cdot \Delta x + \lim_{n\to\infty} \sum_{\nu=1}^{n} (a + \nu \cdot \Delta x) \cdot \Delta x$

$= \int_a^b x^2\,dx + \int_a^b x\,dx$.

4. Der Graph ist durch Addition der Einzelgraphen zu $f_1: x \mapsto |x - 2|$ bzw. $f_2: x \mapsto -|x|$ zu erhalten.
Er zeigt Punktsymmetrie zu $(1;0)$, dem Mittelpunkt des Integrationsintervalls $[-2; 4]$.

$\Rightarrow \int_{-2}^{4} (|2 - x| - |x|)\,dx = 0$.

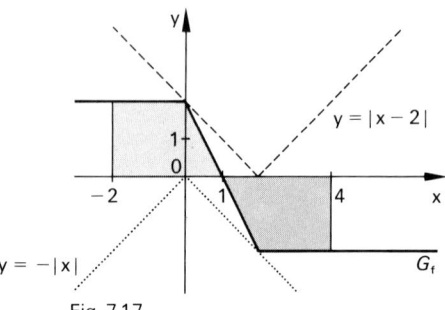

Fig. 7.17

Ergänzungen und Ausblicke

$D = \dfrac{4-0}{4} = 1$

S. 55

X	S	I	FNF(X)	X+D	FNF(X+D)
0	0	1	0	1	1
1	0,5	2	1	2	4
2	3	3	4	3	9
3	9,5	4	9	4	16
4	$\boxed{22}$				

Wie Fig. 7.18 zeigt, werden Trapezflächen addiert, deren obere Begrenzungslinien Sehnen der Parabel sind.

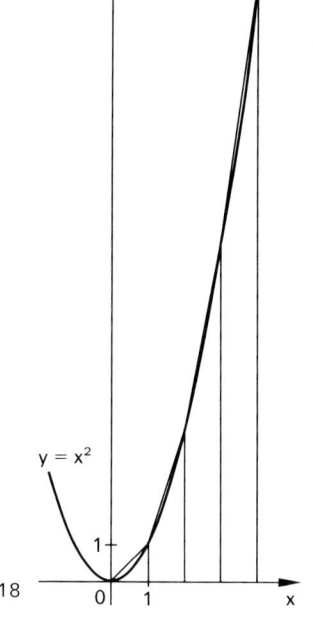

Fig. 7.18

7.5

1. a) $\int_4^2 x\,dx = \dfrac{2^2}{2} - \dfrac{4^2}{2} = -6;$

   b) $\int_{3a}^{2a} x\,dx = \dfrac{4a^2}{2} - \dfrac{9a^2}{2} = -\dfrac{5}{2}a^2;$

   c) $\int_2^0 x^2\,dx = \dfrac{0^3}{3} - \dfrac{2^3}{3} = -\dfrac{8}{3}.$

S. 61

In diesen drei Aufgaben ist der Wert des Integrals negativ, da von rechts nach links integriert wurde und die entsprechenden Flächen oberhalb der x-Achse liegen. Die drei Ergebnisse geben jeweils den Flächeninhalt mit negativem Vorzeichen an.

   d) $\int_a^{-2a} x^3\,dx = \dfrac{16a^4}{4} - \dfrac{a^4}{4} = \dfrac{15}{4}a^4.$

Durch die Integrationsrichtung von rechts nach links ergibt sich der Flächeninhalt oberhalb der x-Achse mit negativem, der unterhalb der x-Achse mit positivem Vorzeichen. Da letzterer größer ist, erhält man ein positives Ergebnis.

2. (1) $A = \int_{-2}^{0} x^2\,dx + \int_0^1 x^2\,dx = \dfrac{0^3}{3} - \dfrac{(-2)^3}{3} + \dfrac{1^3}{3} - \dfrac{0^3}{3} = 3;$

   (2) $A = \int_{-2}^{1} x^2\,dx = \dfrac{1^3}{3} - \dfrac{(-2)^3}{3} = 3;$

   s. Fig. 7.19

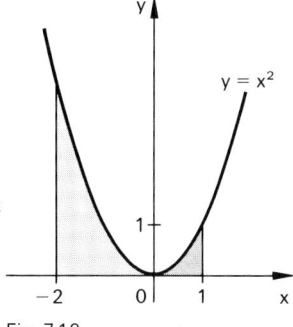

Fig. 7.19

3. a) $\int_1^4 3x\,dx = 3 \cdot \int_1^4 x\,dx = 3 \cdot \left(\frac{4^2}{2} - \frac{1^2}{2}\right) = \frac{45}{2}$;

b) $\int_0^3 4x^2\,dx = 4 \cdot \int_0^3 x^2\,dx = 4 \cdot \frac{3^3}{3} = 36$;

c) $\int_0^{\sqrt{a}} ax^3\,dx = a \cdot \int_0^{\sqrt{a}} x^3\,dx = a \cdot \frac{(\sqrt{a})^4}{4} = \frac{1}{4}a^3$;

d) $\int_0^{\sqrt{c}} \frac{x^2}{c}\,dx = \frac{1}{c} \cdot \int_0^{\sqrt{c}} x^2\,dx = \frac{1}{c} \cdot \frac{(\sqrt{c})^3}{3} = \frac{1}{3}\sqrt{c}$;

e) $\int_0^2 (1 + x + x^2)\,dx = \int_0^2 dx + \int_0^2 x\,dx + \int_0^2 x^2\,dx = 2 + \frac{2^2}{2} + \frac{2^3}{3} = \frac{20}{3}$;

f) $\int_{-1}^2 (3 - 2x + 3x^2)\,dx = 3 \cdot \int_{-1}^2 dx - 2 \cdot \int_{-1}^2 x\,dx + 3 \cdot \int_{-1}^2 x^2\,dx$

$= 3 \cdot (2 - (-1)) - 2 \cdot \left(\frac{2^2}{2} - \frac{(-1)^2}{2}\right) + 3 \cdot \left(\frac{2^3}{3} - \frac{(-1)^3}{3}\right)$

$= 3 \cdot 3 - (4 - 1) + 8 + 1 = 15$;

g) $\int_0^{-1} (2 + x) \cdot (2 - x)\,dx = \int_0^{-1} (4 - x^2)\,dx = 4\int_0^{-1} dx - \int_0^{-1} x^2\,dx$

$= 4 \cdot (-1) - \frac{(-1)^3}{3} = -\frac{11}{3}$;

h) $\int_{-1}^2 (3x - 2)^2\,dx = \int_{-1}^2 (9x^2 - 12x + 4)\,dx$

$= 9\int_{-1}^2 x^2\,dx - 12\int_{-1}^2 x\,dx + 4\int_{-1}^2 dx = 9 \cdot 3 - 12 \cdot \frac{3}{2} + 4 \cdot 3 = 21$;

i) $\int_{-2}^2 (\frac{1}{8}x^3 - \frac{1}{6}x^2 - \frac{1}{4}x + 2)\,dx = \frac{1}{8}\int_{-2}^2 x^3\,dx - \frac{1}{6}\int_{-2}^2 x^2\,dx - \frac{1}{4}\int_{-2}^2 x\,dx + 2\int_{-2}^2 dx$

$= 0 - \frac{1}{6} \cdot \frac{16}{3} - 0 + 2 \cdot 4 = \frac{64}{9}$;

k) $\int_{-a}^a (Ax + Bx^3)\,dx = A\int_{-a}^a x\,dx + B\int_{-a}^a x^3\,dx = 0$;

l) $\int_{-1}^1 (t+1) \cdot (t^2 - t + 1)\,dt = \int_{-1}^1 (t^3 + 1)\,dt = \int_{-1}^1 t^3\,dt + \int_{-1}^1 dt = 0 + 2 = 2$;

m) $\int_0^4 (2 - u) \cdot (4 + 2u + u^2)\,du = \int_0^4 (8 - u^3)\,du = 8\int_0^4 du - \int_0^4 u^3\,du = 32 - 64 = -32$;

4. a) $\int_0^2 x^2\,dx + \int_2^3 x^2\,dx = \int_0^3 x^2\,dx = 9$;

b) $\int_2^4 (2x+1)\,dx - \int_5^4 (2x+1)\,dx + \int_5^6 (2x+1)\,dx$

$= \int_2^4 (2x+1)\,dx + \int_4^5 (2x+1)\,dx + \int_5^6 (2x+1)\,dx = \int_2^6 (2x+1)\,dx = 2\int_2^6 x\,dx + \int_2^6 dx = 36$.

5. $A_1 = \int_a^b f(x)\,dx - \int_a^b g(x)\,dx$; $\quad A_2 = \int_b^c f(x)\,dx$;

$A_3 = -\int_b^c g(x)\,dx$; $\quad A_4 = -\int_c^d g(x)\,dx - \left(-\int_c^d f(x)\,dx\right)$;

$$\Rightarrow A = A_1 + A_2 + A_3 + A_4$$
$$= \left(\int_a^b f(x)\,dx - \int_a^b g(x)\,dx\right) + \left(\int_b^c f(x)\,dx - \int_b^c g(x)\,dx\right) + \left(\int_c^d f(x)\,dx - \int_c^d g(x)\,dx\right)$$
$$= \int_a^d f(x)\,dx - \int_a^d g(x)\,dx = \int_a^d [f(x) - g(x)]\,dx.$$

6. $y = 4 \wedge y = \frac{1}{4}x^2 \Rightarrow x = -4 \vee x = 4$

$$A = \int_{-4}^{4} (4 - \tfrac{1}{4}x^2)\,dx = 4\int_{-4}^{4} dx - \tfrac{1}{4}\int_{-4}^{4} x^2\,dx$$
$$= 32 - \tfrac{32}{3} = \tfrac{64}{3}.$$

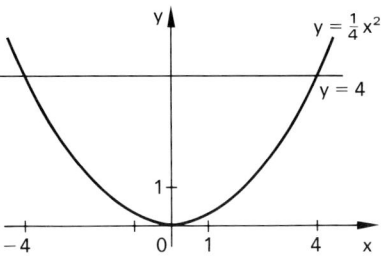

Fig. 7.20

7. Bestimmung der Schnittstellen, die die Integrationsgrenzen werden: S. 62

$3x - 2y = 0 \wedge y = \tfrac{1}{2}x^2 \Leftrightarrow 2y = 3x \wedge 2y = x^2$
$\Rightarrow x^2 = 3x \Leftrightarrow x \cdot (x-3) = 0 \Leftrightarrow x = 0 \vee x = 3$

$$A = \int_0^3 \left[\tfrac{3}{2}x - \tfrac{1}{2}x^2\right]dx = \tfrac{3}{2}\int_0^3 x\,dx - \tfrac{1}{2}\int_0^3 x^2\,dx = \tfrac{3}{2}\cdot\tfrac{3^2}{2} - \tfrac{1}{2}\cdot\tfrac{3^3}{3} = \tfrac{9}{4}. \quad \text{(s. Fig. 7.21)}$$

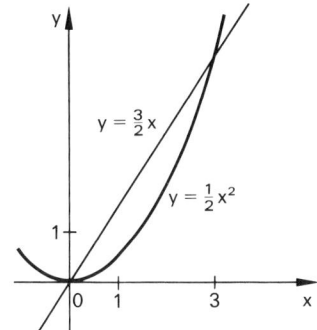

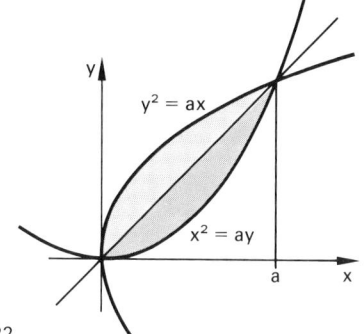

Fig. 7.21   Fig. 7.22

8. Wir berechnen jeweils das von der Winkelhalbierenden des 1. Quadranten mit der ersten Parabel eingeschlossene Flächenstück.

a) $y = \tfrac{1}{6}x^2 \wedge y = x \Rightarrow x_1 = 0, x_2 = 6$

$$\frac{A}{2} = \int_0^6 \left[x - \tfrac{1}{6}x^2\right]dx = \tfrac{6^2}{2} - \tfrac{1}{6}\cdot\tfrac{6^3}{3} = 6 \Rightarrow A = 12.$$

b) $x_1 = 0, \quad x_2 = a$

$$A = 2\cdot\int_0^a \left[x - \tfrac{1}{a}x^2\right]dx = 2\cdot\left(\tfrac{a^2}{2} - \tfrac{1}{a}\cdot\tfrac{a^3}{3}\right) = \tfrac{a^2}{3}.$$

s. Fig. 7.22

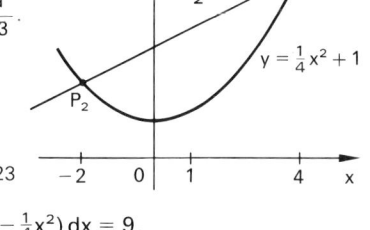

9. $y_1 = f(4) = 5; \quad y_2 = f(-2) = 2$

$\Rightarrow P_1 P_2: y = \tfrac{1}{2}x + 3$ Fig. 7.23

$\Rightarrow A = \int_{-2}^{4} [\tfrac{1}{2}x + 3 - (\tfrac{1}{4}x^2 + 1)]\,dx = \int_{-2}^{4} (2 + \tfrac{1}{2}x - \tfrac{1}{4}x^2)\,dx = 9.$

10. Um eine Skizze machen zu können, setzen wir nur die 1. Ableitung φ'(x) gleich null und ermitteln den Scheitel-x-Wert:

   φ'(x) = $-\frac{2}{3}x + 2 = 0 \Rightarrow x = 3$.

   Dass es sich um eine nach unten geöffnete Parabel handelt, ist uns bekannt. Ebenso ist uns klar, dass die y-Achse bei y = 1 geschnitten wird. Dies genügt für eine Skizze (Fig. 7.24).

   $\Rightarrow A = \int_0^3 \varphi(x)\,dx = 9$.

11. a) $\frac{a^2}{2} + a = 12 \Leftrightarrow a = -6 \vee a = 4$;

    b) $\frac{a^2}{4} - \frac{a}{2} = 6 \Leftrightarrow a = -4 \vee a = 6$.

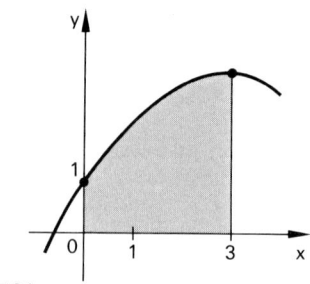

Fig. 7.24

12. Jede Kurve der Schar ist eine zur y-Achse achsensymmetrische, nach unten geöffnete (k > 0) Parabel, die bei y = 3 die y-Achse schneidet.
    Die beiden mit den Koordinatenachsen eingeschlossenen Flächenstücke sind also jeweils gleich groß.
    Die linke Integrationsgrenze ist daher 0, die rechte die positive Nullstelle der Funktion.

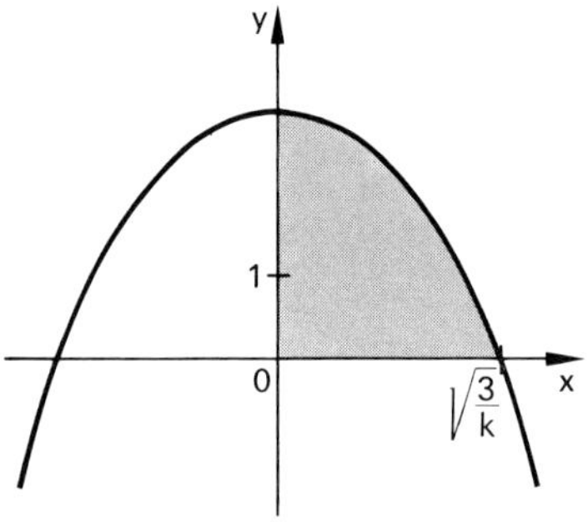

    $y = 0 \Leftrightarrow -kx^2 + 3 = 0 \Leftrightarrow x = \pm\sqrt{\frac{3}{k}}$ Fig. 7.25

    $\Rightarrow \int_0^{\sqrt{3/k}} (-kx^2 + 3)\,dx = 4 \Leftrightarrow -k \cdot \frac{3}{k} \cdot \frac{1}{3} \cdot \sqrt{\frac{3}{k}} + 3 \cdot \sqrt{\frac{3}{k}} = 4$

    $\Leftrightarrow 2 \cdot \sqrt{\frac{3}{k}} = 4 \Leftrightarrow \sqrt{\frac{3}{k}} = 2 \Leftrightarrow \frac{3}{k} = 4 \Leftrightarrow k = \frac{3}{4}$.

    Die Kurve zu $y = -\frac{3}{4}x^2 + 3$ ist die gesuchte.

13. Damit wir nicht untersuchen müssen, welcher der Graphen jeweils der obere ist, verwenden wir Absolutstriche.

    a) $A = \int_0^{2\pi} |2 + \sin x - (-2 + \sin x)|\,dx = \int_0^{2\pi} |4|\,dx = \int_0^{2\pi} 4\,dx = 8\pi$.

    b) $A = \int_0^{2\pi} |x + \sin x - (-x + \sin x)|\,dx = \int_0^{2\pi} |2x|\,dx$.

    Da x im Integrationsintervall nicht negativ wird, gilt: $A = \int_0^{2\pi} 2x\,dx = 4\pi^2$.

    c) $A = \int_0^4 |x + \sqrt{x} - (-x + \sqrt{x})|\,dx = \int_0^4 |2x|\,dx = \int_0^4 2x\,dx = 16$.

14. a) Wegen der Punktsymmetrie wird zu jedem Flächenstück oberhalb der x-Achse ein gleich großes unterhalb der x-Achse addiert, das auf der anderen Seite der y-Achse liegt.
    Da die Flächeninhalte sich im Vorzeichen unterscheiden, erhält man die Integralsumme null.

b) Die Flächen links bzw. rechts von der y-Achse sind wieder gleich groß. Da sie jedoch entweder beide oberhalb oder beide unterhalb (oder zu jeweils gleichen Anteilen oberhalb bzw. unterhalb) der x-Achse liegen, ergibt sich die Verdoppelung des Integrals von 0 bis a.

15. a) $\sin x = -\sin(-x)$ ⇒ Punktsymmetrie zum Ursprung ⇒ $\int_{-\frac{\pi}{2}}^{+\frac{\pi}{2}} \sin x \, dx = 0$.

b) $x^2 \cdot \sin x = -[(-x)^2 \cdot \sin(-x)]$ ⇒ Punktsymmetrie zum Ursprung

⇒ $\int_{-\pi}^{\pi} x^2 \sin x \, dx = 0$.

c) $f(-x) = \dfrac{(-x)^3}{(-x)^2+1} = -\dfrac{x^3}{x^2+1} = -f(x)$

⇒ Punktsymmetrie zum Ursprung ⇒ $\int_{-1}^{1} f(x) \, dx = 0$.

d) $f(-x) = 4 - (-x)^2 = 4 - x^2 = f(x)$

⇒ Symmetrie zur y-Achse ⇒ $\int_{-2}^{2} (4-x^2) \, dx = 2 \int_{0}^{2} (4-x^2) \, dx$

$= 8 \int_{0}^{2} dx - 2 \int_{0}^{2} x^2 \, dx = 16 - \dfrac{16}{3} = 10\dfrac{2}{3}$.

e) $\dfrac{-x}{\cos(-x)} = \dfrac{-x}{\cos x} = -\dfrac{x}{\cos x}$ ⇒ Punktsymmetrie zum Ursprung ⇒ $\int_{-0,5}^{0,5} \dfrac{x}{\cos x} \, dx = 0$.

f) $f(-x) = (-x)[(-x)^2 - 2] = -x(x^2-2) = -f(x)$

⇒ Punktsymmetrie zum Ursprung ⇒ $\int_{\sqrt{2}}^{\sqrt{2}} f(x) \, dx = 0$.

g) $f(-x) = (-x)^2 - 1 = x^2 - 1 = f(x)$

⇒ Symmetrie zur y-Achse ⇒ $\int_{-1}^{1} (x^2-1) \, dx = 2 \int_{0}^{1} (x^2-1) \, dx$

$= 2 \int_{0}^{1} x^2 \, dx - 2 \int_{0}^{1} dx = \dfrac{2}{3} - 2 = -1\dfrac{1}{3}$.

h) $\int_{-1}^{1} x\sqrt{1-x^2} \, dx = 0$,

denn aus $-x\sqrt{1-(-x)^2} = -x\sqrt{1-x^2}$ folgt Punktsymmetrie zum Ursprung.

16. $f(-x) = 3(-x)^2 - 4 = 3x^2 - 4 = f(x)$

⇒ Symmetrie zur y-Achse

⇒ $\int_{-2}^{2} (3x^2 - 4) \, dx = 2 \int_{0}^{2} (3x^2 - 4) \, dx$

$= 6 \int_{0}^{2} x^2 \, dx - 8 \int_{0}^{2} dx = 16 - 16 = 0$.

Nullstellen bei $\pm \dfrac{2}{3}\sqrt{3} \approx \pm 1{,}15$; Tiefpunkt $(0; -4)$.
$A_1 + A_3 = A_2$ (s. Fig. 7.26), daher Integral = 0.

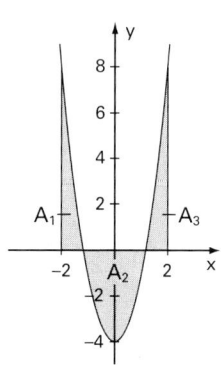

Fig. 7.26

17. $f(x) = \sin x$ ist eine ungerade Funktion (Graph punktsymmetrisch zum Ursprung), weil
$\sin(-x) = -\sin x \Rightarrow \int_{-\pi}^{\pi} \sin x\, dx = 0$.

Für $c \geq -\pi$ gilt: Anhand der Flächen (Fig. 7.27) sieht man, dass
$\int_{-\pi}^{c} \sin x\, dx = 0$ für $c = -\pi, \pi, 3\pi, 5\pi, \ldots$

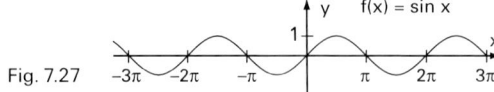

Fig. 7.27

Für $c < -\pi$ gilt: $\int_{-\pi}^{c} \sin x\, dx = -\int_{c}^{-\pi} \sin x\, dx = 0$ für $c = -3\pi, -5\pi, -7\pi, \ldots$

Zusammengefasst: $\int_{-\pi}^{c} \sin x\, dx = 0$ für $c = (2k-1)\pi,\ k \in \mathbb{Z}$

S. 68 18. a) s. Fig. 7.28

b) $f(x) = x(x-1)(x-2) = x^3 - 3x^2 + 2x$
$f'(x) = 3x^2 - 6x + 2$
$f''(x) = 6x - 6$
$f'''(x) = 6$
$f''(1) = 0 \wedge f'''(1) \neq 0 \Rightarrow$ WP$(1; 0)$
$h(x) = f(x+1) \Rightarrow G_h$ entsteht aus G_f durch Verschiebung um 1 nach links.
$h(-x) = (-x+1)(-x)(-x-1)$
$= -(x-1)x(x+1) = -h(x)$
$\Rightarrow h(x)$ ist ungerade, G_h punktsymmetrisch zum Ursprung.
$\Rightarrow G_f$ ist punktsymmetrisch zu WP$(1; 0)$.

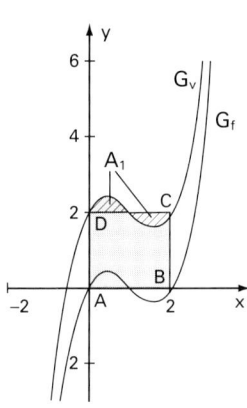

Fig. 7.28

c) $c_1 = 1$ (verschwindende Fläche); $c_2 \approx 2{,}3$; $c_3 \approx -0{,}3$ (nach Augenmaß so gewählt, dass die Flächenstücke oberhalb und unterhalb der x-Achse gleich groß sind).

d) $\int_1^c f(x)\, dx = \int_1^c (x^3 - 3x^2 + 2x)\, dx = \int_1^c x^3\, dx - 3\int_1^c x^2\, dx + 2\int_1^c x\, dx$

$= \frac{c^4}{4} - \frac{1}{4} - 3\left(\frac{c^3}{3} - \frac{1}{3}\right) + 2\left(\frac{c^2}{2} - \frac{1}{2}\right) = \frac{1}{4}(c^4 - 4c^3 + 4c^2 - 1)$

zu lösen: $c^4 - 4c^3 + 4c^2 - 1 = 0$

Polynomdivision mit der bekannten Lösung $c_1 = 1$:
$(c^4 - 4c^3 + 4c^2 - 1) : (c-1) = c^3 - 3c^2 + c + 1$
weiter mit: $c^3 - 3c^2 + c + 1 = 0$
halb vermutet, halb geraten: $c_1 = 1$ als doppelte Lösung;
erneute Polynomdivision: $(c^3 - 3c^2 + c + 1) : (c-1) = c^2 - 2c - 1$
weiter mit: $c^2 - 2c - 1 = 0$
$\Rightarrow c_2 = 1 + \sqrt{2} \approx 2{,}41$; $c_3 = 1 - \sqrt{2} \approx -0{,}41$.

e) G_v entsteht durch Verschiebung von G_f um 2 nach oben.

f) $\int_0^2 v(x)\,dx = A_{ABCD} + A_1 - A_1 = 4$ (s. Fig. 7.28).

19. a) $f(x) = \frac{1}{8}(x-2)(x^2+2x+4) = \frac{1}{8}(x^3-8)$
$f'(x) = \frac{3}{8}x^2$
$f''(x) = \frac{3}{4}x$
$f'''(x) = \frac{3}{4}$
$f'(x) = 0 \Rightarrow x = 0$
$f''(0) = 0 \wedge f'''(0) \neq 0 \Rightarrow$
Terrassenpunkt $(0;-1)$ s. Fig. 7.29

b) $m = f'(-2) = \frac{3}{2}$
$y = mx + t$; mit $P(-2;-2)$:
$-2 = \frac{3}{2}(-2) + t \Rightarrow t = 1$
$\Rightarrow t_1(x) = \frac{3}{2}x + 1$.

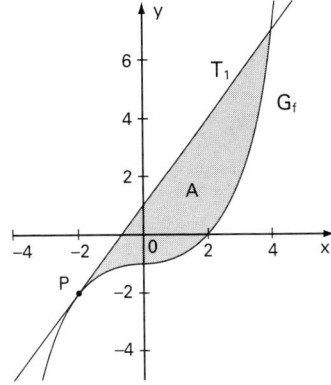

Fig. 7.29

c) Schnittpunkt von G_f und T_1:
$t_1(x) = f(x) \Rightarrow x^3 - 12x - 16 = 0$.
Polynomdivision mit der bekannten
Lösung $x_1 = -2$:
$(x^3 - 12x - 16) : (x+2) = x^2 - 2x - 8$
weiter mit: $x^2 - 2x - 8 = 0$
$\Rightarrow x_2 = -2; x_3 = 4$, also Schnittpunkt bei $x = 4$.

$A = \int_{-2}^{4}[t_1(x) - f(x)]\,dx = \int_{-2}^{4}(\frac{3}{2}x + 1 - \frac{1}{8}x^3 + 1)\,dx$
$= -\frac{1}{8}\int_{-2}^{4}x^3\,dx + \frac{3}{2}\int_{-2}^{4}x\,dx + 2\int_{-2}^{4}dx = 13\frac{1}{2}$.

20. Monotonieeigenchaft des bestimmten Integrals:
$x - x^2 \leq f(x) \leq x + x^2 \Rightarrow \int_0^{0,5}(x-x^2)\,dx \leq \int_0^{0,5}f(x)\,dx \leq \int_0^{0,5}(x+x^2)\,dx$

$\Rightarrow \frac{1}{12} \leq \int_0^{0,5}f(x)\,dx \leq \frac{1}{6};\ s = \frac{1}{12},\ S = \frac{1}{6}$.

21. a) $g: y = 2x$
$y = kx^2 \wedge y = 2x \Rightarrow kx^2 = 2x$
$\Rightarrow kx\left(x - \frac{2}{k}\right) = 0$

für $k \neq 0$, $k \in \mathbb{R}_0^+$ erhalten wir
$x_1 = 0,\quad x_2 = \frac{2}{k};\ y_1 = 0,\ y_2 = \frac{4}{k}$

für $k = 0$ wird die Gleichung $kx^2 = 2x$ zu $0 = 2x$, sodass nur ein Schnittpunkt $x = 0$, $y = 0$ existiert. In diesem Fall wird von G_{f_k} und g kein Flächenstück begrenzt (siehe c)).

b) siehe Fig. 7.30

c) $A_k = \int_0^{2/k} [2x - kx^2]\,dx = \frac{4}{k^2} - \frac{8}{3k^2} = \frac{4}{3k^2}$

$\Rightarrow A_{0,5} = \frac{4}{3 \cdot 0{,}5^2} = \frac{16}{3}$.

22. $\lim_{h \to 0} f(4-h) = \lim_{h \to 0} 1{,}5 \cdot (4-h) = 6$,

$f(4) = 1{,}5 \cdot 4 = 6$, $\lim_{h \to 0} f(4+h)$

$= \lim_{h \to 0} [0{,}5(4+h)^2 - (4+h) + 2] = 6$,

$\Rightarrow$ f ist stetig an der Stelle $x = 4$.

$\int_{-2}^{6} f(x)\,dx = \int_{-2}^{4} 1{,}5x\,dx + \int_{4}^{6} (0{,}5x^2 - x + 2)\,dx$

$= 9 + (\frac{76}{3} - 10 + 4) = \frac{85}{3} = 28\frac{1}{3}$.

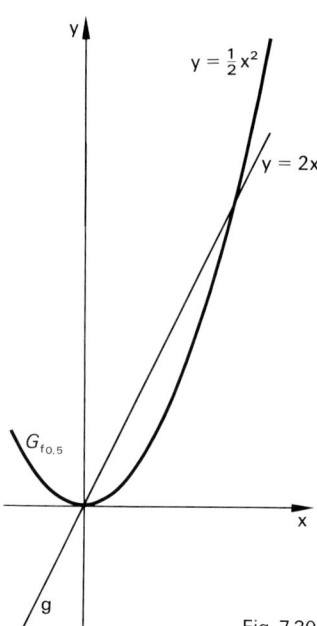

Fig. 7.30

Ergänzungen und Ausblicke

S. 66 Das Programm benützt eine umgeformte Simpson-Regel:

$\int_a^b f(x)\,dx \approx \frac{b-a}{3n} \cdot [y_0 + 4 \cdot (y_1 + y_3 + y_5 + \ldots + y_{n-3} + y_{n-1})$
$\qquad + 2 \cdot (y_2 + y_4 + y_6 + \ldots + y_{n-2}) + y_n]$

Damit in beiden runden Klammern die gleiche Anzahl von Summanden steht (Zeile 330), wird der letzte Summand der ersten Klammer weggelassen und in Zeile 370 erst addiert.

$s_1 = y_1 + y_3 + y_5 + \ldots + y_{n-3}$ (in Zeile 340);

$s_1 = y_1 + y_3 + y_5 + \ldots + y_{n-3} + y_{n-1}$ (in Zeile 370);

$s_2 = y_2 + y_4 + y_6 + \ldots + y_{n-2}$;

Zeile 310: $D = \frac{8-0}{8} = 1$;

Zeile 320: $X = 0 + 1 = 1$, $S1 = 0$, $S2 = 0$;

K	FNF(X)	S1	X+D	FNF(X+D)	S2	X
1	1	1	2	4	4	3
2	9	10	4	16	20	5
3	25	35	6	36	56	7

Zeile 370: $S1 = 35 + FNF(7) = 84$

Zeile 380: $S = (FNF(0) + 4 \cdot 84 + 2 \cdot 56 + FNF(8)) \cdot \frac{1}{3}$
$\qquad = (0 + 336 + 112 + 64) \cdot \frac{1}{3} = 512 \cdot \frac{1}{3} = 170{,}6666\ldots 67$.

In Zeile 230 wird die Eingabe einer geraden Zahl N verlangt.

Zeile 240 korrigiert ohne Fehlermeldung, wenn stattdessen eine ungerade Zahl eingegeben wird.
$\frac{N}{2}$ ist dann nämlich keine ganze Zahl, weshalb INT$\left(\frac{N}{2}\right)$ genau 0,5 kleiner ist als $\frac{N}{2}$.
(Das Größerzeichen in Zeile 240 kann daher weggelassen werden.)

Zeile 240 vergrößert N nun um 1, wodurch aus der eingegebenen ungeraden Zahl eine gerade Zahl wird.

8.1

S. 71 **1.** a) $F_1(x) = \int_{-1}^{x} t^2 dt = \frac{x^3}{3} - \frac{(-1)^3}{3} = \frac{1}{3}x^3 + \frac{1}{3}$,

$F_2(x) = \int_{0}^{x} t^2 dt = \frac{x^3}{3} = \frac{1}{3}x^3$,

$F_3(x) = \int_{1}^{x} t^2 dt = \frac{x^3}{3} - \frac{1^3}{3} = \frac{1}{3}x^3 - \frac{1}{3}$,

$F_4(x) = \int_{2}^{x} t^2 dt = \frac{x^3}{3} - \frac{2^3}{3} = \frac{1}{3}x^3 - \frac{8}{3}$.

Die vier Graphen gehen auseinander durch Verschiebungen parallel zur y-Achse hervor.

b) $F_1'(x) = F_2'(x) = F_3'(x) = F_4'(x) = x^2$.

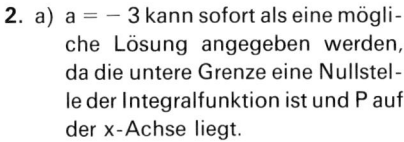

2. a) $a = -3$ kann sofort als eine mögliche Lösung angegeben werden, da die untere Grenze eine Nullstelle der Integralfunktion ist und P auf der x-Achse liegt.
Zum Beweis, dass dies die einzige mögliche Lösung ist, ist es jedoch sinnvoll, zuerst F(x) in Abhängigkeit von a zu ermitteln:

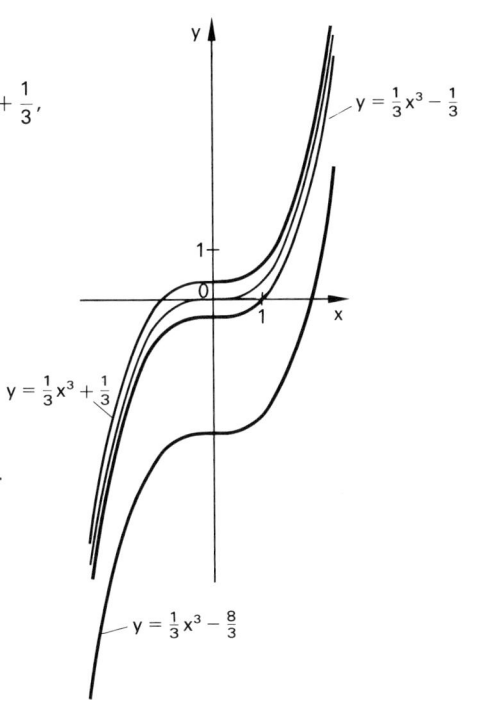

Fig. 8.1

$F(x) = \int_{a}^{x} dt = x - a$;

$P(-3; 0) \in G_f \Rightarrow 0 = -3 - a \Leftrightarrow a = -3$; $F(x) = x + 3 \Rightarrow F'(x) = 1$.

b) $F(x) = \int_{a}^{x} t\, dt = \frac{x^2}{2} - \frac{a^2}{2}$;

$F(0) = -2 \Rightarrow -\frac{a^2}{2} = -2 \Leftrightarrow a^2 = 4 \Leftrightarrow a = -2 \vee a = +2$.

Beide Lösungen liefern jedoch die gleiche Funktion F:

$F(x) = \frac{1}{2}x^2 - 2 \Rightarrow F'(x) = x$.

c) $F(x) = \int_{a}^{x} t^2 dt = \frac{x^3}{3} - \frac{a^3}{3}$;

$F(3) = 6\frac{1}{3} = \frac{19}{3} \Rightarrow 9 - \frac{a^3}{3} = \frac{19}{3} \Leftrightarrow a^3 = 8 \Leftrightarrow a = 2$;

$F(x) = \frac{1}{3}x^3 - \frac{8}{3} \Rightarrow F'(x) = x^2$.

d) $F(0) = 1 \Rightarrow \int_a^0 \sin t\, dt = 1$

Die Integration wird erst mit 8.2.2 möglich. Anhand einer Flächenbetrachtung an der Sinuskurve (siehe Fig. 7.27) sieht man jedoch, dass $\int_a^0 \sin t\, dt$ höchstens 0, aber niemals 1 werden kann. Es gibt also keine Lösung.

3. a) $F_p(x) = \int_2^x (3t^2 - pt + 1)\, dt$

$= x^3 - 8 - p \cdot \left(\dfrac{x^2}{2} - 2\right) + x - 2 = x^3 + x - 10 - p \cdot \left(\dfrac{x^2}{2} - 2\right);$

$F_p(3) = 0 \Rightarrow 27 + 3 - 10 - p \cdot \left(\dfrac{9}{2} - 2\right) = 0 \Leftrightarrow \dfrac{5}{2} p = 20 \Leftrightarrow p = 8.$

Da neben $x = 3$ auch bei $x = 2$ (untere Integrationsgrenze) eine Nullstelle der Funktion F_a sein muss, enthält $F_8(x)$ die Faktoren $(x - 3)$ und $(x - 2)$, also den Faktor $(x - 3) \cdot (x - 2) = x^2 - 5x + 6$.

$F_8(x) = x^3 + x - 10 - 8 \cdot \left(\dfrac{x^2}{2} - 2\right) = x^3 - 4x^2 + x + 6 = (x^2 - 5x + 6) \cdot (x + 1),$

$\Rightarrow$ Die dritte Nullstelle lautet somit -1.

b) Aus $F_p(-2) = 0$ erhält man:

$-8 - 2 - 10 - p \cdot \left(\dfrac{4}{2} - 2\right) = 0 \Leftrightarrow -20 - p \cdot 0 = 0 \Leftrightarrow -20 = 0$ (f)

oder: $F_p(-2) = -8 - 2 - 10 = -20 \neq 0$ für alle $p \in \mathbb{R}$.

c) $F_{p_1}(x) = F_{p_2}(x),\ p_1, p_2 \in \mathbb{R},\ p_1 \neq p_2$

$\Rightarrow x^3 + x - 10 - p_1 \cdot \left(\dfrac{x^2}{2} - 2\right) = x^3 + x - 10 - p_2 \cdot \left(\dfrac{x^2}{2} - 2\right)$

$\Leftrightarrow (p_1 - p_2) \cdot \left(\dfrac{x^2}{2} - 2\right) = 0$

$\Leftrightarrow \dfrac{x^2}{2} - 2 = 0,$ da $p_1 \neq p_2$ vorausgesetzt wurde $\Leftrightarrow x = -2 \lor x = +2.$

S. 72   4. a) $F(x) = \int_a^x (t^2 - 2t - 3)\, dt = \dfrac{x^3}{3} - \dfrac{a^3}{3} - 2 \cdot \left(\dfrac{x^2}{2} - \dfrac{a^2}{2}\right) - 3 \cdot (x - a)\,;$

$F'(x) = x^2 - 2x - 3.$

b) $F(x) = \int_a^x (2 - 3t) \cdot (2 + 3t)\, dt = \int_a^x (4 - 9t^2)\, dt = 4 \cdot (x - a) - 9 \cdot \left(\dfrac{x^3}{3} - \dfrac{a^3}{3}\right)$

$F'(x) = 4 - 9x^2 = (2 - 3x) \cdot (2 + 3x)$

c) $F(x) = \int_b^x (\sqrt{2} y + 5)^2\, dy = \int_b^x (2y^2 + 10\sqrt{2}\, y + 25)\, dy$

$= 2 \cdot \left(\dfrac{x^3}{3} - \dfrac{b^3}{3}\right) + 10\sqrt{2} \cdot \left(\dfrac{x^2}{2} - \dfrac{b^2}{2}\right) + 25 \cdot (x - b);$

$F'(x) = 2x^2 + 10\sqrt{2}\, x + 25 = (\sqrt{2}\, x + 5)^2.$

In allen drei Fällen ist die Ableitungsfunktion F' bis auf die Bezeichnung der Variablen mit der Integrandenfunktion identisch.

5. $F'(x) = \frac{1}{2}x = f(x) \Rightarrow$ F ist Stammfunktion zu f.

$\int_a^x f(t)\,dt = \int_a^x \frac{1}{2}t\,dt = \frac{1}{2} \cdot \left(\frac{x^2}{2} - \frac{a^2}{2}\right) = \frac{1}{4}x^2 - \frac{a^2}{4}$.

Da sich $\frac{1}{4}x^2 + 5$ nicht unter der Schar $\frac{1}{4}x^2 - \frac{a^2}{4}$ befindet $\left(-\frac{a^2}{4} = +5 \Leftrightarrow a^2 = -20\right)$, ist F keine Integralfunktion zu f.

6. a) Wegen $\int_a^a f(x)\,dx = 0$ erhält man sofort $x_1 = 2$.
Eine andere richtige Lösung wäre $x_2 = 3$.

b) Wegen $\int_a^a f(x)\,dx = 0$ erhält man sofort $x_1 = 3$.
Eine andere richtige Lösung wäre $x_2 = -3{,}02318$.

7. $F(x) = \int_1^x (2t - t^2)\,dt = 2 \cdot \left(\frac{x^2}{2} - \frac{1}{2}\right) - \left(\frac{x^3}{3} - \frac{1}{3}\right) = -\frac{1}{3}x^3 + x^2 - \frac{2}{3}$.

$F(x) = 0 \Rightarrow x^3 - 3x^2 + 2 = 0$

$x_1 = 1$ (untere Integrationsgrenze, aber auch sichtbar)

$\Rightarrow$ Faktor $(x-1)$;

$F(x) = -\frac{1}{3} \cdot (x-1) \cdot (x^2 - 2x - 2)$;

$x^2 - 2x - 2 = 0 \Rightarrow x_{2/3} = \frac{2 \pm \sqrt{12}}{2} = 1 \pm \sqrt{3}$.

8.2

1. a) $F'(x) = 3x^2 - 5x + 8$;   b) $F'(x) = 2\sin 2x + \cos^2 x - x$;

c) $F': x \mapsto |x-3| - x^4$;   d) $F': x \mapsto \frac{1}{x}$, $x > 0$;

S. 78

2. a) $F'(x) = \frac{x^3}{3}$; $F'(\sqrt{3}) = \frac{(\sqrt{3})^3}{3} = \sqrt{3} = \tan\alpha \Rightarrow \alpha = 60{,}00°$.

b) $F'(x) = \frac{4}{3} \Rightarrow \frac{x^3}{3} = \frac{4}{3} \Leftrightarrow x = \sqrt[3]{4}$.

3. a) $\varphi'(x) = 2 \cdot (2x - 3) \cdot 2 = 8x - 12 \Rightarrow \varphi(x) = \int_a^x (8t - 12)\,dt$;

$\varphi(0) = (-3)^2 = 9$;

$\varphi(0) = \int_a^0 (8t - 12)\,dt = 8 \cdot \left(-\frac{a^2}{2}\right) - 12 \cdot (-a) = -4a^2 + 12a$

$\Rightarrow -4a^2 + 12a = 9 \Leftrightarrow 4a^2 - 12a + 9 = 0 \Leftrightarrow (2a - 3)^2 = 0 \Leftrightarrow a = \frac{3}{2}$.

Dieses Ergebnis hätte man mithilfe geometrischer Überlegungen sofort angeben können:
G_φ ist eine Parabel, die bei $x = \frac{3}{2}$ die x-Achse berührt (doppelte Nullstelle). Da alle anderen Integralfunktionen parallel zur y-Achse verschobene Parabeln liefern, hätte keine davon die Nullstelle $\frac{3}{2}$.
Somit muss die untere Integrationsgrenze $\frac{3}{2}$ genau diese Funktion φ liefern.

b) $\psi'(x) = x \cdot \cos x + \sin x$

$\Rightarrow \psi(x) = \int_a^x (t \cdot \cos t + \sin t)\, dt$

$\psi(0) = \frac{3}{2}\pi$

$\psi(0) = \int_a^0 (t\cos t + \sin t)\, dt = -a \cdot \sin a$

$\Rightarrow a \cdot \sin a = -\frac{3}{2}\pi$.

Eine Lösung ist $a = \frac{3}{2}\pi$, da $\sin(\frac{3}{2}\pi) = -1$.

Es ist noch zu prüfen, ob dieser Wert als untere Integrationsgrenze die gewünschte Funktion liefert.

$\int_{\frac{3}{2}\pi}^x (t \cdot \cos t + \sin t)\, dt = [t \cdot \sin t]_{\frac{3}{2}\pi}^x = x \cdot \sin x - \frac{3}{2}\pi \cdot \sin(\frac{3}{2}\pi) = \frac{3}{2}\pi + x \cdot \sin x = \psi(x)$.

4. a) $\int_0^{\sqrt{3}} x^3\, dx = \left[\frac{x^4}{4}\right]_0^{\sqrt{3}} = \frac{(\sqrt{3})^4}{4} - \frac{0^4}{4} = \frac{9}{4}$; b) $\int_{-a}^a 6x^5\, dx = [x^6]_{-a}^a = a^6 - a^6 = 0$

c) $\int_2^4 \frac{4}{x^2}\, dx = 4\int_2^4 x^{-2}\, dx = 4 \cdot \left[\frac{x^{-1}}{-1}\right]_2^4 = -4 \cdot \left[\frac{1}{x}\right]_2^4 = -4 \cdot \left(\frac{1}{4} - \frac{1}{2}\right) = +1$;

d) $\int_1^3 x^{-3}\, dx = \left[\frac{x^{-2}}{-2}\right]_1^3 = -\frac{1}{2} \cdot \left[\frac{1}{x^2}\right]_1^3 = -\frac{1}{2} \cdot \left(\frac{1}{9} - 1\right) = +\frac{4}{9}$;

e) $\int_{-1}^{-2} \frac{dx}{x^5} = \int_{-1}^{-2} x^{-5}\, dx = \left[\frac{x^{-4}}{-4}\right]_{-1}^{-2} = -\frac{1}{4} \left[\frac{1}{x^4}\right]_{-1}^{-2} = -\frac{1}{4} \cdot \left(\frac{1}{16} - 1\right) = +\frac{15}{64}$;

f) $\int_a^{-a} x^{2n-1}\, dx = \left[\frac{x^{2n}}{2n}\right]_a^{-a} = \frac{(-a)^{2n}}{2n} - \frac{a^{2n}}{2n} = \frac{a^{2n}}{2n} - \frac{a^{2n}}{2n} = 0$;

g) $\int_1^2 \frac{1-x^3}{x^6}\, dx = \int_1^2 (x^{-6} - x^{-3})\, dx$

$= \left[-\frac{1}{5x^5} + \frac{1}{2x^2}\right]_1^2 = -\frac{1}{160} + \frac{1}{8} - \left(-\frac{1}{5} + \frac{1}{2}\right) = -\frac{29}{160}$;

h) $\int_1^2 \frac{x^3 + x^2 + 2}{x^2}\, dx = \int_1^2 \left(x + 1 + \frac{2}{x^2}\right) dx = \left[\frac{x^2}{2} + x - \frac{2}{x}\right]_1^2$

$= \frac{4}{2} + 2 - 1 - \left(\frac{1}{2} + 1 - 2\right) = \frac{7}{2}$;

i) $\int_{-\frac{\pi}{2}}^{\frac{\pi}{2}} \sin x\, dx = [-\cos x]_{-\frac{\pi}{2}}^{\frac{\pi}{2}} = -\cos\frac{\pi}{2} + \cos\left(-\frac{\pi}{2}\right) = 0$;

k) $\int_{-\frac{\pi}{4}}^{\frac{\pi}{4}} \cos x\, dx = [\sin x]_{-\frac{\pi}{4}}^{\frac{\pi}{4}} = \sin\frac{\pi}{4} - \sin\left(-\frac{\pi}{4}\right) = \frac{1}{2}\sqrt{2} - \left(-\frac{1}{2}\sqrt{2}\right) = \sqrt{2}$;

l) $\int_0^{\frac{\pi}{2}} (\sin x + \cos x)\, dx = [-\cos x + \sin x]_0^{\frac{\pi}{2}} = -\cos\frac{\pi}{2} + \sin\frac{\pi}{2} - (-\cos 0 + \sin 0)$

$= 0 + 1 - (-1 + 0) = 2$;

5. a) $\int_0^{-1} \sin x \, dx = [-\cos x]_0^{-1} = -\cos(-1) + \cos 0 \approx 0{,}4597$ (Rechner auf „RAD"!); **S. 79**

b) $\int_0^{-2,5} \sin x \, dx = -\cos(-2{,}5) + \cos 0 \approx 1{,}8011$;

c) $\int_0^1 (1 + 2\cos x) \, dx = [x + 2\sin x]_0^1 = 1 + 2\sin 1 - (0 + 2 \cdot \sin 0) \approx 2{,}6829$;

d) $\int_{0,5}^{1,5} (2x + \sin x - \cos x) \, dx = [x^2 - \cos x - \sin x]_{0,5}^{1,5}$
$= 1{,}5^2 - \cos 1{,}5 - \sin 1{,}5 - 0{,}5^2 + \cos 0{,}5 + \sin 0{,}5 \approx 2{,}2888$;

6. a) $\int_0^1 \frac{1}{\cos^2 x} \, dx = [\tan x]_0^1 = \tan 1 \approx 1{,}5574$;

b) $\int_1^{0,5} \frac{1}{\sin^2 x} \, dx = \left[-\frac{1}{\tan x}\right]_1^{0,5} = -\frac{1}{\tan 0{,}5} + \frac{1}{\tan 1} \approx -1{,}1884$;

7. a) $\int_0^{\frac{\pi}{2}} (1 + x - \sin^2 x) \, dx + \int_0^{\frac{\pi}{2}} (\sin x - \cos^2 x) \, dx = \int_0^{\frac{\pi}{2}} (1 + x - \sin^2 x + \sin x - \cos^2 x) \, dx$

$= \int_0^{\frac{\pi}{2}} (x + \sin x) \, dx$, da $\sin^2 x + \cos^2 x = 1$

$= \left[\frac{x^2}{2} - \cos x\right]_0^{\frac{\pi}{2}} = \frac{\pi^2}{8} - \cos \frac{\pi}{2} - (0 - \cos 0)$

$= \frac{\pi^2}{8} - 0 - 0 + 1 = \frac{\pi^2}{8} + 1$;

b) $\int_0^{\pi} \cos^2 \frac{x}{2} \, dx + \int_{\pi}^0 \sin^2 \frac{x}{2} \, dx = \int_0^{\pi} \cos^2 \frac{x}{2} \, dx - \int_0^{\pi} \sin^2 \frac{x}{2} \, dx$

$= \int_0^{\pi} \left(\cos^2 \frac{x}{2} - \sin^2 \frac{x}{2}\right) dx = \int_0^{\pi} \cos x \, dx = [\sin x]_0^{\pi} = \sin \pi - \sin 0 = 0$;

8. $F'(x) = 0 \Rightarrow \sin x - \cos x = 0 \Leftrightarrow \sin x = \cos x \mid :\cos x, \cos x \neq 0$

$\Rightarrow \tan x = 1 \Rightarrow x_1 = \frac{\pi}{4}, x_2 = \frac{5}{4}\pi$.

$F''(x) = \cos x + \sin x \neq 0$ in beiden Fällen $\Rightarrow$ Extrema;

$F(x) = \int_0^x (\sin t - \cos t) \, dt = -\cos x - \sin x + 1$.

9. a) $\int f(x) \, dx = x + \cos x + C = F_C(x)$;

$F_C(0) = 2 \Rightarrow 0 + \cos 0 + C = 2 \Leftrightarrow C = 2 - \cos 0 = 1$;

$F(x) = x + \cos x + 1$.

b) $F_C(x) = -\cos x + \sin x + C$;

$F_C(\pi) = -(-1) + 0 + C = -3 \Rightarrow C = -4$.

c) $F_C(x) = \frac{1}{2}x^2 - \cos x + C$; $F_C(0) = -\cos 0 + C = -1 \Rightarrow C = -1 + \cos 0 = 0$.

d) $F_C(x) = x^2 - \sin x + C$; $F_C(\pi) = \pi^2 - 0 + C = \pi^2 \Rightarrow C = 0$.

10. Wir bezeichnen die rechte Seite der Gleichung jeweils mit $F(x)$ und zeigen, dass $F'(x)$ mit der Integrandenfunktion übereinstimmt.

a) $F'(x) = \frac{1}{2} \cdot (1 - \sin x \cdot (-\sin x) - \cos x \cdot \cos x) = \frac{1}{2} \cdot (1 + \sin^2 x - \cos^2 x)$
$= \frac{1}{2} \cdot (\sin^2 x + \cos^2 x + \sin^2 x - \cos^2 x) = \frac{1}{2} \cdot 2 \cdot \sin^2 x = \sin^2 x$.

b) $F'(x) = \frac{1}{2} \cdot (1 - \sin^2 x + \cos^2 x) = \frac{1}{2} \cdot (\sin^2 x + \cos^2 x - \sin^2 x + \cos^2 x) = \cos^2 x$.

c) $F'(x) = -\frac{1}{2} \cdot (a^2 - x^2)^{-\frac{1}{2}} \cdot (-2x) = \frac{x}{\sqrt{a^2 - x^2}}$.

11. Wir leiten wieder die Stammfunktion ab:

$F'(x) = 4x^3 + (-1) \cdot x^{-2} - \frac{1}{2} \cdot (x^2 + 1)^{-\frac{1}{2}} \cdot 2x - \left(-\sin\left(\frac{\pi}{2} x\right)\right) \cdot \frac{\pi}{2}$

$= 4x^3 - \frac{1}{x^2} - \frac{x}{\sqrt{x^2 + 1}} + \frac{\pi}{2} \cdot \sin\left(\frac{\pi}{2} x\right)$.

$[F(x)]_1^2 = 16 + \frac{1}{2} - \sqrt{5} - \cos \pi - \left(1 + 1 - \sqrt{2} - \cos \frac{\pi}{2}\right)$

$= 16 + 0{,}5 - \sqrt{5} + 1 - 1 - 1 + \sqrt{2} + 0 = 15{,}5 + \sqrt{2} - \sqrt{5} \approx 14{,}678$.

12. $f'(x) = a \cos(ax + b);\ g'(x) = -a \sin(ax + b);$

a) $\int \cos(x + 2)\, dx = \sin(x + 2) + C;$

b) $\int \cos(x + b)\, dx = \sin(x + b) + C;$

c) $\int \cos(ax + b)\, dx = \frac{1}{a} \sin(ax + b) + C;$

d) $\int \sin(ax + b)\, dx = -\frac{1}{a} \cos(ax + b) + C;$

13. $f'(x) = 1 \cdot \sin x + x \cdot \cos x = \sin x + x \cdot \cos x$

a) $\int_0^{\frac{\pi}{2}} (1 - \sin x - x \cdot \cos x)\, dx = [x - x \cdot \sin x]_0^{\frac{\pi}{2}} = \frac{\pi}{2} - \frac{\pi}{2} \cdot \sin \frac{\pi}{2} = \frac{\pi}{2} - \frac{\pi}{2} = 0;$

b) $\int_0^{\frac{\pi}{2}} x \cdot \cos x\, dx = [x \cdot \sin x + \cos x]_0^{\frac{\pi}{2}} = \frac{\pi}{2} \cdot 1 + 0 - (0 + 1) = \frac{\pi}{2} - 1.$

14. a) $\lim\limits_{a \to \infty} \int_1^a \frac{2}{x^2}\, dx = \lim\limits_{a \to \infty} \left[-\frac{2}{x}\right]_1^a = \lim\limits_{a \to \infty} \left(-\frac{2}{a} + 2\right) = 2.$

Die ins Unendliche reichende Fläche hat einen begrenzten Flächeninhalt. Mit wachsendem a nähert er sich 2.

b) $\lim\limits_{b \to -\infty} \int_b^{-1} \frac{5}{x^2} = \lim\limits_{b \to -\infty} \left[-\frac{5}{x}\right]_b^{-1} = \lim\limits_{b \to -\infty} \left(5 + \frac{5}{b}\right) = 5.$

Die sich von -1 ins Unendliche erstreckende Fläche hat einen begrenzten Flächeninhalt.
Wie unter a) ist der Zuwachs immer geringer als die Differenz zum Grenzwert.

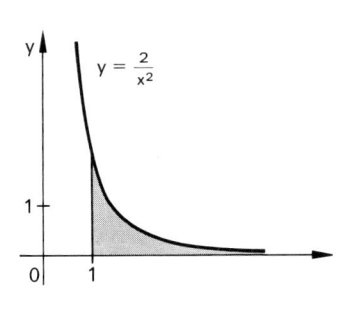

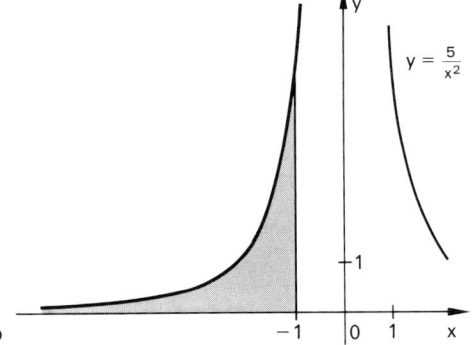

Fig. 8.2a   Fig. 8.2b

15. a) Ableitung der Stammfunktion nach der Kettenregel liefert jeweils die Integranden- S. 80
funktion.

b) (1) $\int_0^{0,5} 3 \cdot \sin 3x \, dx = [-\cos 3x]_0^{0,5} = -\cos 1,5 + \cos 0 \approx 0,9293;$

(2) $\int_1^{\sqrt{\pi}} 2t \cdot \cos(t^2) \, dt = [\sin(t^2)]_1^{\sqrt{\pi}} = \sin \pi - \sin 1 \approx -0,8415;$

(3) $\int_0^1 (2z+3) \cdot \cos(z^2+3z+1) \, dz = [\sin(z^2+3z+1)]_0^1$
$= \sin 5 - \sin 1 \approx -1,8004;$

c) (1) $\int_0^{\pi/\omega} \sin \omega t \, dt = \frac{1}{\omega} \int_0^{\pi/\omega} \omega \cdot \sin \omega t \, dt = \frac{1}{\omega}[-\cos \omega t]_0^{\pi/\omega} = \frac{1}{\omega}(-\cos \pi + \cos 0) = \frac{2}{\omega};$

(2) $\int_0^{2/\pi} x \cdot \cos(\pi x)^2 \, dx = \frac{1}{2\pi^2} \int_0^{2/\pi} 2\pi^2 x \cdot \cos(\pi x)^2 \, dx$
$= \frac{1}{2\pi^2} \cdot [\sin(\pi x)^2]_0^{2/\pi} = \frac{1}{2\pi^2} \cdot \sin 4 \approx -0,0383;$

(3) $\int_0^1 \sin x \cdot \sin(\cos x) \, dx = -\int_0^1 (-\sin x) \cdot \sin(\cos x) \, dx = -[-\cos(\cos x)]_0^1$
$= \cos(\cos 1) - \cos(\cos 0)$
$\approx \cos 0,5403 - \cos 1 \approx 0,3173.$

16. a) $D_{max} = \mathbb{R} \setminus \{1\};$

b) $F'(x) = \frac{(1-x) \cdot 2x - (-1) \cdot x^2}{(1-x)^2}$
$= \frac{2x - 2x^2 + x^2}{(1-x)^2}$
$= \frac{2x - x^2}{(1-x)^2} = \frac{2x - x^2}{(x-1)^2};$

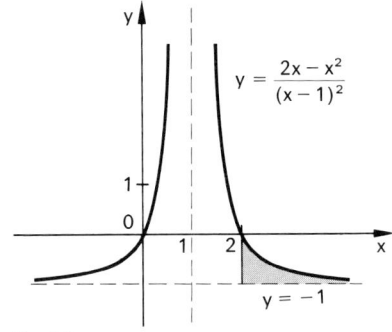

Fig. 8.3

c) Zuerst muss geprüft werden, ob G_f die waagerechte Gerade im Integrationsintervall [2; k] schneidet.

$f(x) = -1$

$\Rightarrow \dfrac{2x - x^2}{x^2 - 2x + 1} = -1 \Rightarrow 2x - x^2 = -x^2 + 2x - 1 \Leftrightarrow 0 = -1$ (f)

$\Rightarrow$ keine gemeinsamen Punkte.

Die letzten Umformungen lassen auch $f(x) > -1$ erkennen, sodass für positiven Flächeninhalt J(k) folgt:

$$J(k) = \int_2^k [f(x) - (-1)]\, dx = \int_2^k \left(\dfrac{2x - x^2}{(x-1)^2} + 1 \right) dx = \left[\dfrac{x^2}{1-x} + x \right]_2^k = \left[\dfrac{x^2 + x - x^2}{1-x} \right]_2^k$$

$$= \left[\dfrac{x}{1-x} \right]_2^k = \dfrac{k}{1-k} + 2;$$

d) $\lim\limits_{k \to \infty} J(k) = \lim\limits_{k \to \infty} \dfrac{k}{1-k} + 2 = -1 + 2 = 1$.

Ergänzungen und Ausblicke

S. 81 Die Funktion wird hier als sin x/x definiert.
Die untere Integralgrenze ist hier fest, nämlich 0. Die obere Integralgrenze (im Programm: b) wird durch eine zusätzliche Schleife (von „REPEAT" bis „UNTIL") mit Schrittweite 0,1 von 0,1 bis 7 variiert.
Jedes Integral wird von 0 bis x neu berechnet, obwohl man gut auf dem vorherigen Ergebnis aufbauen könnte.
Die Unterteilung des Integrationsintervalls ist hier mit n = 20 Streifen fest vorgegeben, sodass die Genauigkeit mit wachsendem x abnimmt.
Als Ausdruck erhält man eine Tabelle mit x-Werten von 0,1 bis 7 und den zugehörigen Integralsinus-Werten. Die Überschrift der Tabelle mit „sin x/x" ist falsch.

S. 82 1. $f'(x) = \dfrac{\sin x}{x} = 0; \quad x > 0$

$\Rightarrow x = n\pi; \quad n \in \mathbb{N}$

$f''(x) = \dfrac{x \cos x - \sin x}{x^2}.$

Für gerade n (n = 2k, k ∈ ℕ) gilt:

$f''(2k\pi) = \dfrac{2k\pi}{(2k\pi)^2} > 0 \Rightarrow$ Minimum.

Für ungerade n (n = 2k − 1, k ∈ ℕ) gilt:

$f''((2k-1)\pi) = \dfrac{-(2k-1)\pi}{((2k-1)\pi)^2} < 0 \Rightarrow$ Maximum.

2. Unter der Variablen s1 werden die y-Werte mit ungeraden Indices (vgl. Simpson-Regel, Lehrbuch S. 65), also $y_1, y_3, \ldots, y_{n-1}$ aufsummiert.
Der letzte Wert y_{n-1} wird dabei außerhalb der k-Schleife in Zeile 16 addiert.
Unter der Variablen s2 werden die y-Werte mit geraden Indices, also $y_2, y_4, \ldots, y_{n-2}$ aufsummiert.
In Zeile 17 wird nach der Simpson-Regel der Wert des Integrals berechnet.

Der folgende Ausdruck enthält für b = 0,1 die Werte der k-Schleife und anschließend die Werte von Zeile 16 und 17.

k	s1	s2
1	.9999958	.9999833
2	1.999958	1.999917
3	2.999854	2.999767
4	3.999650	3.999500
5	4.999312	4.999084
6	5.998808	5.998484
7	6.998105	6.997667
8	7.997168	7.996601
9	8.995964	8.995252

s1 = 9.994461
y = 0.099944

8.4.2

1. a) $v(t) = \int b\,dt = \int g \cdot \sin\alpha\,dt = g \cdot \sin\alpha \cdot \int dt = g \cdot \sin\alpha \cdot t + C_1$; S.86

   $v(0) = 0 \Rightarrow C_1 = 0 \Rightarrow v(t) = g \cdot \sin\alpha \cdot t$;

   $s(t) = \int v(t)\,dt = \int g \cdot \sin\alpha \cdot t\,dt = g \cdot \sin\alpha \cdot \int t\,dt = \frac{1}{2} g \cdot \sin\alpha \cdot t^2 + C_2$;

   $s(0) = 0 \Rightarrow C_2 = 0 \Rightarrow s(t) = \frac{1}{2} g \cdot \sin\alpha \cdot t^2$.

   b) $s = 2m$, $\alpha = 30°$, $g = 10\,ms^{-2} \Rightarrow 2m = \frac{1}{2} \cdot 10\,ms^{-2} \cdot \sin 30° \cdot t^2 \Leftrightarrow t^2 = 0{,}8\,s^2$

   $t \geqq 0 \Rightarrow t = \sqrt{0{,}8}\,s \approx 0{,}9\,s$.

   c) $v(\sqrt{0{,}8}\,s) = 10\,ms^{-2} \cdot \sin 30° \cdot \sqrt{0{,}8}\,s = 5\sqrt{0{,}8}\,ms^{-1} \approx 4{,}5\,ms^{-1}$.

   d) Reibungskraft $F_R = -\mu_G \cdot F_N$ (gegen die Bewegungsrichtung)
   Normalkraft $F_N = m \cdot g \cdot \cos\alpha \Rightarrow F_R = -m \cdot g \cdot \mu_G \cdot \cos\alpha$;
   $\Rightarrow$ Beschleunigungsminderung durch Reibung $\Delta b = g \cdot \mu_G \cdot \cos\alpha$
   $\Rightarrow b = g \cdot \sin\alpha - g \cdot \mu_G \cdot \cos\alpha$;
   $v(t) = (\sin\alpha - \mu_G \cdot \cos\alpha)gt$; $s(t) = (\sin\alpha - \mu_G \cos\alpha) \cdot \frac{1}{2}gt^2$.

2. $a(t) = k \cdot t$, $k = $ konst.
   $v(t) = \int a(t)\,dt = \int k \cdot t\,dt = k \int t\,dt = \frac{1}{2}kt^2 + C$;
   $v(0) = 0 \Rightarrow C = 0 \Rightarrow v(t) = \frac{1}{2}kt^2$.

3. a) Nur für $t > 15\,s$ kann v gleich 0 werden.

   $\Rightarrow 21\frac{m}{s} - 0{,}5\frac{m}{s^2} \cdot (t_0 - 15\,s) = 0$

   $\Rightarrow 42\frac{m}{s} = 1\frac{m}{s^2} \cdot (t_0 - 15\,s)$

   $\Rightarrow t_0 = 57\,s$

   $v(t) = \begin{cases} 2\frac{m}{s^2} \cdot t + 1\frac{m}{s} & \text{für } t \in [0;\,10\,s] \\ 21\frac{m}{s} & \text{für } t \in [10\,s;\,15\,s] \\ 21\frac{m}{s} - 0{,}5\frac{m}{s^2} \cdot (t - 15\,s) & \text{für } t \in [15\,s;\,57\,s]. \end{cases}$

b) $s(t) = \int\limits_0^t v(t)\,dt$; geometrisch entspricht dies dem Flächeninhalt von 0 bis t im t-v-Diagramm (Fig. 8.4).

für $t \in [0; 10\,s]$:
$$s(t) = \int\limits_0^t \left(2\,\frac{m}{s^2} \cdot t + 1\,\frac{m}{s}\right) dt = 1\,\frac{m}{s^2} \cdot t^2 + 1\,\frac{m}{s} \cdot t$$
$s(10\,s) = 110\,m;$

für $t \in [10\,s; 15\,s]$:
$$s(t) = \int\limits_0^{10s} v(t)\,dt + \int\limits_{10s}^t v(t)\,dt = 110\,m + \int\limits_{10s}^t 21\,\frac{m}{s}\,dt = 110\,m + 21\,\frac{m}{s} \cdot (t-10\,s)$$
$s(15\,s) = 215\,m;$

für $t \in [15\,s; 57\,s]$:
$$s(t) = \int\limits_0^{15s} v(t)\,dt + \int\limits_{15s}^t v(t)\,dt = 215\,m + \int\limits_{15s}^t \left(21\,\frac{m}{s} - 0{,}5\,\frac{m}{s^2} \cdot (t-15\,s)\right) dt$$
$$= 215\,m + \int\limits_{15s}^t \left(28{,}5\,\frac{m}{s} - 0{,}5\,\frac{m}{s^2} \cdot t\right) dt$$
$$= 215\,m + \left[28{,}5\,\frac{m}{s} \cdot t - 0{,}25\,\frac{m}{s^2} \cdot t^2\right]_{15s}^t$$
$$= 215\,m + 28{,}5\,\frac{m}{s} \cdot t - 0{,}25\,\frac{m}{s^2} \cdot t^2 - 427{,}5\,m + 56{,}25\,m$$
$$= 28{,}5\,\frac{m}{s} \cdot t - 0{,}25\,\frac{m}{s^2} \cdot t^2 - 156{,}25\,m$$

$s(57\,s) = 656\,m.$

c) Siehe Fig. 8.4 und 8.5

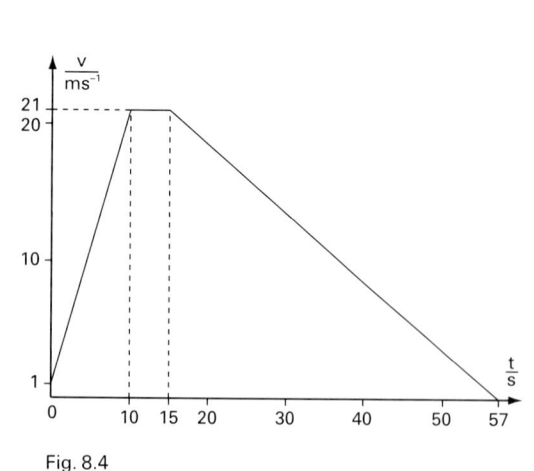

Fig. 8.4

Fig. 8.5

4. a) $v(t) = \int a(t)\,dt = \int k \cdot \sin\left(\frac{2\pi}{T} \cdot t\right) dt$

$\qquad = \frac{k \cdot T}{2\pi} \cdot \int \frac{2\pi}{T} \cdot \sin\left(\frac{2\pi}{T} \cdot t\right) dt$ (siehe 8.2.3, Aufgabe 15.c)

$\qquad = -\frac{k \cdot T}{2\pi} \cos\left(\frac{2\pi}{T} \cdot t\right) + C_1;$

$v(0) = -\frac{k \cdot T}{2\pi} + C_1 = 0 \Rightarrow C_1 = \frac{kT}{2\pi}; \Rightarrow v(t) = \frac{kT}{2\pi} \cdot \left(1 - \cos\left(\frac{2\pi}{T} \cdot t\right)\right).$

Für den größten Betrag der Geschwindigkeit muss das Vorzeichen von v(t) geändert werden, oder man muss die relativen Minima suchen, denn $-1 \leq \cos\left(\frac{2\pi}{T} \cdot t\right) \leq 1$ hat zur Folge, dass der Klammerinhalt größer oder gleich null bleibt, was wegen $k < 0$ zur Folge hat, dass $v(t) \leq 0$ ist.

Wir wählen letzteren Weg:

$\dot{v}(t) = a(t) = 0 \Rightarrow \sin\left(\frac{2\pi}{T} \cdot t\right) = 0 \Rightarrow \frac{2\pi}{T} \cdot t = z \cdot \pi,\ z \in \mathbb{Z} \Rightarrow t = z \cdot \frac{T}{2},\ z \in \mathbb{Z}$

$t \in [0; T] \Rightarrow z = 0 \vee z = 1 \vee z = 2$

$\qquad\qquad t = 0 \vee t = \frac{T}{2} \vee t = T;$

$\ddot{v}(t) = \dot{a}(t) = k \cdot \frac{2\pi}{T} \cdot \cos\left(\frac{2\pi}{T} \cdot t\right);\ \ddot{v}(0) = k \cdot \frac{2\pi}{T} < 0,\ $ da $k < 0$

$\ddot{v}\left(\frac{T}{2}\right) = k \cdot \frac{2\pi}{T} \cdot \cos\pi = -k \cdot \frac{2\pi}{T} > 0\ $ (lokales Minimum)

$\ddot{v}(T) = k \cdot \frac{2\pi}{T} \cdot \cos 2\pi = k \cdot \frac{2\pi}{T} < 0$

$\Rightarrow$ Die Geschwindigkeit hat ihren größten Betrag im Zeitpunkt $\frac{T}{2}$.

Beachten Sie auch, dass die Suche nach absoluten Minima an den Rändern des Intervalls [0; T] nur deshalb entfällt, weil dort lokale Maxima nachgewiesen sind!

b) $s(t) = \int v(t)\,dt = \frac{kT}{2\pi} \int \left(1 - \cos\left(\frac{2\pi}{T} \cdot t\right)\right) dt$

$\qquad = \frac{kT}{2\pi} \int dt - \frac{kT}{2\pi} \int \cos\left(\frac{2\pi}{T} \cdot t\right) dt = \frac{kT}{2\pi} \int dt - k \cdot \left(\frac{T}{2\pi}\right)^2 \cdot \int \frac{2\pi}{T} \cdot \cos\left(\frac{2\pi}{T} \cdot t\right) dt$

$\qquad = \frac{kT}{2\pi} \cdot t - k \cdot \left(\frac{T}{2\pi}\right)^2 \cdot \sin\left(\frac{2\pi}{T} \cdot t\right) + C_2;$

$s(T) = \frac{kT^2}{2\pi} - k \cdot \left(\frac{T}{2\pi}\right)^2 \cdot \sin 2\pi + C_2 = \frac{kT^2}{2\pi} + C_2 = 0 \Rightarrow C_2 = -\frac{kT^2}{2\pi}$

$\Rightarrow s(t) = \frac{kT}{2\pi} \cdot t - k \cdot \left(\frac{T}{2\pi}\right)^2 \sin\left(\frac{2\pi}{T} \cdot t\right) - \frac{kT^2}{2\pi}$

$\qquad = k \cdot \left(\frac{T}{2\pi}\right)^2 \cdot \left(\frac{2\pi}{T} \cdot t - 2\pi - \sin\left(\frac{2\pi}{T} \cdot t\right)\right).$

5. $W = \frac{k}{2} s^2$; $s = 2\,\text{cm} + 8\,\text{cm} = 10\,\text{cm}$

$F(x) = k \cdot x \Rightarrow 5\,\text{N} = k \cdot 2\,\text{cm}$

$\Leftrightarrow 5\,\text{N} = k \cdot 0{,}02\,\text{m}$

$\Leftrightarrow k = 250\,\frac{\text{N}}{\text{m}}$

$\Rightarrow W = 125\,\frac{\text{N}}{\text{m}} \cdot (0{,}1\,\text{m})^2 = 1{,}25\,\text{J}.$

Die berechnete Energie entspricht der vom Graphen zu F(s) mit der s-Achse eingeschlossenen Fläche, wobei $1\,\text{J} = 1\,\text{N} \cdot 100\,\text{cm}$ einem Flächeninhalt von $0{,}5\,\text{cm} \cdot 100\,\text{cm} = 50\,\text{cm}^2$ entspricht (Fig. 8.6).

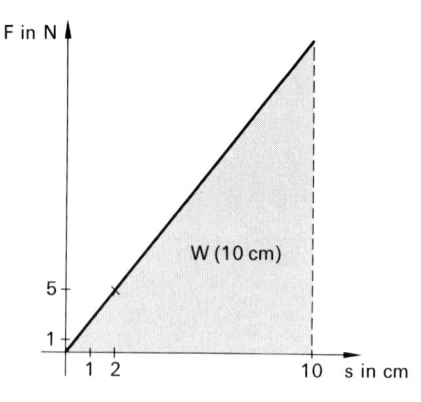

Fig. 8.6

6. Tachometer: $v(t)$, $v(0) = 0$
Kilometerzähler: $s(t)$, $s(0) = 0$
Tageskilometerzähler: $s(\Delta t)$, $s(0) = 0$, $0 \leq \Delta t \leq 24\,\text{h}$
$v(t) = \dot{s}(t);\quad s(t) = \int v(t)\,dt.$

Ist s_0 der um 0 Uhr des betreffenden Tages zurückgelegte Weg, so gilt:
$s(t) = s(\Delta t) + s_0 \Rightarrow \dot{s}(t) = \dot{s}(\Delta t) = v(t)$
und $s(t) = \int v(t)\,dt = s(\Delta t) + s_0 \Rightarrow s(\Delta t) = \int v(t)\,dt - s_0$

8.4.4

S. 88 a) $P(t) = U(t) \cdot J(t) = [J(t)]^2 \cdot R = J_0^2 \cdot R \cdot \sin^2 \omega t.$

b) In einem infinitesimal kleinen Zeitabschnitt dt wird die Arbeit $dW = P(t) \cdot dt$ abgegeben. (grafisch: infinitesimal schmaler Flächenstreifen). Die Addition der (unendlich vielen) dW bewirkt das Integral von 0 bis t:

$$\int_{W(0)}^{W(t)} dW = \int_0^t P(t)\,dt.$$

c) $W = \int_0^T P(t)\,dt = J_0^2 R \cdot \int_0^T \sin^2 \omega t\,dt = \frac{1}{2} J_0^2 R \cdot \int_0^T (1 - \cos 2\omega t)\,dt$

$= \frac{1}{2} J_0^2 R \cdot \left(\int_0^T dt - \int_0^T \cos 2\omega t\,dt \right) = \frac{1}{2} J_0^2 R \cdot \left(\int_0^T dt - \frac{1}{2\omega} \cdot \int_0^T (2\omega \cdot \cos 2\omega t)\,dt \right) =$

$= \frac{1}{2} J_0^2 R \cdot \left([t]_0^T - \frac{1}{2\omega} \cdot [\sin 2\omega t]_0^T \right) = \frac{1}{2} J_0^2 R \cdot \left(T - \frac{1}{2\omega} \cdot \sin 2\omega T \right)$

$= \frac{1}{2} J_0^2 R \cdot \left(\frac{2\pi}{\omega} - \frac{1}{2\omega} \cdot \sin\left(2\omega \cdot \frac{2\pi}{\omega}\right) \right) = \frac{1}{2} J_0^2 R \cdot \left(\frac{2\pi}{\omega} - \frac{1}{2\omega} \cdot \sin 4\pi \right)$

$= \frac{J_0^2 R \cdot \pi}{\omega} = \frac{1}{2} J_0^2 R \cdot T.$

d) $\bar{P} = \frac{W}{T} = \frac{1}{2} J_0^2 R.$

$\bar{P}$ entspricht der mittleren Leistung in gegenüber T sehr langen Zeitintervallen, weil die absoluten Abweichungen pro Periode sich nicht ändern und somit der relative Fehler mit wachsender Zeit immer kleiner wird.

e) Gleichstrom der Stärke J_{eff} $\Rightarrow$ $P = J_{eff}^2 \cdot R$

$\Rightarrow$ $J_{eff}^2 \cdot R = \frac{1}{2} J_0^2 R$ $\Rightarrow$ $J_{eff} = \frac{1}{\sqrt{2}} \cdot J_0$.

f) $U_0 = J_0 \cdot R = \sqrt{2} \cdot J_{eff} \cdot R = \sqrt{2} \cdot U_{eff} \approx 311\,V$.

a) $M(90) = \int\limits_0^{90} 2\sqrt{t}\,dt = [\frac{4}{3} t^{\frac{3}{2}}]_0^{90}$

$= \frac{4}{3} \cdot 90^{\frac{3}{2}} = 1138\,[kg]$;

b) $M(60) = \frac{4}{3} \cdot 60^{\frac{3}{2}} = 620\,[kg]$

$\Delta M = 4 \cdot M(90) - 6 \cdot M(60) = 832\,kg$

Die Reduzierung betrüge ca. 800 kg.

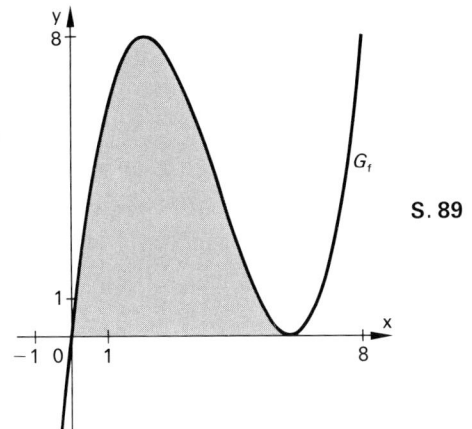

S. 89

Fig. 8.7

8.5

1. $f(x) = 0$ $\Rightarrow$ $x_1 = 0$; $x_{2/3} = 6$

$f'(x) = \frac{1}{4} \cdot (x-6)^2 + \frac{1}{4} x \cdot 2 \cdot (x-6)$

$= \frac{1}{4} \cdot (x-6) \cdot (x-6+2x)$

$= \frac{3}{4} \cdot (x-6) \cdot (x-2)$

$\Rightarrow$ waagerechte Tangenten bei $x = 2$ und bei $x = 6$.

$f''(x) = \frac{3}{4} \cdot (x-6) + \frac{3}{4} \cdot (x-2)$

$= \frac{3}{2} \cdot (x-4)$

$f''(2) = \frac{3}{2} \cdot (-2) < 0$ $\Rightarrow$ Maximum

$f''(6) = \frac{3}{2} \cdot 2 > 0$ $\Rightarrow$ Minimum (6; 0)

$f(2) = \frac{1}{4} \cdot 2 \cdot (-4)^2 = 8$ $\Rightarrow$ Max (2; 8)

$f'''(x) = \frac{3}{2} \neq 0 \wedge f''(x) = \frac{3}{2} \cdot (x-4)$

$\Rightarrow$ Wdp. bei $x = 4$

$f(4) = \frac{1}{4} \cdot 4 \cdot (-2)^2 = 4$

$\Rightarrow$ Wdp. (4; 4)

$f(-1) = \frac{1}{4} \cdot (-1) \cdot (-7)^2 = -\frac{49}{4}$; $f(8) = \frac{1}{4} \cdot 8 \cdot 2^2 = 8$ (Fig. 8.7).

$A = \int\limits_0^6 f(x)\,dx = \frac{1}{4} \cdot \int\limits_0^6 (x^3 - 12x^2 + 36x)\,dx = \frac{1}{4} \cdot \left[\frac{x^4}{4} - 4x^3 + 18x^2\right]_0^6$

$= \frac{1}{4} \cdot \left[x^2 \cdot \left(\frac{x^2}{4} - 4x + 18\right)\right]_0^6 = \frac{1}{4} \cdot 36 \cdot \left(\frac{36}{4} - 24 + 18\right) = 27$.

2. $f(x) = 0$ $\Rightarrow$ $x^3 - 18x^2 + 81x = 0$

$\Leftrightarrow$ $x \cdot (x-9)^2 = 0$;

$f'(x) = \frac{1}{9} x^2 - \frac{4}{3} x + 3$

$f'(9) = 9 - 12 + 3 = 0$ $\Rightarrow$ Berührung der x-Achse;

S. 90

Für die Zeichnung:

$f(-1) = \frac{1}{27} \cdot (-1) \cdot (-10)^2 = -\frac{100}{27}$; $f(10) = \frac{1}{27} \cdot 10 \cdot 1^2 = \frac{10}{27}$

$f'(x) = \frac{1}{9} \cdot (x^2 - 12x + 27) = \frac{1}{9} \cdot (x-3) \cdot (x-9)$

⇒ weitere waagerechte Tangente bei $x = 3$.

$f''(x) = \frac{2}{9}x - \frac{4}{3} = \frac{2}{9} \cdot (x-6)$

$f''(3) = \frac{2}{9} \cdot (-3) < 0$ ⇒ lokales Maximum

$f(3) = \frac{1}{27} \cdot 3 \cdot (-6)^2 = 4$ ⇒ Max $(3; 4)$

$f''(x) = 0$ ⇒ $x = 6$

$f'''(x) = \frac{2}{9} \neq 0$

$f(6) = \frac{1}{27} \cdot 6 \cdot (-3)^2 = 2$ ⇒ Wdp $(6; 2)$

$A = \int_0^9 f(x)\,dx = \frac{1}{27} \cdot \int_0^9 (x^3 - 18x^2 + 81x)\,dx$

$= \frac{1}{27} \cdot \left[\frac{x^4}{4} - 6x^3 + \frac{81}{2}x^2\right]_0^9 = \frac{1}{27} \cdot \left[\frac{x^2}{4} \cdot (x^2 - 24x + 162)\right]_0^9$

$= \frac{1}{27} \cdot \frac{81}{4} \cdot (81 - 24 \cdot 9 + 162) = \frac{81}{4}$. s. Fig. 8.8

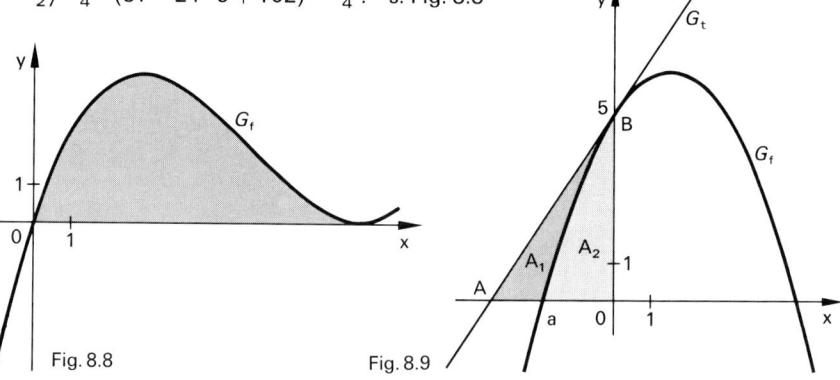

Fig. 8.8

Fig. 8.9

3. $f(x) = -\frac{1}{2}x^2 + \frac{3}{2}x + 5 = -\frac{1}{2} \cdot (x - \frac{3}{2})^2 + \frac{49}{8}$ ⇒ Scheitel $(\frac{3}{2}; \frac{49}{8})$.

$f'(x) = -x + \frac{3}{2}$ ⇒ $f'(0) = \frac{3}{2}$ ⇒ $t(x) = \frac{3}{2}x + 5$

$A(\triangle AOB) = \frac{\overline{AO} \cdot \overline{OB}}{2}$

$t(x) = 0$ ⇒ $x = -\frac{10}{3}$ ⇒ $\overline{AO} = \frac{10}{3}$ ⇒ $A(\triangle AOB) = A_1 + A_2 = \frac{25}{3}$;

$f(x) = 0$ ⇒ $(x - \frac{3}{2})^2 = \frac{49}{4}$ ⇒ $|x - \frac{3}{2}| = \frac{7}{2}$ ⇒ $a = -2$.

$A_2 = \int_a^0 f(x)\,dx = \int_{-2}^0 (-\frac{1}{2}x^2 + \frac{3}{2}x + 5)\,dx = \left[-\frac{1}{2} \cdot \frac{x^3}{3} + \frac{3}{2} \cdot \frac{x^2}{2} + 5x\right]_{-2}^0$

$= -(-\frac{1}{2} \cdot (-\frac{8}{3}) + \frac{3}{2} \cdot \frac{4}{2} + 5 \cdot (-2)) = -(\frac{4}{3} + 3 - 10) = \frac{17}{3}$,

⇒ $A_1 = \frac{25}{3} - \frac{17}{3} = \frac{8}{3}$, ⇒ $A_1 : A_2 = \frac{8}{3} : \frac{17}{3} = 8 : 17$. s. Fig. 8.9

4. $f(x) = 3x^2 - \frac{1}{4}x^4 = \frac{1}{4}x^2 \cdot (12 - x^2)$;

Achsensymmetrie zur y-Achse, Berührung der x-Achse in 0,

Schnittpunkte mit der x-Achse bei $+\sqrt{12}$ und bei $-\sqrt{12}$.
$f(\pm 4) = \frac{1}{4} \cdot 16 \cdot (12 - 16) = -16$;
$f'(x) = 6x - x^3 = x \cdot (6 - x^2)$,
waagerechte Tangenten bei $x = 0$ und bei $x = \pm\sqrt{6}$.
$f''(x) = 6 - 3x^2 = 3 \cdot (2 - x^2)$, $f'''(x) = -6x$,
$f''(0) = 6 > 0$, $f''(\pm\sqrt{6}) = 3 \cdot (-4) < 0$,
$f''(x) = 0 \Rightarrow x = \pm\sqrt{2}$, $f'''(\pm\sqrt{2}) \neq 0$,
$f(\pm\sqrt{6}) = \frac{1}{4} \cdot 6 \cdot 6 = 9$, $f(\pm\sqrt{2}) = \frac{1}{4} \cdot 2 \cdot 10 = 5$,
$\Rightarrow$ Min (0; 0), Max $(\pm\sqrt{6}; 9)$, Wdp $(\pm\sqrt{2}; 5)$.

$A = 2 \cdot \int_0^{\sqrt{12}} (3x^2 - \frac{1}{4}x^4)\,dx = 2 \cdot [x^3 - \frac{1}{20}x^5]_0^{\sqrt{12}}$

$= \frac{1}{10} \cdot [x^3 \cdot (20 - x^2)]_0^{\sqrt{12}} = \frac{1}{10} \cdot 12 \cdot \sqrt{12} \cdot (20 - 12)$

$= \frac{48}{5}\sqrt{12} = \frac{96}{5}\sqrt{3}$. 1 FE $= \frac{1}{4}$ cm² $\Rightarrow A \approx 8{,}3$ cm²

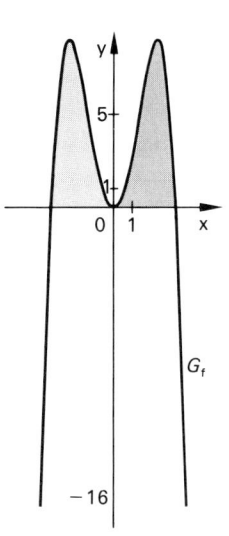

Fig. 8.10

5. a) Der Funktion $\bar{f}: x \mapsto \frac{1}{20} \cdot x^3 \cdot (x - 5)^2$ sieht man an, dass ihr Graph im Ursprung einen Terrassenpunkt hat und bei $x = 5$ die x-Achse berührt.
   In der Zeichnung wurde die Lage der x-Achse für diesen Graphen gestrichelt eingetragen und mit $\bar{x}$-Achse bezeichnet. Siehe Fig. 8.11.
   Für G_f darf man also einen Terrassenpunkt (0; 2) und ein Extremum (5; 2) erwarten.

   $f'(x) = \frac{1}{20}x^3 \cdot 2 \cdot (x - 5) + \frac{1}{20} \cdot 3x^2 \cdot (x - 5)^2$
   $= \frac{1}{20}x^2 \cdot (x - 5) \cdot (2x + 3 \cdot (x - 5))$
   $= \frac{1}{20}x^2 \cdot (x - 5) \cdot (5x - 15)$
   $= \frac{1}{4}x^2 \cdot (x - 5) \cdot (x - 3)$,

   $\Rightarrow$ waagerechte Tangenten ($f'(x) = 0$) bei 0; 5 und 3.

   $f'(x) = \frac{1}{4}x^2 \cdot (x^2 - 8x + 15)$,
   $\Rightarrow f''(x) = \frac{1}{4} \cdot x^2 \cdot (2x - 8) + \frac{1}{4} \cdot 2x \cdot (x^2 - 8x + 15)$
   $= \frac{1}{2}x \cdot (x \cdot (x - 4) + x^2 - 8x + 15)$
   $= \frac{1}{2}x \cdot (2x^2 - 12x + 15)$.

   $f''(x) = 0 \Rightarrow x_1 = 0$; $x_{2/3} = 3 \pm \frac{1}{2}\sqrt{6}$.
   $f''(5) = \frac{1}{2} \cdot 5 \cdot (50 - 60 + 15) = \frac{5}{2} \cdot 5 > 0 \Rightarrow$ Min.
   $f''(3) = \frac{1}{2} \cdot 3 \cdot (18 - 36 + 15) = \frac{3}{2} \cdot (-3) < 0 \Rightarrow$ Max.
   $f'''(x) = \frac{1}{2} \cdot x \cdot (4x - 12) + \frac{1}{2} \cdot (2x^2 - 12x + 15)$
   $= \frac{1}{2} \cdot (4x^2 - 12x + 2x^2 - 12x + 15)$
   $= \frac{1}{2} \cdot (6x^2 - 24x + 15) = \frac{1}{2} \cdot [6 \cdot (x - 3)^2 + 12 \cdot (x - 3) - 3]$

   $f'''(0) = \frac{1}{2} \cdot 15 \neq 0$;

   $f'''(3 \pm \frac{1}{2}\sqrt{6}) = \frac{1}{2} \cdot [6 \cdot \frac{1}{4} \cdot 6 + 12 \cdot (\pm\frac{1}{2}\sqrt{6}) - 3] = \frac{1}{2} \cdot (6 \pm 6\sqrt{6}) \neq 0$.

   $f(3) = \frac{1}{20} \cdot 27 \cdot (-2)^2 + 2 = 7{,}4$

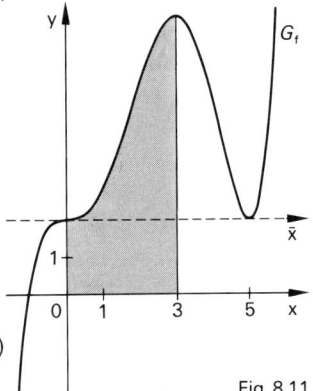

Fig. 8.11

$$f(3 \pm \tfrac{1}{2}\sqrt{6}) = \tfrac{1}{20} \cdot (3 \pm \tfrac{1}{2}\sqrt{6})^3 \cdot (-2 \pm \tfrac{1}{2}\sqrt{6})^2 + 2$$
$$= \tfrac{1}{20} \cdot [\tfrac{1}{8} \cdot (6 \pm \sqrt{6})^3 \cdot \tfrac{1}{4} \cdot (-4 \pm \sqrt{6})^2] + 2$$
$$= \tfrac{1}{640} \cdot (216 \pm 108\sqrt{6} + 108 \pm 6\sqrt{6}) \cdot (16 \mp 8\sqrt{6} + 6) + 2$$
$$= \tfrac{1}{640} \cdot (324 \pm 114\sqrt{6}) \cdot (22 \mp 8\sqrt{6}) + 2$$
$$= \tfrac{3}{160} \cdot (54 \pm 19\sqrt{6}) \cdot (11 \mp 4\sqrt{6}) + 2$$
$$= \tfrac{3}{160} \cdot (54 \cdot 11 - 19 \cdot 4 \cdot 6 \pm 19 \cdot 11 \cdot \sqrt{6} \mp 54 \cdot 4 \cdot \sqrt{6}) + 2$$
$$= \tfrac{3}{160} \cdot (138 \mp 7\sqrt{6}) + 2 = \tfrac{3}{160} \cdot (138 \mp 7\sqrt{6}) + \tfrac{320}{160}$$
$$= \tfrac{1}{160} \cdot (3 \cdot 138 + 320 \mp 21\sqrt{6})$$
$$= \tfrac{1}{160} \cdot (734 \mp 21\sqrt{6}) \approx 4{,}5875 \mp 0{,}3215,$$

⇒ Terrassenpunkt (0; 2), Min (5; 2), Max (3; 7,4);

$W_1(3 - \tfrac{1}{2}\sqrt{6}; \tfrac{1}{160} \cdot (734 + 21\sqrt{6})) \approx W_1(1{,}78; 4{,}91);$

$W_2(3 + \tfrac{1}{2}\sqrt{6}; \tfrac{1}{160} \cdot (734 - 21\sqrt{6})) \approx W_2(4{,}22; 4{,}27).$

b) $A = \int_0^3 f(x)\,dx = \tfrac{1}{20} \int_0^3 (x^5 - 10x^4 + 25x^3)\,dx + 2\int_0^3 dx.$

Beachten Sie, dass das erste Integral die Fläche zwischen G_f und der $\bar{x}$-Achse (das ist die Fläche zwischen $G_{\bar{f}}$ und der x-Achse), das zweite die darunterliegende Rechteckfläche darstellt.

$$A = \tfrac{1}{20} \cdot \left[\tfrac{x^6}{6} - 2x^5 + \tfrac{25}{4}x^4\right]_0^3 + 2 \cdot 3 = \tfrac{1}{80} \cdot \left[x^4 \cdot \left(2 \cdot \tfrac{x^2}{3} - 8x + 25\right)\right]_0^3 + 6$$
$$= \tfrac{1}{80} \cdot 81 \cdot (6 - 24 + 25) + 6 = \tfrac{1047}{80}.$$

6. $f'(x) = 3x^2 - 12x + 9 = 3 \cdot (x^2 - 4x + 3) = 3 \cdot (x - 1) \cdot (x - 3);$
$f''(x) = 3 \cdot (2x - 4) = 6 \cdot (x - 2);$
$f'''(x) = 6 \neq 0 \Rightarrow$ Wendepunkt bei $x = 2;$
$f''(1) = 6 \cdot (-1) < 0 \Rightarrow$ Maximum;
$f''(3) = 6 \cdot 1 > 0 \Rightarrow$ Minimum.

Da im Text von der Sehne [TW] die Rede ist, darf angenommen werden, dass die Gerade TW den Graphen G_f im Intervall $[x_W; x_T]$ nicht schneidet.

$f(2) = 8 - 24 + 18 - 2 = 0 \Rightarrow W(2; 0);$
$f(3) = 27 - 54 + 27 - 2 = -2 \Rightarrow T(3; -2);$
TW: $y = mx + t$

$$m = \frac{y_W - y_T}{x_W - x_T} = \frac{-(-2)}{2-3} = -2, \Rightarrow y = -2x + t.$$

$W \in TW \Rightarrow 0 = -2 \cdot 2 + t \Rightarrow t = 4 \Rightarrow y = -2x + 4.$

Da f eine Funktion 3. Grades ist, hat sie genau einen Wendepunkt. Da G_f in T linksgekrümmt sein muss, ist G_f somit im ganzen Integrationsintervall [2; 3] linksgekrümmt. Deshalb liegt G_f in [2; 3] unterhalb der Geraden TW.

$$\Rightarrow A = \int_2^3 [-2x + 4 - (x^3 - 6x^2 + 9x - 2)]\,dx = \int_2^3 (-x^3 + 6x^2 - 11x + 6)\,dx$$
$$= \left[-\tfrac{x^4}{4} + 2x^3 - \tfrac{11}{2}x^2 + 6x\right]_2^3 = \tfrac{1}{4}.$$

7. $f(x) = g(x) \Rightarrow x^2 + 2x - 3 = x + 3 \Leftrightarrow x^2 + x - 6 = 0$
$\Leftrightarrow (x+3) \cdot (x-2) = 0 \Leftrightarrow x = -3 \vee x = 2;$

$A = \int_{-3}^{2} |f(x) - g(x)| dx = \int_{-3}^{2} |x^2 + 2x - 3 - (x+3)| dx = \int_{-3}^{2} |x^2 + x - 6| dx;$

$x^2 + x - 6 = (x+3) \cdot (x-2) < 0$ für $x \in\,]-3; 2[\,.$

Die Überlegungen mithilfe der Krümmung wie in Aufgabe 6 wären hier natürlich ebenfalls leicht.

$\Rightarrow A = -\int_{-3}^{2} (x^2 + x - 6) dx = -\left[\frac{x^3}{3} + \frac{x^2}{2} - 6x\right]_{-3}^{2} = -\frac{1}{6} \cdot \left[x \cdot (2x^2 + 3x - 36)\right]_{-3}^{2}$

$= -\frac{1}{6} \cdot 2 \cdot (8 + 6 - 36) + \frac{1}{6} \cdot (-3) \cdot (18 - 9 - 36) = +\frac{44}{6} + \frac{81}{6} = \frac{125}{6}.$

8. Schnittpunkte: $f(x) = g(x)$

$\Rightarrow -\frac{1}{6}x^3 + 2x + 1 = 1$

$\Leftrightarrow -\frac{1}{6}x^3 + 2x = 0$

$\Leftrightarrow x^3 - 12x = 0$

$\Leftrightarrow x \cdot (x^2 - 12) = 0$

$\Leftrightarrow x \cdot (x - \sqrt{12}) \cdot (x + \sqrt{12}) = 0$

$\Leftrightarrow x = 0 \vee x = \sqrt{12} \vee x = -\sqrt{12}$

$-\sqrt{12} < 0 < \sqrt{12}$

$\Rightarrow x_A = 0;\ x_B = \sqrt{12}.$

$f'(x) = -\frac{1}{2}x^2 + 2$

$\Rightarrow f'(0) = 2$

$\Rightarrow n\!:\ y = -\frac{1}{2}x + 1;\ y = 0 \Rightarrow x = 2 = x_D.$

Fig. 8.12

$A = \int_{0}^{\sqrt{12}} f(x) dx - A(\triangle ODA) = \int_{0}^{\sqrt{12}} (-\frac{1}{6}x^3 + 2x + 1) dx - \frac{1}{2} \cdot \overline{OD} \cdot \overline{OA}$

$= \left[-\frac{x^4}{24} + x^2 + x\right]_0^{\sqrt{12}} - 1 = -\frac{144}{24} + 12 + \sqrt{12} - 1 = 5 + 2\sqrt{3}.$

9. a) $f'(x) = \frac{1}{8} \cdot (3x^2 - 12x) = \frac{3}{8} \cdot (x^2 - 4x),$

$\left.\begin{array}{l} f''(x) = \frac{3}{8} \cdot (2x - 4) = \frac{3}{4} \cdot (x - 2) \\ f'''(x) = \frac{3}{4} \neq 0. \end{array}\right\} \Rightarrow x_W = 2.$

Da in Teil b der Aufgabe die Bestimmung der anderen beiden Schnittpunkte verlangt wird, gehen wir folgendermaßen vor:

Wenn die Gerade durch den Wendepunkt geht, so muss die Schnittpunktsgleichung die Lösung $x_W = 2$ haben, d. h. der Faktor $(x - 2)$ muss abspaltbar sein (z. B. durch glatt aufgehende Polynomdivision nachweisbar).

$f(x) = g(x) \Rightarrow \frac{1}{8}(x^3 - 6x^2 + 32) = \frac{1}{2}x + 1$

$\Leftrightarrow x^3 - 6x^2 + 32 = 4x + 8$

$\Leftrightarrow x^3 - 6x^2 - 4x + 24 = 0$

$\Leftrightarrow (x - 2) \cdot (x^2 - 4x - 12) = 0$

$\Rightarrow$ g geht durch den Wendepunkt.

53

S. 91   b) $x^2 - 4x - 12 = 0 \Leftrightarrow (x-6) \cdot (x+2) = 0 \Leftrightarrow x = 6 \vee x = -2$
$g(6) = 4$; $g(-2) = 0$.
Die beiden anderen Schnittpunkte sind $(6; 4)$ und $(-2; 0)$.

c) Da der Wendepunkt der mittlere Schnittpunkt ist, muss G_f in einem der beiden Intervalle $]-2; 2[$ und $]2; 6[$ unterhalb, im anderen oberhalb der Geraden liegen. Wenn die beiden eingeschlossenen Flächenstücke also gleich groß sind, so gilt:

$$\int_{-2}^{6} [f(x) - g(x)]\,dx = 0,$$

$$\int_{-2}^{6} [f(x) - g(x)] = \tfrac{1}{8} \cdot \int_{-2}^{6} (x^3 - 6x^2 - 4x + 24)\,dx = \tfrac{1}{8} \cdot \left[\frac{x^4}{4} - 2x^3 - 2x^2 + 24x\right]_{-2}^{6}$$

$$= \tfrac{1}{8} \cdot (324 - 432 - 72 + 144) - \tfrac{1}{8} \cdot (4 + 16 - 8 - 48) = 0.$$

Die beiden Flächenstücke sind also gleich groß.

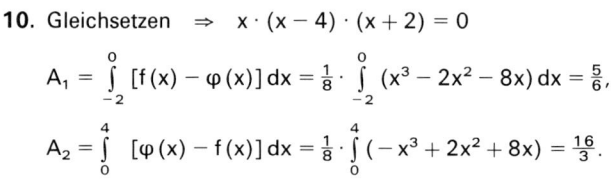

10. Gleichsetzen $\Rightarrow x \cdot (x-4) \cdot (x+2) = 0$

$A_1 = \int_{-2}^{0} [f(x) - \varphi(x)]\,dx = \tfrac{1}{8} \cdot \int_{-2}^{0} (x^3 - 2x^2 - 8x)\,dx = \tfrac{5}{6}$,

$A_2 = \int_{0}^{4} [\varphi(x) - f(x)]\,dx = \tfrac{1}{8} \cdot \int_{0}^{4} (-x^3 + 2x^2 + 8x) = \tfrac{16}{3}$.

11. Die Parabel G_f läßt sich leicht skizzieren, da sie achsensymmetrisch zur y-Achse ist, also den Scheitel $(0; \tfrac{3}{2})$ hat.
G_φ erhält man, indem man jeden y-Wert der Parabel quadriert.
Die beiden Graphen können sich daher nur dort schneiden, wo $y^2 = y$ gilt, d.h. bei $y = 0$ oder $y = 1$.
$f(x) = 0 \Rightarrow x = \pm\sqrt{6}$,
$f(x) = 1 \Rightarrow x = \pm\sqrt{2}$.

Fig. 8.13

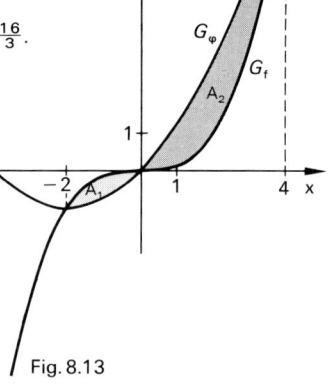

Dem Augenschein nach ist das mittlere Flächenstück das größte.

$A = 2 \cdot \int_{0}^{\sqrt{2}} [\varphi(x) - f(x)]\,dx$

$= 2 \cdot \int_{0}^{\sqrt{2}} [(-\tfrac{1}{4}x^2 + \tfrac{3}{2})^2 - (-\tfrac{1}{4}x^2 + \tfrac{3}{2})]\,dx$

$= 2 \cdot \int_{0}^{\sqrt{2}} (-\tfrac{1}{4}x^2 + \tfrac{3}{2}) \cdot (-\tfrac{1}{4}x^2 + \tfrac{3}{2} - 1)\,dx$

$= 2 \cdot \int_{0}^{\sqrt{2}} (\tfrac{1}{16}x^4 - \tfrac{1}{2}x^2 + \tfrac{3}{4})\,dx$

$= 2 \cdot [\tfrac{1}{240}x \cdot (3x^4 - 40x^2 + 180)]_{0}^{\sqrt{2}}$

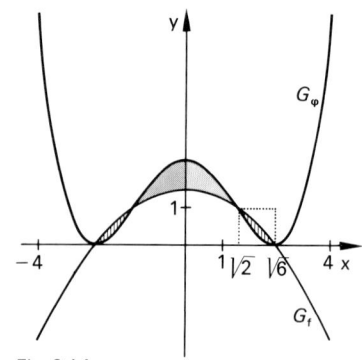

$= \tfrac{1}{120} \cdot \sqrt{2} \cdot (12 - 80 + 180) = \tfrac{14}{15}\sqrt{2}$ [FE]

$\approx 5{,}3\ \text{cm}^2$.

Fig. 8.14

Der Beweis dafür, dass die anderen beiden Flächenstücke kleiner sind, gelingt auf sehr einfache Weise:
Ein solches Flächenstück liegt innerhalb eines Rechtecks der Breite $\sqrt{6} - \sqrt{2}$ und der Höhe 1.

Sein Flächeninhalt ist also sicher kleiner als $(\sqrt{6} - \sqrt{2})$.
Wir können zeigen, dass $A = \frac{14}{15}\sqrt{2}$ größer ist als diese Obergrenze:

$\frac{14}{15}\sqrt{2} > \sqrt{6} - \sqrt{2}$
$\Leftrightarrow 14\sqrt{2} > 15\sqrt{6} - 15\sqrt{2} \Leftrightarrow 29\sqrt{2} > 15\sqrt{6} \mid^2 \Leftrightarrow 1682 > 1350$ (w).

Die letzte Umformung ist nur deshalb eine Äquivalenzumformung, weil vor dem Quadrieren beide Seiten positiv waren.

12. $f'(x) = 2ax + b$
$A(2;3) \in G_f \Rightarrow f(2) = 3 \Rightarrow$ I) $4a + 2b = 3$
$f'(2) = 2 \Rightarrow$ II) $4a + b = 2$
I–II) $b = 1$
$b = 1$ in II $\Rightarrow 4a + 1 = 2 \Rightarrow a = \frac{1}{4} \Rightarrow f(x) = \frac{1}{4}x^2 + x$
$f(x) = 0 \Rightarrow x_1 = -4;\ x_2 = 0$
$A = -\int_{-4}^{0} f(x)\,dx = \int_{0}^{-4} f(x)\,dx = \left[\frac{x^3}{12} + \frac{x^2}{2}\right]_{0}^{-4} = \frac{8}{3}$.

13. a) G_f ist achsensymmetrisch zur y-Achse, da $f(-x) = f(x)$.
$f'(x) = \frac{1}{5}x^3 - \frac{12}{5}x = \frac{1}{5}x \cdot (x^2 - 12)$
$\qquad = \frac{1}{5}x \cdot (x + \sqrt{12}) \cdot (x - \sqrt{12})$,
$f''(x) = \frac{3}{5}x^2 - \frac{12}{5} = \frac{3}{5} \cdot (x^2 - 4) = \frac{3}{5} \cdot (x+2) \cdot (x-2)$,
$f'''(x) = \frac{6}{5}x \neq 0$ falls $x \neq 0$.
$f'(x) = 0 \Rightarrow x_1 = 0,\ x_2 = -\sqrt{12},\ x_3 = +\sqrt{12}$;
$f''(0) = -\frac{12}{5} < 0,\ f(0) = 4 \Rightarrow$ Max $(0; 4)$;
$f''(\pm\sqrt{12}) = \frac{3}{5} \cdot 8 > 0$
$f(\pm\sqrt{12}) = \frac{1}{20} \cdot 144 - \frac{6}{5} \cdot 12 + 4 = -3{,}2$ $\Big\}$ Min $(\pm\sqrt{12}; -3{,}2)$;

$f''(x) = 0 \Rightarrow x_1 = -2 \neq 0,\ x_2 = 2 \neq 0$ $\Big\}$ Wdp $(\pm 2; 0)$;
$f(\pm 2) = \frac{1}{20} \cdot 16 - \frac{6}{5} \cdot 4 + 4 = 0$

b) s. Fig. 8.15
$f(\pm 5) = \frac{125}{4} - 30 + 4 = 5{,}25$.

c) $\varphi(x) = a \cdot (x+2) \cdot (x-2)$
Linearfaktorform, da Nullstellen bekannt.
$\varphi(x) = a \cdot (x^2 - 4)$,
$\varphi'(x) = 2ax$
Berührung bei $x = \pm 2 \Rightarrow \varphi'(2) = f'(2)$.
$f'(2) = \frac{1}{5} \cdot 2 \cdot (-8) = -\frac{16}{5}$
$\Rightarrow 2a \cdot 2 = -\frac{16}{5} \Rightarrow a = -\frac{4}{5}$
$\Rightarrow \varphi(x) = -\frac{4}{5} \cdot (x^2 - 4)$.

d) $\varphi(x) = -\frac{4}{5}x^2 + \frac{16}{5}$
$\frac{16}{5} = 3{,}2 < 4 \Rightarrow G_\varphi$ unterhalb G_f. Fig. 8.15

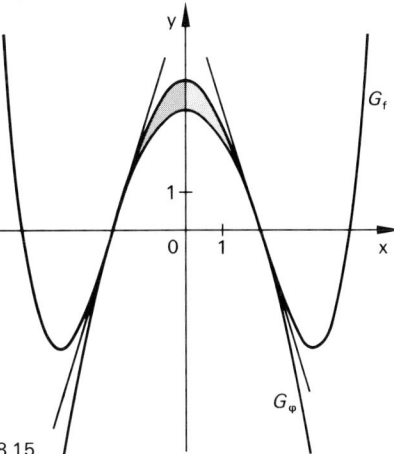

$\Rightarrow\ A = 2 \cdot \int_0^2 [f(x) - \varphi(x)] \, dx = 2 \cdot \int_0^2 (\frac{1}{20}x^4 - \frac{2}{5}x^2 + \frac{4}{5}) \, dx = \frac{128}{75}$.

Genau genommen müsste noch gezeigt werden, dass G_φ im Intervall $]-2; 2[$ den Graphen G_f nicht noch einmal schneidet. Dies könnte entweder durch die Schnittpunktsgleichung geschehen, die genau zwei Doppellösungen hat, oder indem man $\varphi'(x) < f'(x)$ für $-2 < x < 0$ nachweist (Symmetrie: $\varphi'(x) > f'(x)$ für $0 < x < 2$), was weitere Schnittpunkte ebenfalls ausschließt.

14. a) $f(x) = ax^3 + bx^2 + cx + d$,
  $f'(x) = 3ax^2 + 2bx + c$,
  $f''(x) = 6ax + 2b$.

  $A(3; 6) \in G_f \Rightarrow f(3) = 6 \quad\Rightarrow\quad$ I) $27a + 9b + 3c + d = 6$.
  t: $y = 11x - 27$ bei $x = 3 \Rightarrow f'(3) = 11 \Rightarrow$ II) $27a + 6b + c = 11$.
  Wendepunkt bei $x = 1 \Rightarrow f''(1) = 0 \Rightarrow$ III) $6a + 2b = 0$.
  $W(1; 0) \in G_f \Rightarrow f(1) = 0 \quad\Rightarrow\quad$ IV) $a + b + c + d = 0$.

  I–IV) $26a + 8b + 2c = 6$ (V)
  II) $27a + 6b + c = 11$
  III) $6a + 2b = 0$

  II $- \frac{1}{2} \cdot$ V) $14a + 2b = 8$ (VI)
  VI–III) $8a = 8 \Rightarrow a = 1$,
  $a = 1$ in III $\Rightarrow 6 + 2b = 0 \Rightarrow b = -3$,
  $a = 1, b = -3$ in II $\Rightarrow 27 - 18 + c = 11 \Rightarrow c = 2$,
  $a = 1, b = -3, c = 2$ in IV $\Rightarrow 1 - 3 + 2 + d = 0 \Rightarrow d = 0$,
  $\Rightarrow f(x) = x^3 - 3x^2 + 2x$.

  b) $f(x) = 0 \Rightarrow x^3 - 3x^2 + 2x = 0$
  $\Leftrightarrow x \cdot (x - 1) \cdot (x - 2) = 0. \Rightarrow$ einfache Nullstellen 0; 1 und 2.
  $A(3; 6) \in G_f$, G_f unterhalb der x-Achse im Intervall $]1; 2[$,
  G_f oberhalb der x-Achse im Intervall $]0; 1[$.

  $\Rightarrow A = \int_0^1 f(x)\,dx - \int_1^2 f(x)\,dx$

  $= \left[\frac{x^4}{4} - x^3 + x^2\right]_0^1 - \left[\frac{x^4}{4} - x^3 + x^2\right]_1^2 = (\frac{1}{4} - 1 + 1) - (4 - 8 + 4) + \frac{1}{4} = \frac{1}{2}$.

15. $A(-3; 0) \in G_f \Rightarrow f(-3) = 0 \Rightarrow$ I) $-27 + 9a + 12 + b = 0$
  lokales Maximum bei $x = -2 \quad\Rightarrow\quad f'(-2) = 0$
  $f'(x) = 3x^2 + 2ax - 4 \quad\Rightarrow$ II) $12 - 4a - 4 = 0$
  $\Rightarrow a = 2$
  $a = 2$ in I $\Rightarrow -27 + 18 + 12 + b = 0 \Rightarrow b = -3$
  $\Rightarrow f(x) = x^3 + 2x^2 - 4x - 3$.
  $f'(x) = 3x^2 + 4x - 4;\ f''(x) = 6x + 4$
  $f''(-2) = -12 + 4 < 0 \Rightarrow$ Maximum bestätigt.

  a) $f(-3) = 0 \Rightarrow$ Faktor $(x + 3)$ abspaltbar
  $f(x) = x^3 + 2x^2 - 4x - 3 = (x + 3) \cdot (x^2 - x - 1)$.

$f(x) = 0 \Rightarrow x = -3 \vee x^2 - x - 1 = 0$

$x^2 - x - 1 = 0 \Leftrightarrow x = \dfrac{1 \pm \sqrt{5}}{2}$

$f'(x) = 3x^2 + 4x - 4$

$f'(-2) = 0 \Rightarrow$ Faktor $(x+2)$ abspaltbar
$\Rightarrow f'(x) = (x+2) \cdot (3x-2)$

$3x - 2 = 0 \Rightarrow x = \tfrac{2}{3}.$

$f''(x) = 6x + 4$

$f''(\tfrac{2}{3}) = 6 \cdot \tfrac{2}{3} + 4 > 0 \Rightarrow$ Minimum,

$\left.\begin{array}{l} f''(x) = 0 \Rightarrow x = -\tfrac{2}{3} \\ f'''(x) = 6 \neq 0 \end{array}\right\}$ Wendepunkt;

$f(-2) = 1 \cdot (4 + 2 - 1) = 5 \Rightarrow$ Max $(-2; 5)$.

$f(\tfrac{2}{3}) = (\tfrac{2}{3} + 3) \cdot (\tfrac{4}{9} - \tfrac{2}{3} - 1)$
$= \tfrac{11}{3} \cdot (-\tfrac{11}{9}) = -\tfrac{121}{27} \Rightarrow$ Min $(\tfrac{2}{3}; -\tfrac{121}{27})$.

b) g_1 schneidet die x-Achse bei $x = -3$, d.h. $(-3; 0)$ ist ein gemeinsamer Punkt zwischen g_1 und G_f.

$g_1(-1) = 2$
$f(-1) = -1 + 2 + 4 - 3 = 2$

$\Rightarrow (-1; 2)$ ist ebenfalls gemeinsamer Punkt zwischen g_1 und G_f

$\Rightarrow A = \int\limits_{-3}^{-1} [f(x) - g_1(x)]\, dx$

$= \int\limits_{-3}^{-1} (x^3 + 2x^2 - 5x - 6)\, dx = \tfrac{16}{3}.$

16. $\tan \alpha = (\sin)'(0) = \cos 0 = 1 \Rightarrow \alpha = 45°.$

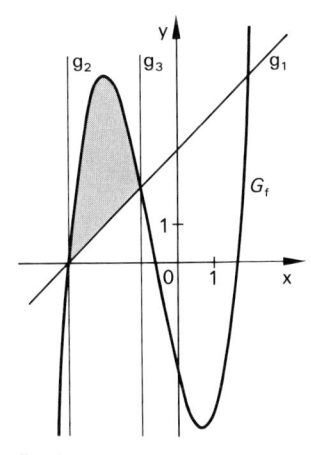

$\tan(180° - \beta) = (\cos)'\left(\dfrac{\pi}{2}\right) = -\sin \dfrac{\pi}{2} = -1$

$\Rightarrow 180° - \beta = 135° \Rightarrow \beta = 45°.$

Fig. 8.16

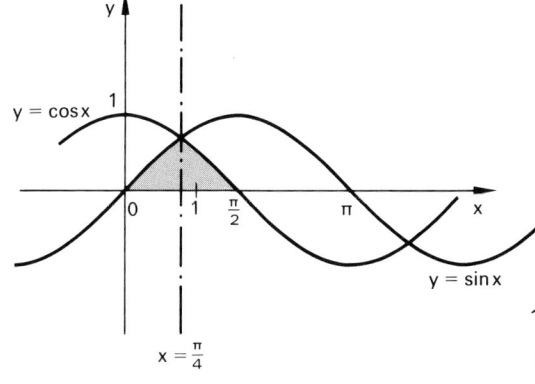

Fig. 8.17a

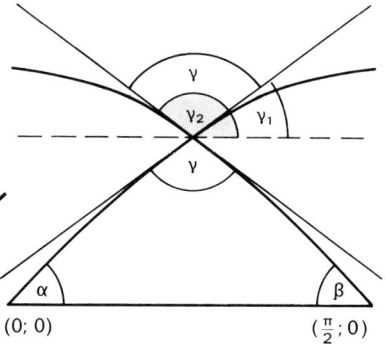

Fig. 8.17b

57

Zur Berechnung des Schnittwinkels beider Linien bei $x = \frac{\pi}{4}$ muss zuerst dieser x-Wert als Schnittpunktsabszisse bestätigt werden.

$$\sin x = \cos x \Rightarrow \tan x = 1; \; x \in \left[0; \frac{\pi}{2}\right] \Rightarrow x = \frac{\pi}{4}.$$

$$(\sin)'\left(\frac{\pi}{4}\right) = \cos\frac{\pi}{4} = \frac{1}{2}\sqrt{2} = \tan\gamma_1, \; (\cos)'\left(\frac{\pi}{4}\right) = -\sin\frac{\pi}{4} = -\frac{1}{2}\sqrt{2} = \tan\gamma_2.$$

$\Rightarrow \gamma_1 \approx 35{,}26°$
$ \gamma_2 \approx 144{,}74° = 180° - \gamma_1$
$\Rightarrow \gamma = \gamma_2 - \gamma_1 \approx 109{,}48°.$

Anwendung der Formel $\tan\hat{\gamma} = \left|\dfrac{\tan\gamma_1 - \tan\gamma_2}{1 + \tan\gamma_1 \cdot \tan\gamma_2}\right|$ würde einen genaueren Wert $\gamma \approx 109{,}47°$ liefern. Um jedoch zu zeigen, dass nicht der spitze Winkel $\hat{\gamma} \approx 70{,}53°$ der gesuchte Innenwinkel des Dreiecks ist, müssten weitere Überlegungen angestellt werden.

Eine Flächeneinheit entspricht $2 \text{ cm} \cdot 2 \text{ cm} = 4 \text{ cm}^2$

$\Rightarrow A = 4 \text{ cm}^2 \cdot \left(\int\limits_0^{\frac{\pi}{4}} \sin x \, dx + \int\limits_{\frac{\pi}{4}}^{\frac{\pi}{2}} \cos x \, dx\right)$

$= 4 \text{ cm}^2 \cdot \left([-\cos x]_0^{\frac{\pi}{4}} + [\sin x]_{\frac{\pi}{4}}^{\frac{\pi}{2}}\right) = 4 \text{ cm}^2 \cdot \left(-\cos\frac{\pi}{4} + \cos 0 + \sin\frac{\pi}{2} - \sin\frac{\pi}{4}\right)$

$= 4 \text{ cm}^2 \cdot \left(-\frac{1}{2}\sqrt{2} + 1 + 1 - \frac{1}{2}\sqrt{2}\right) = 4 \text{ cm}^2 \cdot (2 - \sqrt{2}) \approx 2{,}34 \text{ cm}^2.$

Eine elegantere Lösung der Aufgabe lässt sich erreichen, wenn man sofort die Symmetrie des Dreiecks zur Geraden $x = \frac{\pi}{4}$ nachweist:

Man hat dazu zu zeigen:

$$\sin\left(\frac{\pi}{4} - \Delta x\right) = \cos\left(\frac{\pi}{4} + \Delta x\right).$$

Dies gelingt sehr leicht:

$\sin\left(\frac{\pi}{2} - \varphi\right) = \cos\varphi \wedge \varphi = \frac{\pi}{4} + \Delta x$

$\Rightarrow \cos\left(\frac{\pi}{4} + \Delta x\right) = \sin\left[\frac{\pi}{2} - \left(\frac{\pi}{4} + \Delta x\right)\right] = \sin\left(\frac{\pi}{4} - \Delta x\right).$

Dann braucht nur α ermittelt zu werden: $\beta = \alpha$.
Auch ist nur γ_1 zu bestimmen: $\gamma = 2 \cdot (90° - \gamma_1)$

Außerdem gilt: $A = 4 \text{ cm}^2 \cdot 2 \cdot \int\limits_0^{\frac{\pi}{4}} \sin x \, dx$

S. 92 17. $y = \frac{1}{2} \wedge y = \sin x \Rightarrow x = \frac{\pi}{6} + 2k\pi \vee x = \frac{5}{6}\pi + 2k\pi, k \in \mathbb{Z}.$

$\sin\left(\frac{\pi}{2} - \Delta x\right) = \sin\left(\frac{\pi}{2} + \Delta x\right)$, denn $\sin(\pi - \varphi) = \sin\varphi$

$\Rightarrow$ Achsensymmetrie zu $x = \frac{\pi}{2}$

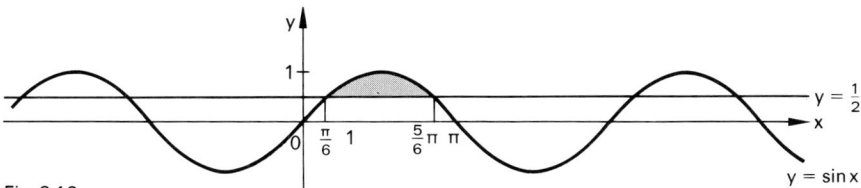

Fig. 8.18

$$\Rightarrow A = 4 \text{ cm}^2 \cdot 2 \cdot \int_{\frac{\pi}{6}}^{\frac{\pi}{2}} (\sin x - \tfrac{1}{2})\, dx = 8 \text{ cm}^2 \cdot [-\cos x - \tfrac{1}{2}x]_{\frac{\pi}{6}}^{\frac{\pi}{2}}$$

$$= 8 \text{ cm}^2 \cdot \left(-\frac{\pi}{4} + \frac{1}{2}\sqrt{3} + \frac{\pi}{12}\right) \approx 2{,}74 \text{ cm}^2.$$

18. a) $x \in [0; 2\pi]$ wird im Folgenden verwendet.

$\cos(2\pi - \varphi) = \cos\varphi,$

$\varphi = \pi + \Delta x \;\Rightarrow\; \cos(\pi + \Delta x) = \cos(\pi - \Delta x)$

$\Rightarrow\; G_f$ ist achsensymmetrisch zu $x = \pi$.

$f(x) = 0 \;\Rightarrow\; \cos x = 1 \;\Rightarrow\; x_1 = 0;\; x_2 = 2\pi.$

$f'(x) = \sin x,$

$f'(x) = 0 \;\Rightarrow\; x_1 = 0;\; x_2 = \pi;\; x_3 = 2\pi;$

$f''(x) = \cos x,$

$f''(0) = f''(2\pi) = 1 > 0 \;\Rightarrow\;$ Minima,

$f''(\pi) = -1 < 0 \;\Rightarrow\;$ Maximum.

$f''(x) = 0 \;\Rightarrow\; x_1 = \dfrac{\pi}{2};\; x_2 = \dfrac{3}{2}\pi;$

$f'''(x) = -\sin x,$

$f'''\left(\dfrac{\pi}{2}\right) = -f'''\left(\dfrac{3}{2}\pi\right) = -1 \neq 0 \;\Rightarrow\;$ Wendepunkte.

$f(0) = f(2\pi) = 0 \;\Rightarrow\;$ Min$_1\,(0;0)$,

$\qquad\qquad\qquad\qquad\quad$ Min$_2\,(2\pi;0)$.

$f(\pi) = 1 - (-1) = 2 \;\Rightarrow\;$ Max $(\pi;2)$.

$f\left(\dfrac{\pi}{2}\right) = f\left(\dfrac{3}{2}\pi\right) = 1 \;\Rightarrow\;$ Wdp$_1\left(\dfrac{\pi}{2};1\right)$, Wdp$_2\left(\dfrac{3}{2}\pi;1\right)$.

b) s. Fig. 8.19

c) $A = 4 \text{ cm}^2 \cdot 2 \cdot \int_0^{\pi} (1 - \cos x)\, dx$

$\quad = 4 \text{ cm}^2 \cdot 2 \cdot [x - \sin x]_0^{\pi}$

$\quad = 8 \text{ cm}^2 \cdot \pi \approx 25{,}13 \text{ cm}^2.$

19. a) $x \in \left[-\dfrac{\pi}{2}; \dfrac{3}{2}\pi\right]$

$f'(x) = 1 + \cos x,$

$f''(x) = -\sin x,$

$f'''(x) = -\cos x.$

$f'(x) = 0 \;\Rightarrow\; \cos x = -1$

$\qquad\qquad \Rightarrow\; x = \pi;$

$f''(\pi) = 0;$

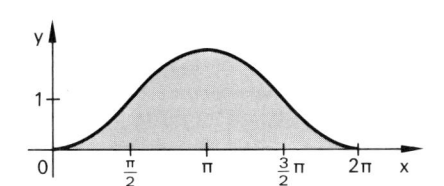

$f'''(\pi) = 1 \neq 0;\; f(\pi) = \pi;$

Fig. 8.19

⇒ Terrassenpunkt $(\pi; \pi)$.

$f''(x) = 0 \Rightarrow x_1 = 0;$
$\qquad\qquad\quad x_2 = \pi;$
$f'''(0) = -1;$
$f(0) = 0;$

⇒ Wendepunkt $(0; 0)$;

$f\left(-\dfrac{\pi}{2}\right) = -\dfrac{\pi}{2} - 1;\quad f\left(\dfrac{3}{2}\pi\right) = \dfrac{3}{2}\pi - 1.$

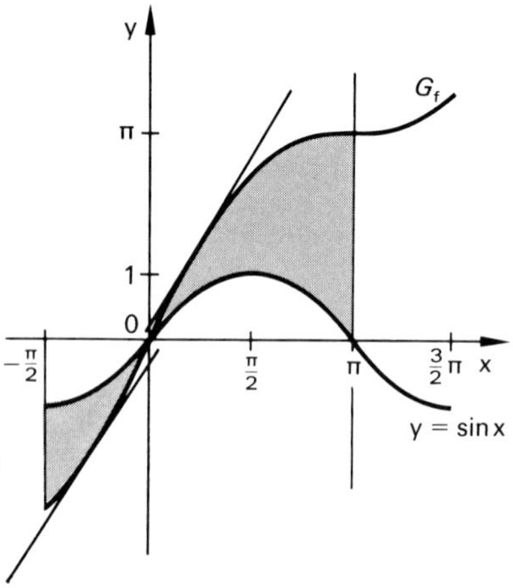

b) $f'(x) = \tan 56{,}31° \approx 1{,}50$
$\Rightarrow \cos x = 0{,}5 \Rightarrow x_1 = -\dfrac{\pi}{3};\; x_2 = +\dfrac{\pi}{3};$

$f\left(-\dfrac{\pi}{3}\right) = -\dfrac{\pi}{3} - \dfrac{1}{2}\sqrt{3},\; f\left(\dfrac{\pi}{3}\right) = \dfrac{\pi}{3} + \dfrac{1}{2}\sqrt{3}.$

Die gesuchten Punkte sind

$\left(-\dfrac{\pi}{3}; -\dfrac{\pi}{3} - \dfrac{1}{2}\sqrt{3}\right)$ und $\left(\dfrac{\pi}{3}; \dfrac{\pi}{3} + \dfrac{1}{2}\sqrt{3}\right).$

Fig. 8.20

c) $A = 4\,\text{cm}^2 \cdot \left(\int\limits_{-\frac{\pi}{2}}^{0} [\sin x - (x + \sin x)]\,dx + \int\limits_{0}^{\pi} [x + \sin x - \sin x]\,dx\right)$

$= 4\,\text{cm}^2 \cdot \left(-\int\limits_{-\frac{\pi}{2}}^{0} x\,dx + \int\limits_{0}^{\pi} x\,dx\right) = 4\,\text{cm}^2 \cdot \left(-\left[\dfrac{x^2}{2}\right]_{-\frac{\pi}{2}}^{0} + \left[\dfrac{x^2}{2}\right]_{0}^{\pi}\right)$

$= 4\,\text{cm}^2 \cdot \left(\dfrac{\pi^2}{8} + \dfrac{\pi^2}{2}\right) = 2{,}5\,\pi^2\,\text{cm}^2 \approx 24{,}67\,\text{cm}^2.$

20. a) s. Fig. 8.21

b) $\int |\varphi(x) - g(x)|\,dx = \int |f(x)|\,dx = \int |\cos x|\,dx;$

G_f ist punktsymmetrisch zum Punkt $\left(\dfrac{\pi}{2}; 0\right)$

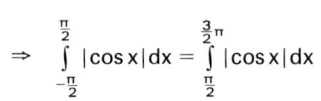

$\Rightarrow \int\limits_{-\frac{\pi}{2}}^{\frac{\pi}{2}} |\cos x|\,dx = \int\limits_{\frac{\pi}{2}}^{\frac{3}{2}\pi} |\cos x|\,dx$

G_f ist achsensymmetrisch zur y-Achse

$\Rightarrow A = 4\,\text{cm}^2 \cdot 2 \cdot \int\limits_{0}^{\frac{\pi}{2}} \cos x\,dx = 8\,\text{cm}^2.$

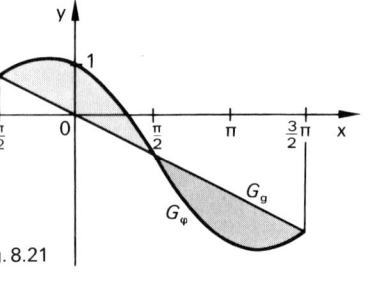

Fig. 8.21

21. a) Die Ungleichungskette muss in zwei Ungleichungen zerlegt werden:

I) $y \geq x$
II) $y \leq x + \sin x.$

Bedingung I) wird von allen Punkten erfüllt, die oberhalb des Graphen zu $y = x$ liegen. Bedingung II) wird von den Punkten erfüllt, die unterhalb des Graphen zu $y = x + \sin x$ liegen.

$x \leq y \leq x + \sin x \Leftrightarrow$ I ∧ II.

Die gesuchten Punkte müssen beide Bedingungen gleichzeitig erfüllen. Folglich liegen sie in dem (wegen $0 \leq x \leq \pi$, über diesem Intervall) von beiden Graphen begrenzten Flächenstück.

$\Rightarrow A = \int\limits_0^\pi (x + \sin x - x)\,dx = \int\limits_0^\pi \sin x\,dx = [-\cos x]_0^\pi = 2.$ (Fig. 8.22).

Fig. 8.22

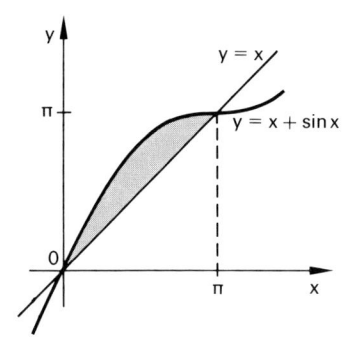

Fig. 8.23

b) Mit $-\int\limits_{-\pi}^0 \sin x\,dx = \int\limits_0^\pi \sin x\,dx = 2$ und der Tatsache, dass die beiden Geraden ein Dreieck mit Grundlinie 2π und Höhe π mit der x-Achse bilden, folgt:

$A = \pi^2 + 2 - 2 = \pi^2 = 9{,}87$ (Fig. 8.23).

22. a) $f(x) = \cos x$ und $\varphi(x) = -\dfrac{4}{3\pi^2} \cdot x^2 + \dfrac{1}{3}$

haben beide zur y-Achse achsensymmetrische Graphen.

Es ist daher nur nötig, die Lösungen $\dfrac{\pi}{2}$ und π zu betrachten.

Dass es sich um Lösungen der Gleichung handelt, lässt sich durch Einsetzen zeigen:

$\left.\begin{array}{l}\cos\dfrac{\pi}{2} = 0 \\ -\dfrac{4}{3\pi^2} \cdot \left(\dfrac{\pi}{2}\right)^2 + \dfrac{1}{3} = 0\end{array}\right\}$ $x = \dfrac{\pi}{2}$ ist Lösung der Gleichung.

$\left.\begin{array}{l}\cos\pi = -1 \\ -\dfrac{4}{3\pi^2} \cdot \pi^2 + \dfrac{1}{3} = -1\end{array}\right\}$ $x = \pi$ ist Lösung der Gleichung.

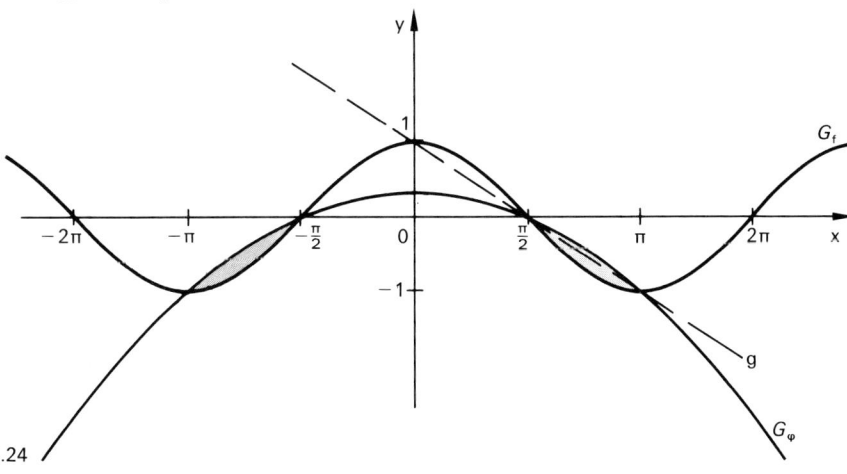

Fig. 8.24

Wegen der Symmetrie sind auch $-\frac{1}{2}\pi$ und $-\pi$ Lösungen.
Ein Beweis, dass es sich um die einzigen Lösungen handelt, ist nicht verlangt.
Siehe Fig. 8.24.

b) $A = 2 \cdot \int_{\frac{\pi}{2}}^{\pi} [\varphi(x) - f(x)] dx = 2 \cdot \int_{\frac{\pi}{2}}^{\pi} \left(-\frac{4}{3\pi^2}x^2 + \frac{1}{3} - \cos x\right) dx$

$= 2 \cdot \left[-\frac{4}{9\pi^2}x^3 + \frac{1}{3}x - \sin x\right]_{\frac{\pi}{2}}^{\pi} = 2 \cdot \left(-\frac{4}{9}\pi + \frac{1}{3}\pi + \frac{1}{18}\pi - \frac{1}{6}\pi + 1\right) = 2 - \frac{4}{9}\pi$

23. a) Leitet man die rechte Seite der Gleichung ab, so erhält man:

$-\frac{1}{n} \cdot (n-1) \cdot \sin^{n-2}x \cdot \cos x \cdot \cos x + \left(-\frac{1}{n}\right) \cdot \sin^{n-1}x \cdot (-\sin x) + \frac{n-1}{n} \cdot \sin^{n-2}x$

$= -\frac{n-1}{n} \cdot \sin^{n-2}x \cdot \cos^2 x + \frac{1}{n} \cdot \sin^n x + \frac{n-1}{n} \cdot \sin^{n-2}x$

$= \frac{n-1}{n} \cdot \sin^{n-2}x \cdot (1 - \cos^2 x) + \frac{1}{n} \cdot \sin^n x = \frac{n-1}{n} \cdot \sin^{n-2}x \cdot \sin^2 x + \frac{1}{n} \cdot \sin^n x$

$= \frac{n-1}{n} \cdot \sin^n x + \frac{1}{n} \cdot \sin^n x = \left(\frac{n-1}{n} + \frac{1}{n}\right) \cdot \sin^n x = \left(1 - \frac{1}{n} + \frac{1}{n}\right) \cdot \sin^n x$

$= \sin^n x$, die Integrandenfunktion der linken Seite.

Daraus folgt nach dem HDI, dass die rechte Seite eine Integralfunktion zu $\sin^n x$ ist.

b) $\int \sin^5 x \, dx = -\frac{1}{5} \sin^4 x \cos x + \frac{4}{5} \int \sin^3 x \, dx$

$\int \sin^3 x \, dx = -\frac{1}{3} \cdot \sin^2 x \cos x + \frac{2}{3} \cdot \int \sin x \, dx = -\frac{1}{3} \cdot \sin^2 x \cos x - \frac{2}{3} \cos x + C_1$

$\Rightarrow \int \sin^5 x \, dx = -\frac{1}{5} \sin^4 x \cos x - \frac{4}{15} \sin^2 x \cos x - \frac{8}{15} \cos x + C_2$

$= -\frac{1}{15} \cdot \cos x \cdot (3\sin^4 x + 4\sin^2 x + 8) + C_2$

$\Rightarrow \int_0^{\frac{\pi}{2}} \sin^5 x \, dx = 0 - \left(-\frac{1}{15} \cdot 8\right) = \frac{8}{15}$.

24. a) $f_p(x) = 0 \Rightarrow x = \pm\sqrt{-\frac{2}{p}}, \quad p < 0$

$2\frac{2}{3} = \frac{8}{3} = \int_0^{+\sqrt{-\frac{2}{p}}} (px^2 + 2) dx \Leftrightarrow \frac{8}{3} = \left[p \cdot \frac{x^3}{3} + 2x\right]_0^{\sqrt{-\frac{2}{p}}}$

$\Leftrightarrow \frac{8}{3} = \left(p \cdot \frac{1}{3} \cdot \left(-\frac{2}{p}\right) + 2\right) \cdot \sqrt{-\frac{2}{p}}$

$\Leftrightarrow \frac{8}{3} = \frac{4}{3} \cdot \sqrt{-\frac{2}{p}} \Leftrightarrow \sqrt{-\frac{2}{p}} = 2 \Rightarrow -\frac{2}{p} = 4$

$\Rightarrow p = -\frac{1}{2} < 0$.

b) $f_p(x) = 0 \Rightarrow x = \pm 2\sqrt{p}, \quad p \geq 0 \qquad 10\frac{2}{3} = \frac{32}{3} = \int_0^{2\sqrt{p}} \left(-\frac{1}{4}x^2 + p\right) dx$

$\Leftrightarrow \frac{32}{3} = \left[-\frac{1}{12}x^3 + px\right]_0^{2\sqrt{p}} \Leftrightarrow \frac{32}{3} = -\frac{1}{12} \cdot 8p\sqrt{p} + p \cdot 2\sqrt{p} \quad | \cdot \frac{3}{2}$

$\Leftrightarrow 16 = -p\sqrt{p} + 3p\sqrt{p} \Leftrightarrow 16 = 2p\sqrt{p} \Leftrightarrow p\sqrt{p} = 8 \Leftrightarrow (\sqrt{p})^3 = 8$

$\Leftrightarrow \sqrt{p} = 2 \Rightarrow p = 4 > 0$.

25. $A(6) = \int_0^6 \frac{1}{10}x^2\,dx = 7{,}2$.

$A(k) = \int_0^k \frac{1}{10}x^2\,dx = \frac{k^3}{30}$.

a) $A(k) = \frac{1}{2} \cdot A(6) = 3{,}6$

$\Rightarrow \frac{k^3}{30} = 3{,}6 \Leftrightarrow k^3 = 108$

$\Leftrightarrow k = 3\sqrt[3]{4} < 6$.

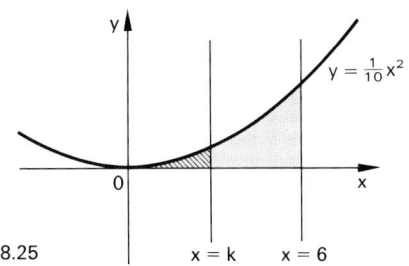

b) $A(k) = \frac{8}{8+19} \cdot A(6) = \frac{32}{15} \Rightarrow k^3 = 64 \Leftrightarrow k = 4$.

Fig. 8.25

26. a) $\int_0^{x_0} f(x)\,dx = 3 \Leftrightarrow \frac{x_0^2}{4} + x_0 = 3 \Leftrightarrow (x_0 - 2)\cdot(x_0 + 6) = 0$

$\Leftrightarrow x_0 = 2 \vee x_0 = -6$

$x_0 > 0 \Rightarrow x_0 = 2$.

Diese Aufgabe ist auch leicht elementargeometrisch lösbar:

$A = x_0 \cdot 1 + \frac{1}{2} \cdot x_0 \cdot \frac{1}{2}x_0 = 3 \Rightarrow \frac{x_0^2}{4} + x_0 = 3$.

b) $\int_0^{x_0} f(x)\,dx = 1\frac{1}{3} \Leftrightarrow \frac{x_0^3}{6} = \frac{4}{3} \Leftrightarrow x_0 = 2$.

c) $\int_0^{x_0} f(x) = 6{,}5 \Leftrightarrow \frac{x_0^4}{40} = \frac{13}{2} \Leftrightarrow x_0^4 = 260$

$x_0 > 0 \Rightarrow x_0 = \sqrt[4]{260} \approx 4{,}02$.

d) $\int_0^{x_0} f(x)\,dx = \frac{1}{2}\sqrt{5} \Leftrightarrow \frac{x_0^5}{50} = \frac{1}{2}\sqrt{5} \Leftrightarrow x_0^5 = 25\sqrt{5} = (\sqrt{5})^5 \Rightarrow x_0 = \sqrt{5}$.

Fig. 8.26 a–d

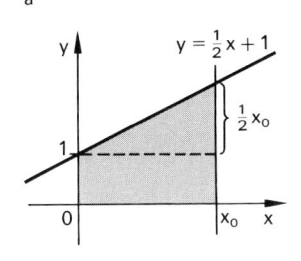

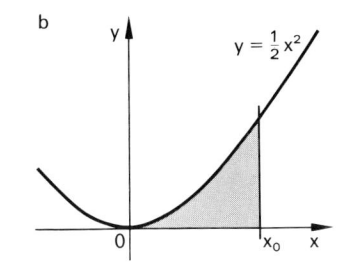

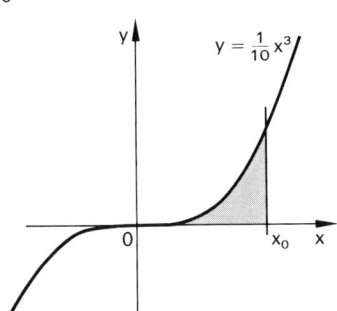

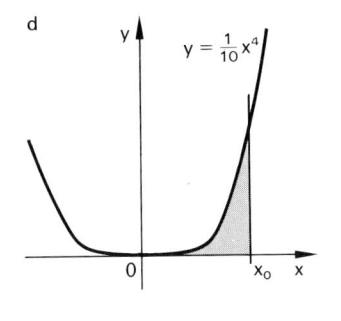

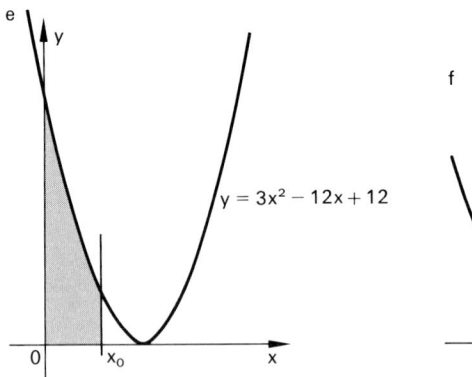

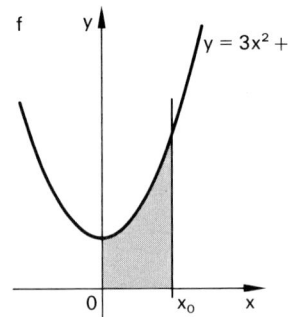

Fig. 8.26 e, f

e) $\int_0^{x_0} f(x)\,dx = 8 \Leftrightarrow x_0^3 - 6x_0^2 + 12x_0 = 8$
$\Leftrightarrow x_0^3 - 6x_0^2 + 12x_0 - 8 = 0$.

Lösung $x_{0_1} = 2$ erraten
$\Rightarrow (x_0 - 2) \cdot (x_0^2 - 4x_0 + 4) = 0$
$\Leftrightarrow (x_0 - 2)^3 = 0 \Rightarrow$ keine weitere Lösung.

Es ist noch zu zeigen, dass eine positive Nullstelle von f nicht kleiner ist als diese Lösung $x_0 = 2$.
$f(x) = 0 \Rightarrow x_0^2 - 4x + 4 = 0 \Rightarrow x_{1/2} = 2$
$\Rightarrow$ Die Fläche erstreckt sich bis zum Scheitel, in dem die Parabel die x-Achse berührt.

f) $\int_0^{x_0} f(x)\,dx = 10 \Leftrightarrow x_0^3 + x_0 = 10 \Leftrightarrow x_0^3 + x_0 - 10 = 0$.

Lösung $x_{0_1} = 2$ erraten
$\Rightarrow (x_0 - 2) \cdot (x_0^2 + 2x_0 + 5) = 0$
$\Rightarrow x_0^2 + 2x_0 + 5 = 0 \Leftrightarrow (x_0 + 1)^2 = -4 \Rightarrow$ keine weitere Lösung.

27. $f(x) = 0 \Rightarrow x^2 \cdot \left(x^2 - \dfrac{a}{b}\right) = 0 \Rightarrow x_{1/2} = 0; \; x_{3/4} = \pm\sqrt{\dfrac{a}{b}}$.

$P(4;0) \in G_f \Rightarrow +\sqrt{\dfrac{a}{b}} = 4 \Rightarrow a = 16b;$

$a, b > 0 \Rightarrow f(x) = b \cdot (16x^2 - x^4)$.

$\int_0^4 f(x)\,dx = 8\tfrac{8}{15}$

$\Leftrightarrow b \cdot \left[\dfrac{16}{3}x^3 - \dfrac{x^5}{5}\right]_0^4 = \dfrac{128}{15}$

$\Leftrightarrow b \cdot \left(\dfrac{4^5}{3} - \dfrac{4^5}{5}\right) = \dfrac{2 \cdot 4^3}{15}$

$\Leftrightarrow 8b \cdot \left(\dfrac{1}{3} - \dfrac{1}{5}\right) = \dfrac{1}{15}$

$\Leftrightarrow 16b = 1 \Leftrightarrow b = \dfrac{1}{16}$

$\Rightarrow f(x) = \dfrac{1}{16}x^2 \cdot (16 - x^2)$.

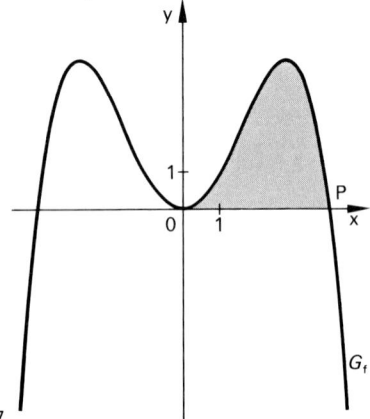

Fig. 8.27

$f(x) = f(-x)$
$\Rightarrow$ G_f ist achsensymmetrisch zur y-Achse.
$f'(x) = \frac{1}{4}x \cdot (8 - x^2)$
$\Rightarrow$ waagerechte Tangenten bei 0 und $\pm\sqrt{8}$;
$f''(x) = \frac{3}{4} \cdot (\frac{8}{3} - x^2)$
$f'''(x) = -\frac{3}{2}x \neq 0$ für $x \neq 0$ $\Big\}$ Wendepunkte bei $\pm\sqrt{\frac{8}{3}}$.

$f''(0) > 0 \Rightarrow$ Min $(0; 0)$.
$f''(\pm\sqrt{8}) = \frac{3}{4} \cdot (-\frac{16}{3}) < 0$, $f(\pm\sqrt{8}) = 4 \Rightarrow$ Max $(\pm 2\sqrt{2}; 4)$;
$f(\pm\sqrt{\frac{8}{3}}) = \frac{20}{9} \Rightarrow$ Wdp $(\pm\frac{2}{3}\sqrt{6}; \frac{20}{9})$;
$f(\pm 4,5) = \frac{1}{16} \cdot 20,25 \cdot (-4,25) \approx -5,38$.

28. Schnittpunkte: $1 - kx^2 = x^2 \Leftrightarrow x^2 = \frac{1}{1+k} \Leftrightarrow x = \pm\frac{1}{\sqrt{1+k}}$.

Beide Graphen sind achsensymmetrisch zur y-Achse.

$\Rightarrow A = 2 \cdot \int_0^{x_0} [\varphi_k(x) - x^2]\,dx = \frac{2}{3}, \quad x_0 = +\frac{1}{\sqrt{1+k}}$;

$\Rightarrow x_0 - \frac{1+k}{3} \cdot x_0^3 = \frac{1}{3}$

$\Leftrightarrow x_0 \cdot (3 - (1+k) \cdot x_0^2) = 1$

$\Leftrightarrow \frac{1}{\sqrt{1+k}} \cdot \left(3 - (1+k) \cdot \frac{1}{1+k}\right) = 1$

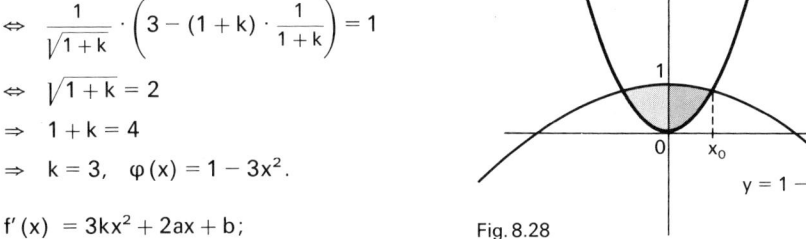

$\Leftrightarrow \sqrt{1+k} = 2$

$\Rightarrow 1 + k = 4$

$\Rightarrow k = 3, \quad \varphi(x) = 1 - 3x^2$.

Fig. 8.28

29. $f'(x) = 3kx^2 + 2ax + b$;
$f''(x) = 6kx + 2a$.

(1) $f'(1) = 0 \Rightarrow$ I) $3k + 2a + b = 0$
$f''(2) = 0 \Rightarrow$ II) $12k + 2a = 0$
II $\Rightarrow a = -6k$
$a = -6k$ in I $\Rightarrow b = 9k$

(2) Zuerst müssen die gemeinsamen Punkte von G_{f_k} mit der x-Achse ermittelt werden:

$f_k(x) = kx^3 - 6kx^2 + 9kx = kx \cdot (x-3)^2$
$f_k(x) = 0 \Leftrightarrow x = 0 \vee x = 3 \quad [k \neq 0]$.

Daneben zeigt die Linearfaktorform, dass die Fläche für $k < 0$ unterhalb der x-Achse, für $k > 0$ oberhalb der x-Achse liegt.

$\Rightarrow \int_0^3 f_k(x)\,dx = \begin{cases} -9 & \text{für } k < 0 \\ 9 & \text{für } k > 0 \end{cases}$;

$\int_0^3 f_k(x)\,dx = k \cdot \left[\frac{x^4}{4} - 2x^3 + \frac{9}{2}x^2\right]_0^3 = 6{,}75k$,

$\Rightarrow$ $6{,}75\,k = -9 \wedge k < 0 \Leftrightarrow k_1 = -\frac{4}{3}$;
 $6{,}75\,k = 9 \wedge k > 0 \Leftrightarrow k_2 = +\frac{4}{3}$;
$\Rightarrow$ $f_1(x) = -\frac{4}{3}x \cdot (x-3)^2$, $f_2(x) = +\frac{4}{3}x \cdot (x-3)^2$.

30. a) s. Fig. 8.29

b) $g_k(-x) = g_k(x) \wedge h_k(-x) = h_k(x)$
$\Rightarrow$ Die eingeschlossene Fläche hat die y-Achse als Symmetrieachse.

$g_k(x) = h_k(x) \Rightarrow k - \dfrac{x^2}{k} = k^3 - kx^2$

$\Leftrightarrow k^2 - x^2 = k^4 - k^2 x^2$

$\Leftrightarrow x^2 \cdot (k^2 - 1) = k^2 \cdot (k^2 - 1)$.

$k \ne 1 \Rightarrow x^2 = k^2 \Leftrightarrow x = \pm k$.

(Die Schnittstellen sind zugleich Nullstellen beider Funktionen)

$\Rightarrow A = 2 \cdot \int_0^k |h_k(x) - g_k(x)|\,dx$

für $k > 1$ ist $k^3 > k$, und H_k liegt daher in $]-k;k[$ oberhalb von G_k, weshalb die Absolutstriche weggelassen werden können.

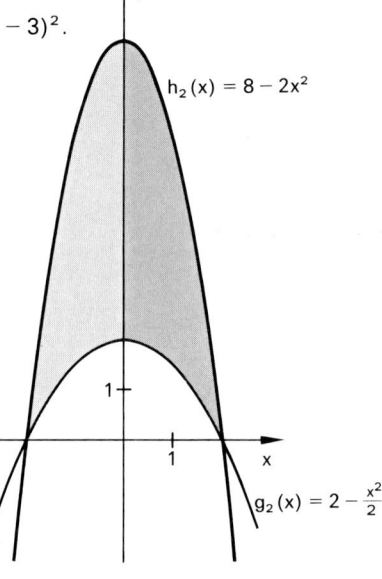

Fig. 8.29

Für $k < 1$ ist $k^3 < k$, H_k liegt unterhalb von G_k (in $]-k;k[$). Die Absolutstriche können durch ein Minuszeichen vor dem Integral ersetzt werden.

$k > 1$: $A = 2 \cdot \int_0^k \left(k^3 - kx^2 - k + \dfrac{x^2}{k}\right) dx = 2 \cdot \left(k^4 - \dfrac{k^4}{3} - k^2 + \dfrac{k^2}{3}\right) = \dfrac{4}{3} \cdot (k^4 - k^2)$;

$k < 1$: $A = -\dfrac{4}{3} \cdot (k^4 - k^2) = \dfrac{4}{3} \cdot (k^2 - k^4)$.

c) lokales Maximum für die Flächeninhaltsfunktion $A(k)$
$\Rightarrow A'(k) = 0 \wedge A''(k) < 0$

$A'(k) = \begin{cases} \frac{4}{3} \cdot (4k^3 - 2k), & \text{falls } k > 1 \\ -\frac{4}{3} \cdot (4k^3 - 2k), & \text{falls } k < 1 \end{cases}$

$A'(k) = 0 \Rightarrow 4k^3 - 2k = 0 \Leftrightarrow k \cdot (k^2 - \frac{1}{2}) = 0$

$k \in \mathbb{R}^+ \setminus \{1\} \Rightarrow k = +\sqrt{\frac{1}{2}} < 1$

$\Rightarrow A''(k) = -\frac{4}{3} \cdot (12 k^2 - 2)$

$A''(\sqrt{\frac{1}{2}}) = -\frac{4}{3} \cdot 4 < 0 \Rightarrow$ lokales Maximum

$A(\sqrt{\frac{1}{2}}) = \frac{4}{3} \cdot (\frac{1}{2} - \frac{1}{4}) = \frac{1}{3}$.

31. $A(p) = \int_0^3 f_p(x)\,dx = 9 - \frac{9}{4}p^3 - \frac{9}{4} + \frac{27}{4}p$

$= -\frac{9}{4}p^3 + \frac{27}{4}p + \frac{27}{4}$;

$A'(p) = -\frac{27}{4}p^2 + \frac{27}{4} = -\frac{27}{4} \cdot (p^2 - 1)$;

$A'(p) = 0 \wedge p > 0 \Rightarrow p = 1$;

$A''(p) = -\frac{27}{2}p$;

$A''(1) = -\frac{27}{2} < 0 \Rightarrow$ lokales Maximum

Da A''(p) < 0 für p > 0 gilt, ist der Flächenfunktionsgraph G_A für p > 0 immer rechtsgekrümmt. Daher nimmt A(p) für p > 0 nirgends einen größeren Funktionswert an, und es handelt sich um ein absolutes Maximum, also tatsächlich den größtmöglichen Inhalt.

$A(1) = -\frac{9}{4} + \frac{27}{4} + \frac{27}{4} = \frac{45}{4} = 11,25$.

Für die Zeichnung (Fig. 8.30):
$f_1(x) = \frac{1}{3}x^3 - \frac{1}{4}x^2 - \frac{1}{2}x + 3$
$f_1'(x) = (x + \frac{1}{2}) \cdot (x - 1)$
$f_1''(x) = 2 \cdot (x - \frac{1}{4})$, $f'''(x) = 2 \neq 0$.
Max $(-\frac{1}{2}; \frac{151}{48})$, Min $(1; \frac{31}{12})$,
Wdp $(\frac{1}{4}; \frac{275}{96})$.
$f_1(-2) = \frac{1}{3}$, $f(3) = 8,25$.

32. $F'(x) = x^4 - 8x - 7$;
$F''(x) = 4x^3 - 8$;
$F'''(x) = 12x^2 \neq 0$ für $x \neq 0$;
$F''(x) = 0 \Leftrightarrow x^3 = 2 \Leftrightarrow x = \sqrt[3]{2} \neq 0$.

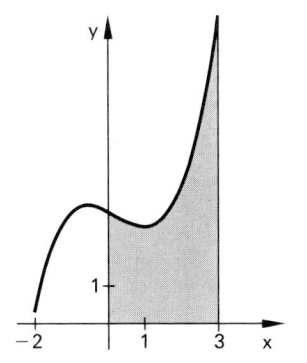

Fig. 8.30

S. 94

33. $F'(x) = f(x) = ax^2 + bx + c$;
I) $f(5) = 0 \Rightarrow 25a + 5b + c = 0$;
II) $f(1) = \frac{4}{7} \Rightarrow a + b + c = \frac{4}{7}$;
III) $F(3) = 0 \Rightarrow \int_0^3 f(t)\,dt = 0$
$\Leftrightarrow \left[a \cdot \frac{t^3}{3} + b \cdot \frac{t^2}{2} + c \cdot t\right]_0^3 = 0$
$\Leftrightarrow 3 \cdot (3a + \frac{3}{2}b + c) = 0 \Leftrightarrow 3a + \frac{3}{2}b + c = 0$.

I–II) $24a + 4b = -\frac{4}{7}$ (IV)
III–II) $2a + \frac{1}{2}b = -\frac{4}{7}$ (V)
IV–8·V) $8a = \frac{28}{7} \Rightarrow a = \frac{1}{2}$;
$a = \frac{1}{2}$ in V $\Rightarrow \frac{1}{2}b = -\frac{11}{7} \Rightarrow b = -\frac{22}{7}$;
$a = \frac{1}{2}$, $b = -\frac{22}{7}$ in II $\Rightarrow c = \frac{45}{14}$;
$\Rightarrow f(t) = \frac{1}{2}t^2 - \frac{22}{7}t + \frac{45}{14}$, $F(x) = \frac{1}{6}x^3 - \frac{11}{7}x^2 + \frac{45}{14}x$.

34. (3) $\Rightarrow f'(1) = 0$;
$\int f(x)\,dx = \frac{x^4}{4} + a \cdot \frac{x^3}{3} + b \cdot \frac{x^2}{2} + c \cdot x + d \Rightarrow F(x) = \frac{1}{4}x^4 + \frac{a}{3}x^3 + \frac{b}{2}x^2 + c$;

(2) $\frac{1}{4} + \frac{a}{3} + \frac{b}{2} + c = 1$;

$\int_{-1}^{1} f(x)\,dx = F(1) - F(-1) = 1 - \left(\frac{1}{4} - \frac{a}{3} + \frac{b}{2} - c\right) = \frac{3}{4} + \frac{a}{3} - \frac{b}{2} + c$;

(1) $\frac{3}{4} + \frac{a}{3} - \frac{b}{2} + c = 0$;

$f'(x) = 3x^2 + 2ax + b$
(3) $3 + 2a + b = 0$.

67

Geeignet multipliziert und geordnet:

(1) $4a - 6b + 12c = -9$

(2) $4a + 6b + 12c = 9$

(3) $2a + b = -3$

(2)−(1): $12b = 18 \Rightarrow b = \frac{3}{2}$ ⎫
in (3) $\Rightarrow a = -\frac{9}{4}$ ⎬ in (1) $\Rightarrow c = \frac{3}{4}$
⎭

$\Rightarrow$ f: $x \mapsto x^3 - \frac{9}{4}x^2 + \frac{3}{2}x + \frac{3}{4}$.

35. a) $\int_{-4}^{2} (x^2 + 2x - 3)\,dx = \left[\frac{x^3}{3} + x^2 - 3x\right]_{-4}^{2} = \frac{8}{3} + 4 - 6 - (-\frac{64}{3} + 16 + 12) = -6$.

$x^2 + 2x - 3 = (x+3) \cdot (x-1)$

$\Rightarrow x^2 + 2x - 3 > 0$ für $x < -3$ und für $x > 1$

$x^2 + 2x - 3 < 0$ für $-3 < x < 1$.

$\Rightarrow \int_{-4}^{2} |x^2 + 2x - 3|\,dx$

$= \int_{-4}^{-3} |x^2 + 2x - 3|\,dx + \int_{-3}^{1} |x^2 + 2x - 3|\,dx + \int_{1}^{2} |x^2 + 2x - 3|\,dx$

$= \int_{-4}^{-3} (x^2 + 2x - 3)\,dx - \int_{-3}^{1} (x^2 + 2x - 3)\,dx + \int_{1}^{2} (x^2 + 2x - 3)\,dx$

$= 9 - \frac{20}{3} - (-\frac{5}{3} - 9) + \frac{2}{3} - (-\frac{5}{3}) = \frac{46}{3}$.

b) $a_1 = 0$, $F(z) = \frac{z^3}{3} + z^2 - 3z - \frac{a^3}{3} - a^2 + 3a$

$F(0) = -\frac{a^3}{3} - a^2 + 3a = 0 \Rightarrow a \cdot (a^2 + 3a - 9) = 0$, $a_1 = 0$

$a_{2/3} = \frac{-3 \pm \sqrt{45}}{2} = \frac{3}{2} \cdot (-1 \pm \sqrt{5})$.

c) Bei Betrachtung des Graphen zu
$|f(x)| = |x^2 + 2x - 3|$, stellt man fest (siehe auch Aufgabenteil b)), dass die Integration im Intervall $[-3; 1]$ problemlos mit $-f(x)$ möglich ist.
Bei Überschreitung einer dieser Grenzen ändert sich die Integrandenfunktion jedoch in $+f(x)$.
Eine Vereinfachung der gesuchten Funktionsvorschrift lässt sich dadurch erreichen, dass man die Integralanteile für $[0; 1]$ und für $[-3; 0]$ gleich auswertet. Beim Integrieren nach links ergibt sich der Wert des Integrals natürlich negativ.

$\int_{0}^{1} [-f(x)]\,dx = \frac{5}{3}$;

$\int_{0}^{-3} [-f(x)]\,dx = -9$;

$\int_{1}^{z} f(x)\,dx = \frac{z^3}{3} + z^2 - 3z - (-\frac{5}{3})$;

$\int_{-3}^{z} f(x)\,dx = \frac{z^3}{3} + z^2 - 3z - 9$;

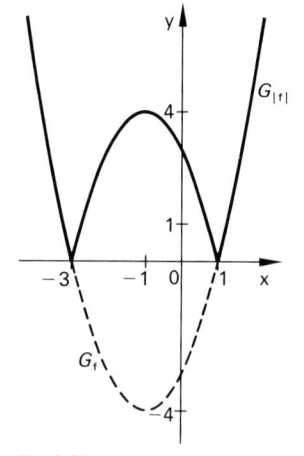

Fig. 8.31

$$F(z) = \begin{cases} \dfrac{z^3}{3} + z^2 - 3z - 18 & \text{für } z \leqq -3 \\ -\dfrac{z^3}{3} - z^2 + 3z & \text{für } z \in [-3; 1] \\ \dfrac{z^3}{3} + z^2 - 3z + \dfrac{10}{3} & \text{für } z \geqq 1. \end{cases}$$

36. a) (3) $\Rightarrow$ $f(x) = \int \sin x \, dx = -\cos x + c$

für $0 < x \leqq \dfrac{\pi}{2}$;

$\Rightarrow$ $f(0) = -1 + c$; $f\left(\dfrac{\pi}{2}\right) = 0 + c$

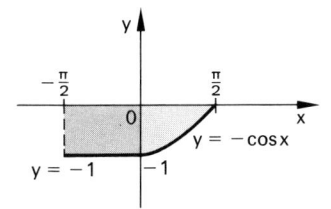

(1) $\Rightarrow$ $-1 \leqq -1 + c \leqq 0$

$\Leftrightarrow$ $0 \leqq c \leqq 1 \,\wedge\, -1 \leqq c \leqq 0$

$\Rightarrow$ $c = 0$.

$\Rightarrow$ $\lim\limits_{h \to 0} f(0+h) = -1$; $\lim\limits_{h \to 0} f'(0+h) = 0$ $\Rightarrow$ $f(0) = -1$; $f'(0) = 0$

Differenzierbarkeit $\Rightarrow$ Stetigkeit

(2) $\Rightarrow$ $f(x) = -1$ für $-\dfrac{\pi}{2} \leqq x \leqq 0$.

Fig. 8.32

b) Differenzierbarkeit an der Stelle $x = 0$ ist äquivalent zur Existenz der 1. Ableitung bei $x = 0$.

$-\dfrac{\pi}{2} \leqq x < 0$: $f'(x) = 0$; $f''(x) = 0$; $0 < x \leqq \dfrac{\pi}{2}$: $f'(x) = \sin x$; $f''(x) = \cos x$;

$\lim\limits_{h \to 0} f'(0-h) = 0 = \lim\limits_{h \to 0} f'(0+h)$ $\Rightarrow$ $f'(0) = 0$;

$\lim\limits_{h \to 0} f''(0-h) = 0$; $\lim\limits_{h \to 0} f''(0+h) = \lim\limits_{h \to 0} \cos h = 1$

$0 \neq 1$ $\Rightarrow$ Die 2. Ableitung existiert an der Stelle $x = 0$ nicht!

c) $A = -\int\limits_{-\frac{\pi}{2}}^{0} (-1) \, dx - \int\limits_{0}^{\frac{\pi}{2}} (-\cos x) \, dx = \int\limits_{-\frac{\pi}{2}}^{0} dx + \int\limits_{0}^{\frac{\pi}{2}} \cos x \, dx = +\dfrac{\pi}{2} + \sin \dfrac{\pi}{2} = \dfrac{\pi}{2} + 1$.

d) Sei $g_a(x) = mx + t$

$\Rightarrow$ $\int\limits_{-\frac{\pi}{2}}^{\frac{\pi}{2}} [f(x) - g_a(x)] \, dx = \int\limits_{-\frac{\pi}{2}}^{\frac{\pi}{2}} f(x) \, dx - \int\limits_{-\frac{\pi}{2}}^{\frac{\pi}{2}} g_a(x) \, dx$

$= -\dfrac{\pi}{2} - 1 - \left[\dfrac{m}{2} x^2 + tx\right]_{-\frac{\pi}{2}}^{\frac{\pi}{2}}$

$= -\dfrac{\pi}{2} - 1 - m \cdot \dfrac{\pi^2}{8} - t \cdot \dfrac{\pi}{2} + m \cdot \dfrac{\pi^2}{8} - t \cdot \dfrac{\pi}{2} = -\dfrac{\pi}{2} - 1 - t \cdot \pi$

$\Rightarrow$ $-\dfrac{\pi}{2} - 1 - t \cdot \pi = 0$ $\Leftrightarrow$ $t = -\dfrac{1}{2} - \dfrac{1}{\pi}$.

Der y-Achsenabschnitt einer solchen Geraden ist also konstant. Damit ist die Steigung der Parameter und wird mit a bezeichnet:

$g_a(x) = ax - \dfrac{1}{2} - \dfrac{1}{\pi}$.

69

e) $q(x) = ax^2 + bx + c$

I) $q\left(-\dfrac{\pi}{2}\right) = -1 \Leftrightarrow a \cdot \dfrac{\pi^2}{4} - b \cdot \dfrac{\pi}{2} + c = -1$

II) $q\left(\dfrac{\pi}{2}\right) = 0 \Leftrightarrow a \cdot \dfrac{\pi^2}{4} + b \cdot \dfrac{\pi}{2} + c = 0$

III) $\displaystyle\int_{-\frac{\pi}{2}}^{\frac{\pi}{2}} q(x)\,dx = -\dfrac{\pi}{2} - 1$

$\Leftrightarrow \left[a \cdot \dfrac{x^3}{3} + b \cdot \dfrac{x^2}{2} + cx\right]_{-\frac{\pi}{2}}^{\frac{\pi}{2}} = -\dfrac{\pi}{2} - 1$

$\Leftrightarrow a \cdot \dfrac{\pi^3}{24} + b \cdot \dfrac{\pi^2}{8} + c \cdot \dfrac{\pi}{2} - \left(-a \cdot \dfrac{\pi^3}{24} + b \cdot \dfrac{\pi^2}{8} - c \cdot \dfrac{\pi}{2}\right) = -\dfrac{\pi}{2} - 1$

$\Leftrightarrow a \cdot \dfrac{\pi^3}{12} + c \cdot \pi = -\dfrac{\pi}{2} - 1$.

II − I) $b \cdot \pi = 1 \Leftrightarrow b = \dfrac{1}{\pi}$.

II + I) $a \cdot \dfrac{\pi^2}{2} + 2c = -1$.

$\dfrac{2}{\pi} \cdot$ III) $a \cdot \dfrac{\pi^2}{6} + 2c = -1 - \dfrac{2}{\pi}$.

Subtraktion: $a \cdot \dfrac{\pi^2}{2} - a \cdot \dfrac{\pi^2}{6} = +\dfrac{2}{\pi} \Leftrightarrow a \cdot \dfrac{\pi^2}{3} = \dfrac{2}{\pi} \Leftrightarrow a = \dfrac{6}{\pi^3}$.

$a = \dfrac{6}{\pi^3}$ in (II + I) $\Rightarrow \dfrac{6}{\pi^3} \cdot \dfrac{\pi^2}{2} + 2c = -1 \Leftrightarrow \dfrac{3}{\pi} + 2c = -1$

$\Leftrightarrow c = -\dfrac{1}{2} - \dfrac{3}{2\pi} = -\dfrac{1}{2\pi} \cdot (\pi + 3) \Rightarrow q(x) = \dfrac{6}{\pi^3} \cdot x^2 + \dfrac{1}{\pi} \cdot x - \dfrac{1}{2\pi} \cdot (\pi + 3)$.

S. 95 Nr. 37–39: Für die Stetigkeits- bzw. Differenzierbarkeitsbetrachtungen sind Grenzwerte unumgänglich. Da jedoch bekannt ist, dass jede ganzrationale Funktion in $\mathbb{R}$ global stetig und differenzierbar ist, werden wir im Folgenden keine Grenzwerte verwenden, sondern für die Stetigkeit nur Übereinstimmung der Funktionswerte, für die Differenzierbarkeit Übereinstimmung der Steigungen benützen.

37. Für Differenzierbarkeit ist die Stetigkeit Voraussetzung. Wir bezeichnen die drei Teilfunktionen der Reihe nach mit f_1, f_2 und f_3.

Stetigkeit: $f_1(-2) = f_2(-2)$
$\wedge\ f_2(2) = f_3(2)$
$\Leftrightarrow 3 = 4a - 2b + c$
$\wedge\ 4a + 2b + c = 3$

Fig. 8.33

Subtraktion $\Rightarrow 4b = 0 \Leftrightarrow b = 0$

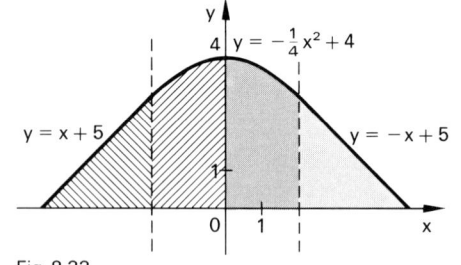

Addition $\Rightarrow 8a + 2c = 6 \Leftrightarrow 4a + c = 3$

Differenzierbarkeit: $f_1'(x) = +1$
$f_2'(x) = 2ax \quad (b = 0)$
$f_3'(x) = -1$

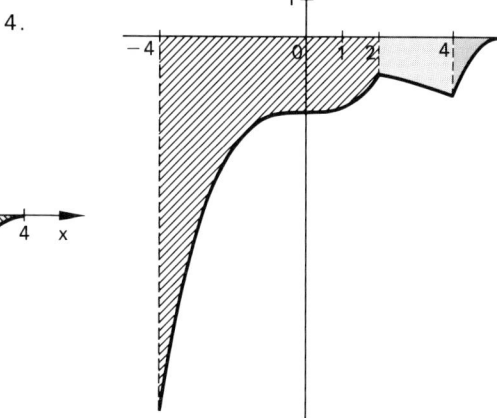

$$f'_1(-2) = f'_2(-2) \wedge f'_2(2) = f'_3(2)$$
$$\Leftrightarrow \quad 1 = -4a \wedge 4a = -1 \quad \Leftrightarrow \quad a = -\tfrac{1}{4} \wedge a = -\tfrac{1}{4}$$
$$\Rightarrow \quad a = -\tfrac{1}{4} \text{ in } 4a + c = 3 \quad \Rightarrow \quad c = 4 \quad \Rightarrow \quad f_2(x) = -\tfrac{1}{4}x^2 + 4.$$
$f(-x) = f(x) \Rightarrow G_f$ ist achsensymmetrisch zur y-Achse.
$-x + 5 > 0$ für $x \in [2; 5]$;
$-\tfrac{1}{4}x^2 + 4 > 0$ für $x \in [0; 2]$;
$$\Rightarrow \quad A = 2 \cdot \left(\int_0^2 (-\tfrac{1}{4}x^2 + 4)\,dx + \int_2^5 (-x + 5)\,dx \right)$$
$$= 2 \cdot (-\tfrac{1}{4} \cdot \tfrac{8}{3} + 4 \cdot 2 + (-\tfrac{25}{2}) + 25 - (-\tfrac{4}{2}) - 10) = \tfrac{71}{3}.$$

38. Analog Nr. 37

Stetigkeit: $-2 = 4a - 2b + c \wedge 4a + 2b + c = -2 \Rightarrow b = 0 \wedge 4a + c = -2$;

Differenzierbarkeit:
$$\left. \begin{array}{l} f'_1(x) = -x - 4 \\ f'_2(x) = 2ax \\ f'_3(x) = -x + 4 \end{array} \right\} a = \tfrac{1}{2} \Rightarrow c = -4$$
$\Rightarrow \quad f_2(x) = \tfrac{1}{2}x^2 - 4.$

G_f ist achsensymmetrisch zur y-Achse und liegt ganz unterhalb der x-Achse (bis auf $(-4; 0), (4; 0)$).

$$\Rightarrow \quad \frac{A}{2} = -\int_0^2 f_2(x)\,dx - \int_2^4 f_3(x)\,dx = 8$$
$$\Rightarrow \quad A = 16 = z^2 \quad \Rightarrow \quad z = 4.$$
s. Fig. 8.34

Fig. 8.34   Fig. 8.35

39. Siehe Bemerkung auf der Vorseite
$$f_1(2) = f_2(2) \quad \Leftrightarrow \quad \tfrac{1}{8} \cdot 8 - 2 = a \cdot 2 - \tfrac{1}{4} \quad \Leftrightarrow \quad a = -\tfrac{3}{8}$$
$$f_2(4) = f_3(4) \quad \Leftrightarrow \quad -\tfrac{3}{8} \cdot 4 - \tfrac{1}{16} = -(4 - b)^2 \quad \Leftrightarrow \quad |4 - b| = \tfrac{5}{4}$$
$$b > 4 \quad \Rightarrow \quad 4 - b = -\tfrac{5}{4} \quad \Leftrightarrow \quad b = \tfrac{21}{4}.$$
$$S = \int_{-4}^{2} f_1(x)\,dx + \int_2^4 f_2(x)\,dx + \int_4^6 f_3(x)\,dx$$
$$= \left[\tfrac{x^4}{32} - 2x \right]_{-4}^{2} + \left[-\tfrac{3}{16}x^2 + \tfrac{1}{x} \right]_2^4 + \left[-\tfrac{1}{3} \cdot \left(x - \tfrac{21}{4}\right)^3 \right]_4^6 = -\tfrac{39}{2} - \tfrac{5}{2} - \tfrac{19}{24} = -\tfrac{547}{24}.$$
s. Fig. 8.35

40. a) $|x| = x$ für $x \geq 0$ $\Rightarrow$ $\int_1^2 |x|\,dx = \int_1^2 x\,dx = 1{,}5$.

b) $|x| = \begin{cases} -x & \text{für } x \leq 0 \\ x & \text{für } x \geq 0 \end{cases}$ $\Rightarrow$ $\int_{-1}^2 |x|\,dx = \int_{-1}^0 (-x)\,dx + \int_0^2 x\,dx = 2{,}5$.

c) $\sqrt{x^2} = |x| = -x$ für $x \leq 0$ $\Rightarrow$ $\int_{-2}^{-1} \sqrt{x^2}\,dx = \int_{-2}^{-1} (-x)\,dx = 1{,}5$.

d) $1 + |-x| = 1 + |x| = 1 + x$ für $x \geq 0$ $\Rightarrow$ $\int_{-2}^2 (1 + |x|)\,dx = 2 \cdot \int_0^2 (1 + x)\,dx = 8$.

e) $1 - |-x| = 1 - |x| = 1 - x$ für $x \geq 0$ $\Rightarrow$ $\int_{-1}^1 (1 - |x|)\,dx = 2 \cdot \int_0^1 (1 - x)\,dx = 1$.

f) $\int_{-3}^2 (2 + 0{,}5|x|)\,dx = \int_{-3}^{-2} (2 - 0{,}5x)\,dx + 2 \cdot \int_0^2 (2 + 0{,}5x)\,dx = 13{,}25$.

g) $x + |x| = \begin{cases} 0 & \text{für } x \leq 0 \\ 2x & \text{für } x \geq 0 \end{cases}$ $\Rightarrow$ $\int_{-3}^2 (x + |x|)\,dx = \int_0^2 2x\,dx = 4$.

h) $x - |x| = \begin{cases} 2x & \text{für } x \leq 0 \\ 0 & \text{für } x \geq 0 \end{cases}$ $\Rightarrow$ $\int_{-2}^3 (x - |x|)\,dx = \int_{-2}^0 2x\,dx = -4$.

i) $2 + x + |x| = \begin{cases} 2 & \text{für } x \leq 0 \\ 2 + 2x & \text{für } x \geq 0 \end{cases}$

$\Rightarrow$ $\int_{-1}^2 (2 + x + |x|)\,dx = \int_{-1}^0 2\,dx + \int_0^2 (2 + 2x)\,dx = 10$.

k) $2 - x + |x| = \begin{cases} 2 - 2x & \text{für } x \leq 0 \\ 2 & \text{für } x \geq 0 \end{cases}$

$\Rightarrow$ $\int_{-1}^1 (2 - x + |x|)\,dx = \int_{-1}^0 (2 - 2x)\,dx + \int_0^1 2\,dx = 5$.

l) $2x - 3|x| + 1 = \begin{cases} 5x + 1 & \text{für } x \leq 0 \\ -x + 1 & \text{für } x \geq 0 \end{cases}$

$\Rightarrow$ $\int_{-0{,}2}^1 (2x - 3|x| + 1)\,dx = \int_{-0{,}2}^0 (5x + 1)\,dx + \int_0^1 (-x + 1)\,dx = 0{,}6$.

m) $(-x)^2 - |-x| + 2 = x^2 - |x| + 2 = x^2 - x + 2$ für $x \geq 0$

$\Rightarrow$ $\int_{-2}^2 (x^2 - |x| + 2)\,dx = 2 \cdot \int_0^2 (x^2 - x + 2)\,dx = \frac{28}{3}$.

n) $|x + 1| = \begin{cases} -(x + 1) & \text{für } x + 1 \leq 0 \Leftrightarrow x \leq -1 \\ x + 1 & \text{für } x + 1 \geq 0 \Leftrightarrow x \geq -1 \end{cases}$

$\Rightarrow$ $\int_{-2}^0 |x + 1|\,dx = \int_{-2}^{-1} (-x - 1)\,dx + \int_{-1}^0 (x + 1)\,dx = 1$.

o) $\sqrt{(x - 1)^2} = |x - 1| = \begin{cases} -x + 1 & \text{für } x \leq 1 \\ x - 1 & \text{für } x \geq 1 \end{cases}$

$\Rightarrow$ $\int_0^3 \sqrt{(x - 1)^2}\,dx = \int_0^1 (-x + 1)\,dx + \int_1^3 (x - 1)\,dx = 2{,}5$.

p) $|2x - 3| = \begin{cases} -2x + 3 & \text{für } x \leq \frac{3}{2} \\ 2x - 3 & \text{für } x \geq \frac{3}{2} \end{cases}$

$\Rightarrow$ $\int_0^2 |2x - 3|\,dx = \int_0^{1{,}5} (-2x + 3)\,dx + \int_{1{,}5}^2 (2x - 3)\,dx = 2{,}5$.

q) $x^2 - 3x - 4 = (x - 4) \cdot (x + 1) < 0$ für $-1 < x < 4$

$\Rightarrow \quad |0{,}5 \cdot (x^2 - 3x - 4)| = \begin{cases} -0{,}5 \cdot (x^2 - 3x - 4) & \text{für } -1 \leq x \leq 4 \\ 0{,}5 \cdot (x^2 - 3x - 4) & \text{sonst} \end{cases}$

$\Rightarrow \quad \int_{-2}^{5} |0{,}5 \cdot (x^2 - 3x - 4)| \, dx = \int_{-2}^{-1} 0{,}5 \cdot (x^2 - 3x - 4) \, dx +$

$\qquad + \int_{-1}^{4} [-0{,}5 \cdot (x^2 - 3x - 4)] \, dx + \int_{4}^{5} 0{,}5 \cdot (x^2 - 3x - 4) \, dx = \frac{53}{4}.$

r) $||-x|-1| = ||x|-1| = |x-1|$ für $x \geq 0$

$\qquad = \begin{cases} -x+1 & \text{für } x \geq 0 \land x \leq 1 \\ x-1 & \text{für } x \geq 0 \land x \geq 1 \end{cases}$

$\Rightarrow \quad \int_{-2}^{2} ||x|-1| \, dx = 2 \cdot \left(\int_{0}^{1} (-x+1) \, dx + \int_{1}^{2} (x-1) \, dx \right) = 2$

s) $|(-x)^2 - 2 \cdot |-x| - 3| = |x^2 - 2|x| - 3| = |x^2 - 2x - 3|$ für $x \geq 0$

$\qquad = \begin{cases} -(x^2 - 2x - 3) & \text{für } x \geq 0 \land x \leq 3 \\ x^2 - 2x - 3 & \text{für } x \geq 0 \land x \geq 3, \end{cases}$

da $x^2 - 2x - 3 = (x+1) \cdot (x-3) < 0$ für $-1 < x < 3$

$\Rightarrow \quad \int_{-4}^{4} |x^2 - 2|x| - 3| \, dx = 2 \cdot \left(-\int_{0}^{3} (x^2 - 2x - 3) \, dx + \int_{3}^{4} (x^2 - 2x - 3) \, dx \right) = \frac{68}{3}$

Anmerkung: Die Integrale der Aufgabe 40 lassen sich mit Ausnahme von 40 m), q), s) aus Skizzen auswerten. Zum Beispiel erhält man für 40 i):

$$\int_{-1}^{2} (2 + x + |x|) \, dx = 1 \cdot 2 + 2 \cdot 2 + \frac{2 \cdot 4}{2} = 10.$$

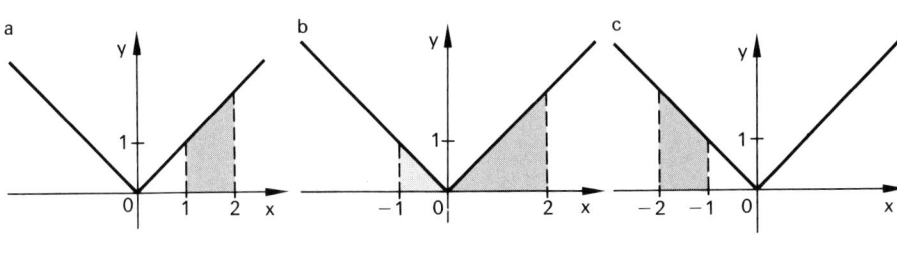

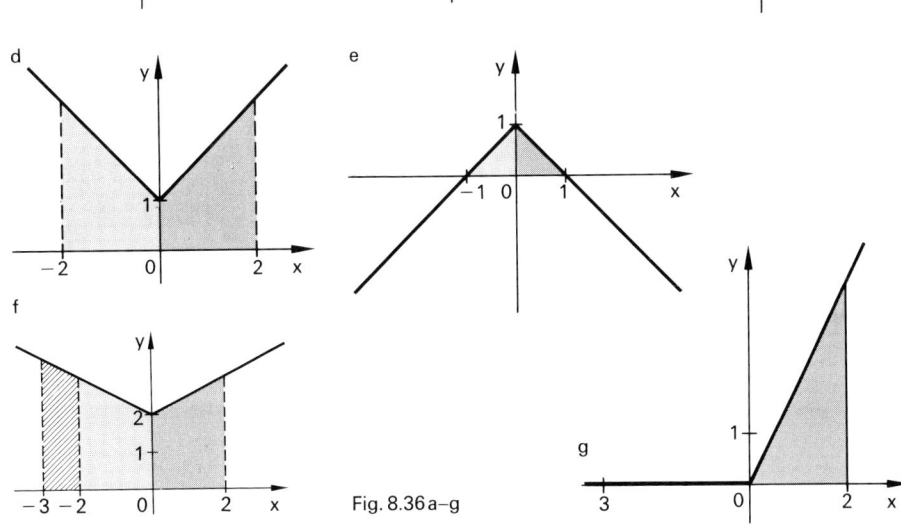

Fig. 8.36 a–g

Fig. 8.36 h–s

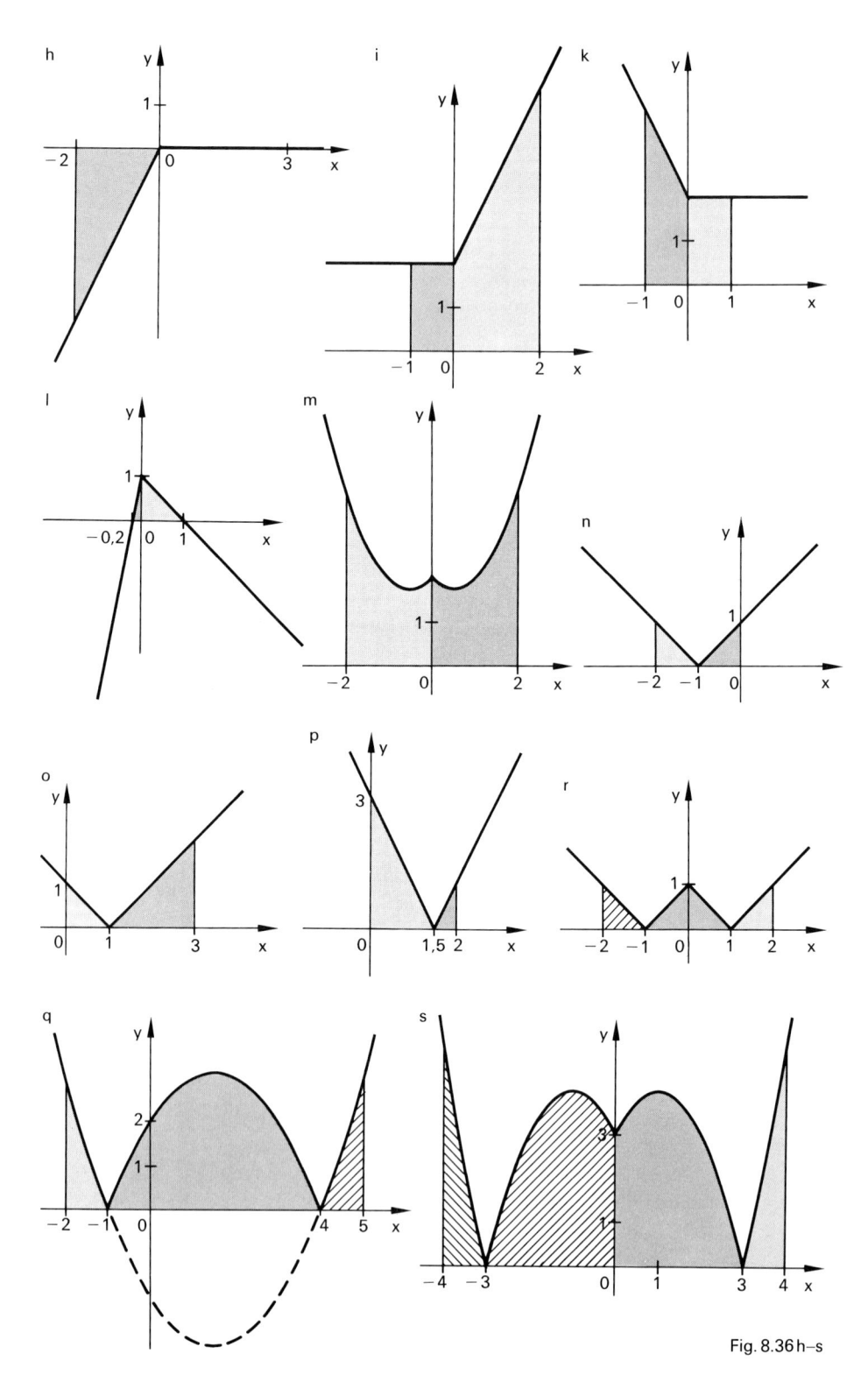

41. $f(-x) = \frac{1}{10} \cdot |(-x)^3 - 9 \cdot (-x)| = \frac{1}{10} \cdot |-x^3 + 9x| = \frac{1}{10} \cdot |-(x^3 - 9x)|$
$= \frac{1}{10} \cdot |x^3 - 9x| = f(x)$.

Schnittstellenbestimmung
(wegen Symmetrie nur für $x \geq 0$)

$y = 8 \Leftrightarrow \frac{1}{10} \cdot |x^3 - 9x| = 8$
$\Leftrightarrow |x^3 - 9x| = 80$.

$x^3 - 9x = x \cdot (x^2 - 9)$
$= x \cdot (x - 3) \cdot (x + 3)$.

Für $x \geq 0$ ist $x + 3 > 0$

$\Rightarrow |x^3 - 9x|$
$= \begin{cases} -x^3 + 9x & \text{für } 0 \leq x \leq 3 \\ x^3 - 9x & \text{für } x \geq 3 \end{cases}$.

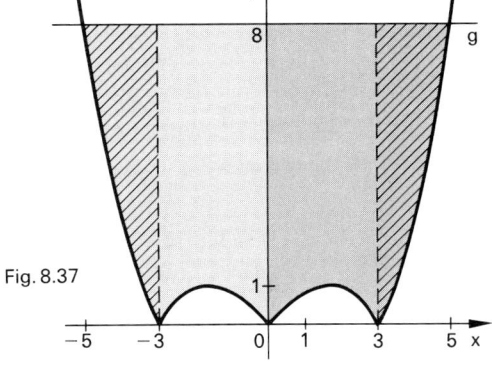

Fig. 8.37

$0 \leq x \leq 3$: $-x^3 + 9x = 80 \Leftrightarrow x^3 - 9x + 80 = 0$
  Lösung $x = -5 \notin [0; 3]$ erraten $\Rightarrow (x + 5) \cdot (x^2 - 5x + 16) = 0$
  $x^2 - 5x + 16 = 0$, $D = 25 - 64 < 0 \Rightarrow$ keine weitere Lösung.
  $\Rightarrow$ Für $x \in [0; 3]$ schneiden sich die G_f und g nicht.

$x \geq 3$: $x^3 - 9x = 80 \Leftrightarrow x^3 - 9x - 80 = 0$
  $\Leftrightarrow (x - 5) \cdot (x^2 + 5x + 16) = 0$
  $\Leftrightarrow x = 5 > 3$.

$\Rightarrow \frac{A}{2} = \int_0^3 [8 - \frac{1}{10} \cdot (-x^3 + 9x)] dx + \int_3^5 [8 - \frac{1}{10}(x^3 - 9x)] dx$
$= 21{,}975 + 9{,}6 = 31{,}575 \Rightarrow A = 63{,}15$

Dass g in $[0; 3]$ oberhalb von G_f liegt, kann man z.B. daran erkennen, dass der erste Summand positiv ist.

42.
$f(x) = \begin{cases} -2x + 4 & \text{für } x \leq 1 \\ 2 & \text{für } x \in [1; 3] \\ 2x - 4 & \text{für } x \geq 3 \end{cases}$.

Schnittstellen: $8 - (x - 2)^2 = f(x)$

$x \leq 1$: $-x^2 + 4x + 4 = -2x + 4$
  $\Rightarrow x_1 = 0 \leq 1$, $x_2 = 6 > 1$.

$1 \leq x \leq 3$: $-x^2 + 4x + 4 = 2$
  $\Rightarrow x_{1/2} = 2 \pm \sqrt{6} \notin [1; 3]$.

$x \geq 3$: $-x^2 + 4x + 4 = 2x - 4$
  $\Rightarrow x_1 = -2 < 3$; $x_2 = 4 \geq 3$.

$\Rightarrow A = \int_0^1 [\varphi(x) - (-2x + 4)] dx$
$+ \int_1^3 [\varphi(x) - 2] dx + \int_3^4 [\varphi(x) - (2x - 4)] dx$
$= \frac{50}{3}$ (Fig. 8.38 a).

Eine elegantere Methode bestünde darin, die Symmetrie beider Graphen zur Gera-

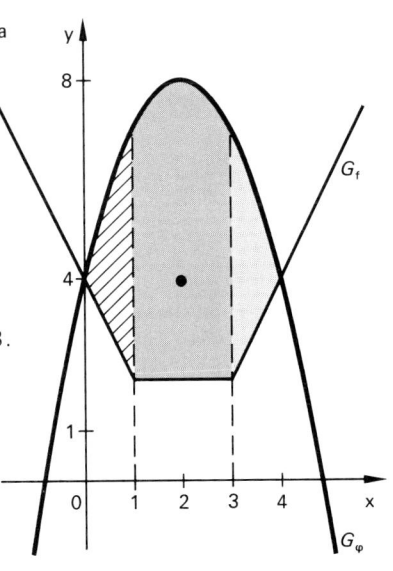

Fig. 8.38 a

den x = 2 nachzuweisen durch f(2 − x) = f(2 + x) und φ(2 − x) = φ(2 + x), wodurch sich der Aufwand reduzieren würde. Den geringsten Aufwand hätte man, wenn man beide Graphen so verschiebt, dass der Ursprung in den markierten Punkt rückt (Fig. 8.38 b).

$$A = 2 \cdot \int_0^2 (4 - x^2)\,dx + \frac{4+2}{2} \cdot 2$$

$$= 2\left[4x - \frac{x^3}{3}\right]_0^2 + 6 = 2 \cdot (8 - \tfrac{8}{3}) + 6 = \tfrac{50}{3}.$$

Dieses Verfahren ist jedoch nur dann mathematisch „sauber", wenn die Verschiebung auch durch Rechnung durchgeführt wird:

$$\bar f(x) = f(x+2) - 4$$
$$\bar\varphi(x) = \varphi(x+2) - 4$$

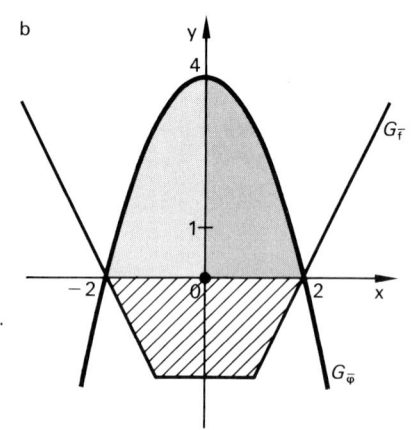

Fig. 8.38 b

S. 96 43. a) $|x| = \begin{cases} -x & \text{für } x < 0 \\ x & \text{für } x \geq 0 \end{cases} \Rightarrow f(x) = \begin{cases} -x^2 & \text{für } x < 0 \\ x^2 & \text{für } x \geq 0 \end{cases}.$

Da hier die Stetigkeit der Funktion f untersucht werden soll, musste die Definition für $|x|$ verwendet werden, die das Gleichheitszeichen nur in einem Bereich zulässt.
Beide Teilfunktionen sind ganzrational, somit in $\mathbb{R}$, d.h. insbesondere in ihrem jeweiligen Gültigkeitsbereich ($x \neq 0$) stetig und differenzierbar.
Eine Untersuchung ist also für $x = 0$ durchzuführen. Da f(0) = 0 existiert, ist es möglich im Beweis der Differenzierbarkeit den der Stetigkeit einzuschließen, indem man den Differenzialquotienten bildet:

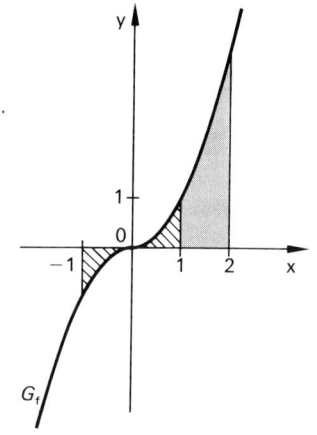

Fig. 8.39

$$\lim_{h \to 0} \frac{f(-h) - f(0)}{-h} = \lim_{h \to 0} \frac{-(-h)^2 - 0}{h} = \lim_{h \to 0} (-h) = 0$$

$$\lim_{h \to 0} \frac{f(+h) - f(0)}{h} = \lim_{h \to 0} \frac{+(+h)^2 - 0}{h} = \lim_{h \to 0} h = 0.$$

Die beiden Grenzwerte existieren und sind gleich.

$\Rightarrow$ f ist an der Stelle x = 0 (also in $\mathbb{R}$) differenzierbar.
$\Rightarrow$ f ist an der Stelle x = 0 (also in $\mathbb{R}$) stetig.

b) $f(-x) = -x \cdot |-x| = -x \cdot |x| = -f(x)$

$\Rightarrow G_f$ ist punktsymmetrisch zum Ursprung.

$\Rightarrow \int_{-1}^{0} f(x)\,dx = -\int_0^1 f(x)\,dx \Rightarrow \int_{-1}^{2} f(x)\,dx = \int_1^2 f(x)\,dx = \int_1^2 x^2\,dx = \tfrac{7}{3}.$

c) Für beliebige a, b $\in \mathbb{R}$ gilt:
$$\int_a^b f(x)\,dx = \int_a^0 f(x)\,dx + \int_0^b f(x)\,dx.$$

Für $a \leq 0$ gilt: $\int_a^0 f(x)\,dx = \int_a^0 (-x^2)\,dx = +\dfrac{a^3}{3}$.

Für $b \geq 0$ gilt: $\int_0^b f(x)\,dx = \int_0^b x^2\,dx = +\dfrac{b^3}{3}$.

Für $a \geq 0$ gilt: $\int_a^0 f(x)\,dx = -\int_0^a f(x)\,dx = -\int_0^a x^2\,dx = -\dfrac{a^3}{3}$

Für $b \leq 0$ gilt: $\int_0^b f(x)\,dx = -\int_b^0 f(x)\,dx = -\int_b^0 (-x^2)\,dx = -\dfrac{b^3}{3}$.

Aus $|a| = \begin{cases} -a & \text{für } a \leq 0 \\ a & \text{für } a \geq 0 \end{cases}$ folgt

$|a|^3 = \begin{cases} -a^3 & \text{für } a \leq 0 \\ a^3 & \text{für } a \geq 0 \end{cases}$ (analog für b).

$\Rightarrow$ Für $a \in \mathbb{R}$ gilt: $\int_a^0 f(x)\,dx = -\tfrac{1}{3}|a|^3$; $\int_0^b f(x)\,dx = +\tfrac{1}{3}|b|^3$

$\Rightarrow \int_a^b f(x)\,dx = \int_a^0 f(x)\,dx + \int_0^b f(x)\,dx = -\tfrac{1}{3}|a|^3 + \tfrac{1}{3}|b|^3 \Rightarrow \int_a^b x|x|\,dx = \tfrac{1}{3}|b|^3 - \tfrac{1}{3}|a|^3$.

44. a) Eine Möglichkeit G_f zu zeichnen, besteht darin, in der Reihenfolge der Fig. 8.40 a–d vorzugehen.

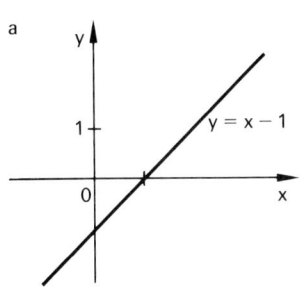

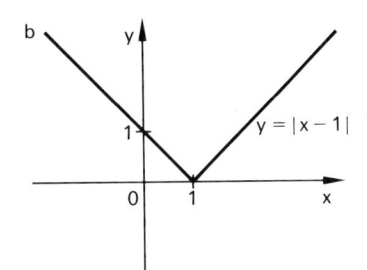

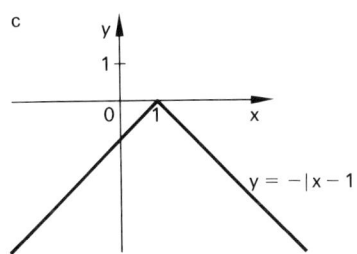

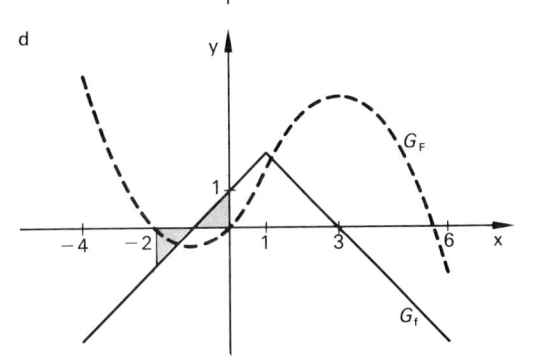

Fig. 8.40 a–d

Eine andere Möglichkeit benützt die vorherige Umformung:

$f(x) = \begin{cases} +x+1 & \text{für } x \leq 1 \\ -x+3 & \text{für } x \geq 1 \end{cases}$

b) $F(-2) = 0$

$F(-1) = -\tfrac{1}{2}$, da das erste schraffierte Flächenstück unterhalb der x-Achse liegt und den Inhalt $\tfrac{1}{2} \cdot 1^2$ hat.

77

Min $(-1; -\frac{1}{2})$, da das nächste Flächenstück oberhalb der x-Achse liegt, also die Funktionswerte von F zunehmen.

F(0) = 0, da die beiden schraffierten Flächenstücke gleichen Inhalt haben.

F(1) = 1,5, F(2) = 3, F(3) = 3,5,
F(4) = 3, F(5) = 1,5, F(6) = −1.
F(−3) = 1,5, F(−4) = 4.

Max (3; 3,5), da für x > 3 G_f wieder unterhalb der x-Achse liegt.

G_F ist linksgekrümmt für $-2 < x < 1$, da die Steigungsfunktion f zunehmende Werte hat. Entsprechend: Rechtskrümmung von G_F für x > 1.

c) ist mit Fig. 8.40d erledigt

d) F ist bei $x_0 = 1$ einmal differenzierbar, da f dort stetig aber nicht differenzierbar ist.

e) $F(x) = \begin{cases} \int_{-2}^{x} (x+1)\,dx & \text{für } x \leq 1 \\ \int_{1}^{x} (-x+3)\,dx + k & \text{für } x \geq 1 \end{cases}$

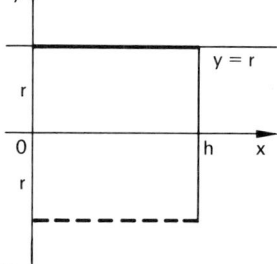

k ist so zu bestimmen, dass F bei x = 1 stetig wird!

$F(x) = \begin{cases} \frac{1}{2}x^2 + x & \text{für } x \leq 1 \\ -\frac{1}{2}x^2 + 3x - \frac{5}{2} + k & \text{für } x \geq 1 \end{cases}$

$F(1) = \frac{1}{2} \cdot 1^2 + 1 = \frac{3}{2}$

$\Rightarrow -\frac{1}{2} \cdot 1^2 + 3 \cdot 1 - \frac{5}{2} + k = \frac{3}{2} \Leftrightarrow k = \frac{3}{2}$.

$\Rightarrow F(x) = \begin{cases} \frac{1}{2}x^2 + x & \text{für } x \leq 1 \\ -\frac{1}{2}x^2 + 3x - 1 & \text{für } x \geq 1 \end{cases}$. Fig. 8.41

f) $\frac{1}{2}x^2 + x = 0 \Leftrightarrow x = -2 \vee x = 0$

$-\frac{1}{2}x^2 + 3x - 1 = 0 \Leftrightarrow x = 3 \pm \sqrt{7}$

$3 - \sqrt{7} < 1$, $3 + \sqrt{7} > 1$.

Die Nullstellen von F sind also: $-2, 0, 3 + \sqrt{7}$

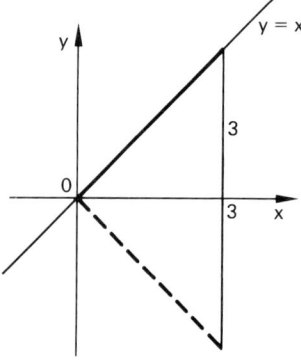

S. 97 Ergänzungen und Ausblicke

1. a) Zylinder mit Höhe h und Grundkreisradius r
   Formel: $V = r^2 \pi h$;

   $V = \pi \int_0^h r^2\,dx = \pi r^2 \int_0^h dx = \pi r^2 h = r^2 \pi h$. s. Fig. 8.41

   Fig. 8.42

b) Kegel mit Höhe 3 und Grundkreisradius 3
   $V = \frac{1}{3}r^2 \pi h = \frac{1}{3} \cdot 9 \cdot \pi \cdot 3 = 9\pi$;

   $V = \pi \int_0^3 x^2\,dx = \pi \left[\frac{x^3}{3}\right]_0^3 = 9\pi$. s. Fig. 8.42

c) Kegelstumpf mit Höhe 5 und Radien 1 bzw. 6
   $V = \frac{\pi h}{3} \cdot (R^2 + Rr + r^2) = \frac{\pi \cdot 5}{3} \cdot (36 + 6 + 1) = \frac{215}{3}\pi$;

   $V = \pi \int_1^6 x^2\,dx = \pi \cdot \left[\frac{x^3}{3}\right]_1^6 = \frac{215}{3}\pi$. s. Fig. 8.43

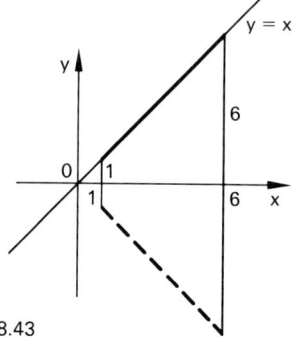

   Fig. 8.43

d) Kegelstumpf mit Höhe h und Radien r bzw. f(h) = R

$$V = \pi \cdot \int_0^h \left(\frac{R-r}{h} \cdot x + r\right)^2 dx$$

$$= \pi \cdot \left[\frac{h}{3(R-r)} \cdot \left(\frac{R-r}{h} \cdot x + r\right)^3\right]_0^h$$

$$= \pi \cdot \frac{h}{3 \cdot (R-r)} \cdot \left[\left(\frac{R-r}{h} \cdot h + r\right)^3 - r^3\right]$$

$$= \frac{\pi h}{3} \cdot \frac{R^3 - r^3}{R - r}$$

$$= \frac{\pi h}{3} \cdot \frac{(R-r)(R^2 + Rr + r^2)}{R - r}$$

$$= \frac{\pi h}{3} \cdot (R^2 + Rr + r^2). \text{ s. Fig. 8.44}$$

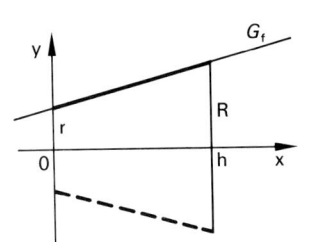

Fig. 8.44

2. a) $f(h) = r \Rightarrow \sqrt{h} = r \Rightarrow h = r^2$

$$V_P = \pi \int_0^{r^2} (\sqrt{x})^2 dx = \pi \cdot \int_0^{r^2} |x| dx$$

$$= \pi \int_0^{r^2} x\, dx = \pi \cdot \left[\frac{x^2}{2}\right]_0^{r^2} = \frac{1}{2}\pi r^4.$$

$V_{Zylinder} = r^2 \pi \cdot h = r^2 \pi \cdot r^2 = \pi r^4$

$\Rightarrow V_P = \frac{1}{2} \cdot V_{Zylinder}.$

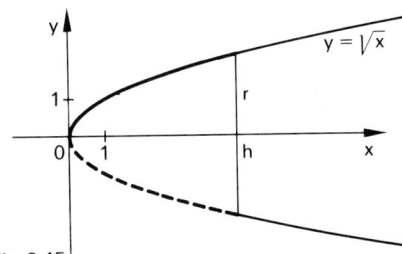

Fig. 8.45

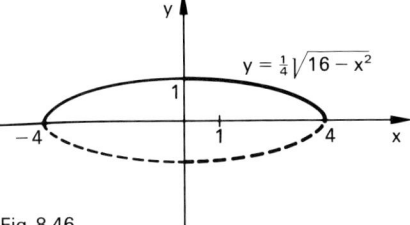

Fig. 8.46

b) s. Fig. 8.46

$y = 0 \Leftrightarrow 16 - x^2 = 0 \Leftrightarrow x = \pm 4$

$y(-x) = y(x)$

$\Rightarrow$ Achsensymmetrie zur y-Achse

$$\Rightarrow V = 2\pi \cdot \int_0^4 [\tfrac{1}{4}(16 - x^2)]\, dx$$

$$= 2\pi \cdot \tfrac{1}{4} \cdot \left[16x - \frac{x^3}{3}\right]_0^4$$

$$= \frac{64}{3}\pi.$$

c) $V = \pi \cdot \int_1^4 (x^2 - 1)\, dx$

$$= \pi \cdot \left[\frac{x^3}{3} - x\right]_1^4 = 18\pi.$$

s. Fig. 8.47

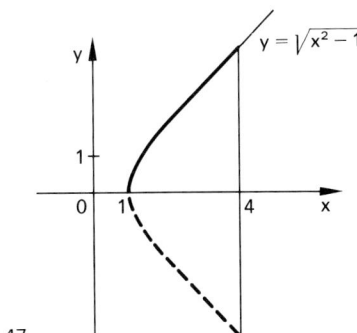

Fig. 8.47

d) $V = \pi \int_4^8 [\tfrac{1}{25}x^2(x-4)]\, dx$

$$= \frac{\pi}{25} \int_4^8 (x^3 - 4x^2)\, dx = \frac{\pi}{25} \cdot \left[\frac{x^4}{4} - \frac{4}{3}x^3\right]_4^8$$

$$= \frac{1088}{75}\pi \approx 45{,}574.$$

s. Fig. 8.48

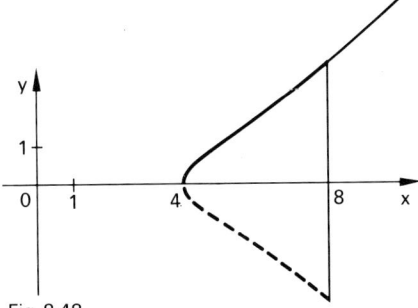

Fig. 8.48

S. 98

3. $f(x) = 0 \Leftrightarrow x = 0 \vee x = 2$

$\Rightarrow V(a) = \pi \cdot \int_0^2 \left[\frac{a^2}{(a+2)^4} \cdot x^2 \cdot (2-x)^2 \right] dx = \frac{a^2}{(a+2)^4} \cdot \pi \cdot \int_0^2 [x^2 \cdot (2-x)^2] \, dx$

$\Rightarrow V(a) = \frac{a^2}{(a+2)^4} \cdot k, \quad k \in \mathbb{R}^+$

$\Rightarrow V'(a) = \frac{(a+2)^4 \cdot 2a - 4 \cdot (a+2)^3 \cdot a^2}{(a+2)^8} \cdot k = \frac{2a \cdot (a+2-2a)}{(a+2)^5} \cdot k = \frac{a \cdot (2-a)}{(a+2)^5} \cdot 2k;$

$V'(a) = 0 \wedge a \in \mathbb{R}^+ \Rightarrow a = 2.$

Der Nachweis des Maximums soll hier auf besondere Weise geführt werden:

$V'(a) = 2k \cdot \frac{Z(a)}{N(a)} \quad \text{mit}$

$Z(a) = 2a - a^2$

$N(a) = (a+2)^5$

$\Rightarrow V''(a) = 2k \cdot \frac{N(a) \cdot Z'(a) - Z(a) \cdot N'(a)}{[N(a)]^2}$

$\Rightarrow V''(2) = 2k \cdot \frac{N(2) \cdot Z'(2) - Z(2) \cdot N'(2)}{[N(2)]^2}$ Fig. 8.49

Nun ist aber $Z(2) = 0 \Rightarrow V''(2) = 2k \cdot \frac{N(2) \cdot Z'(2)}{[N(2)]^2} = 2k \cdot \frac{Z'(2)}{N(2)}.$

Wir müssen also nur den Zähler ableiten:

$Z'(a) \quad = 2 - 2a = 2 \cdot (1-a)$

$\Rightarrow V''(2) = 2k \cdot \frac{2 \cdot (-1)}{4^5} < 0 \quad \Rightarrow \text{Maximum}$

$\Rightarrow f(x) = \tfrac{1}{8} x (2-x) \quad \Rightarrow \quad V(2) = \frac{\pi}{64} \cdot \int_0^2 (4x^2 - 4x^3 + x^4) \, dx = \frac{\pi}{60}.$

4. a) Auch die Punkte der unteren Hälfte (des oberen Kreises) erfüllen die Bedingung $x^2 + (y-a)^2 = r^2.$

obere Hälfte: $y = a + \sqrt{r^2 - x^2}$

untere Hälfte: $y = a - \sqrt{r^2 - x^2}$

$\Rightarrow V = 2\pi \cdot \int_0^r (a + \sqrt{r^2-x^2})^2 dx - 2\pi \cdot \int_0^r (a - \sqrt{r^2-x^2})^2 dx$

$= 2\pi \cdot \int_0^r [(a+\sqrt{r^2-x^2})^2 - (a-\sqrt{r^2-x^2})^2] \, dx.$

$= 2\pi \cdot \int_0^r 4a\sqrt{r^2-x^2} \, dx = 8a\pi \int_0^r \sqrt{r^2-x^2} \, dx.$

Die Gleichung $y = \sqrt{r^2 - x^2}$ ist die eines Halbkreises um den Koordinatenursprung mit Radius r (Umformung: $y^2 + x^2 = r^2$!). Der Wert des Integrals $\int_0^r \sqrt{r^2-x^2} \, dx$ ist somit gleich dem Inhalt eines Viertelkreises, also $\tfrac{1}{4} r^2 \pi.$

$\Rightarrow V = 8a\pi \cdot \tfrac{1}{4} \cdot r^2 \pi = 2\pi^2 r^2 a.$

b) Weg des Mittelpunkts $u = 2a\pi$
Inhalt der Kreisfläche $A = r^2 \pi$
$\left.\right\} \quad V = A \cdot u = 2\pi^2 r^2 a$

9.1.1

1. a) Es gilt $f'(x) = x$; $x \in [0; 3]$ S. 103
$f(0) = 0$ und $f'(0) = 0$
Der Graph G_f hat im Ursprung eine waagerechte Halbtangente.
Wegen $f'(x) = x > 0$ für $x \in\,]0; 3]$ ist f in $]0; 3]$ streng monoton zunehmend, und daher ist an der Stelle $x = 0$ die einzige Nullstelle von G_f in $[0; 3]$. s. Fig. 9.1

b) Es gilt $\tan \alpha = g'(x) = \sqrt{x}$; $x \in [0,5; 4]$
$g(0,5) = 0$ und $g'(0,5) = 0,71$.
Der Graph G_g schneidet die x-Achse an der Stelle $x = 0,5$ unter $35°$.

x	0,5	1	2	3	4
α	35°	45°	55°	60°	63°

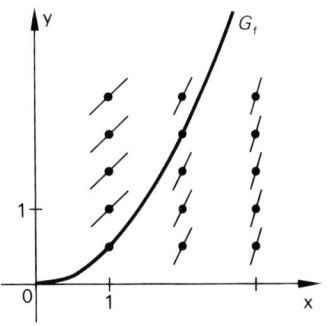

s. Fig. 9.2

Fig. 9.1

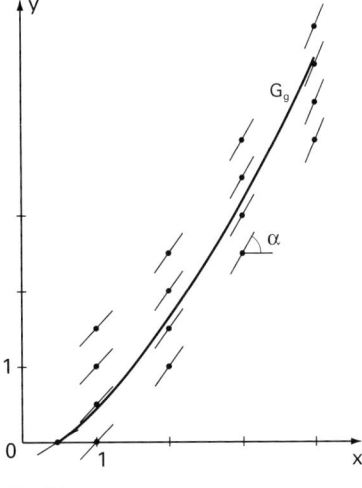

Fig. 9.2

2. a) $L(6) = L(2) + L(3) = 1,8$. **b)** $L(1,5) = L(3) - L(2) = 0,4$.
c) $L(4) = 2 \cdot L(2) = 1,4$. **d)** $L(\tfrac{4}{3}) = L(4) - L(3) = 0.3$.
e) $L(2,25) = L(9) - L(4) = 2(L(3) - L(2)) = 0,8$.
f) $L(\sqrt{2}) = L(2^{\frac{1}{2}}) = \tfrac{1}{2} L(2) = 0,35$.

3. Nach dem Zwischenwertsatz, siehe S. 135, Band 1.

4. a) Für kleine Werte von h gilt die Näherungsformel für den Differenzenquotienten:

$$\frac{L(x_{i+1}) - L(x_i)}{x_{i+1} - x_i} = L'(x_i); \quad \frac{y_{i+1} - y_i}{h} = \frac{1}{x_i}$$

und damit $y_{i+1} = y_i + h \cdot \dfrac{1}{x_i}$; $i = 0, 1, 2, 3, \ldots$;

b) Mit der Rekursionsformel

$L(x_i + 0,1) = y_{i+1} = y_i + 0,1 \cdot \dfrac{1}{x_i}$; $i = 0, 1, \ldots, 9$; erhält man:

$L(1) \;\;= L(x_0) \;\;\;\;\;\;\;\;= y_0 \;\;= 0.$
$L(1,1) = L(x_0 + 0,1) = y_1 \;\;= 0,1.$
$L(1,2) = L(x_1 + 0,1) = y_2 \;\;= 0,19.$
$L(1,3) = L(x_2 + 0,1) = y_3 \;\;= 0,27.$
$L(1,4) = L(x_3 + 0,1) = y_4 \;\;= 0,35.$
$L(1,5) = L(x_4 + 0,1) = y_5 \;\;= 0,42.$

$L(1,6) = L(x_5 + 0,1) = y_6 \;\;= 0.49.$
$L(1,7) = L(x_6 + 0,1) = y_7 \;\;= 0,55.$
$L(1,8) = L(x_7 + 0,1) = y_8 \;\;= 0,61.$
$L(1,9) = L(x_8 + 0,1) = y_9 \;\;= 0,67.$
$L(2) \;\;= L(x_9 + 0,1) = y_{10} = 0,72.$

Mit der Rekursionsformel

$L(x_i - 0{,}1) = y_{i+1} = y_i - 0{,}1 \cdot \frac{1}{x_i}; \quad i = 0, 1, 2, 3, 4;$

erhält man:

$L(1) = L(x_0) = y_0 = 0$ $\qquad L(0{,}7) = L(x_2 - 0{,}1) = y_3 = -0{,}34$
$L(0{,}9) = L(x_0 - 0{,}1) = y_1 = -0{,}1$ $\qquad L(0{,}6) = L(x_3 - 0{,}1) = y_4 = -0{,}46$
$L(0{,}8) = L(x_1 - 0{,}1) = y_2 = -0{,}21$ $\qquad L(0{,}5) = L(x_4 - 0{,}1) = y_5 = -0{,}57$.

9.1.2

S. 106 1. Wegen $\ln e = 1$ und

$L: x \mapsto \ln x = \int_1^x \frac{dt}{t}$

folgt (mit Umbenennung!)

$L(e) = \ln e = \int_1^e \frac{1}{x} dx = 1$

$\int_1^e \frac{1}{x} dx$ gibt den Inhalt des Flächenstücks an, das

der Graph der Funktion $f(x) = \frac{1}{x}$ zwischen $x = 1$

und $x = e$ mit der x-Achse einschließt.

Fig. 9.3

Durch probierendes Auszählen, wobei 1 FE 100 mm² entspricht, erhält man $e > 2{,}7$ und $e < 2{,}8$.

2. $\ln a^r = r \ln a$ für $r \in \mathbb{R}$, $a \in \mathbb{R}^+$.

a) $\ln e^2 = 2 \ln e = 2$. b) $\ln \frac{1}{e} = -1 \ln e = -1$. c) $\ln \sqrt[3]{e} = \frac{1}{3} \ln e = \frac{1}{3}$.

d) $\ln \frac{1}{\sqrt{e}} = -\frac{1}{2} \ln e = -\frac{1}{2}$. e) $\ln 2^3 = 3 \ln 2 \approx 2{,}1$. f) $\ln \sqrt{3} = \frac{1}{2} \ln 3 \approx 0{,}55$.

g) $\ln \sqrt[3]{6} = \frac{1}{3} \ln 6 \approx 0{,}6$. h) $\ln (e^{\ln 2}) = \ln 2 \ln e = \ln 2 \approx 0{,}7$.

9.1.3

S. 108 1.

n	1	2	10	100	1000	10000	100000
$\left(1 + \frac{1}{n}\right)^n$	2	2,25	2,5937	2,7048	2,7169	2,7182	2,71827

2. Ab 2. Auflage: „... für die Folge (a_ν) mit $a_\nu = \frac{1}{\nu!}$ ($\nu = 0; 1; 2; \ldots$) die Teilsummenfolge $s_0, s_1, s_2, s_3, \ldots, s_{12}$ (z.B. $s_3 = a_0 + a_1 + a_2 + a_3$) und stelle ... zusammen! (Hinweis: $0! = 1$)"

i	0	1	2	3	4	5	6
s_i	1	2,0	2,5	2,$\overline{6}$	2,7083	2,7166	2,71806

i	7	8	9	10	11	12
s_i	2,71825	2,71828	2,71828	2,71828	2,71828	2,71828

Es gilt: $e = \sum_{\nu=0}^{\infty} \frac{1}{\nu!}$.

9.2.1

1. a) $\ln 9 = 2{,}1972$. b) $\ln 10 = 2{,}3026$. c) $\ln 90 = 4{,}4998$.   S. 110
   d) $\ln 433 = 6{,}0707$. e) $\ln 43{,}3 = 3{,}7682$. f) $\ln 0{,}1 = -2{,}3026$.
   g) $\ln 0{,}01 = -4{,}6052$. h) $\ln 0{,}0001 = -9{,}2103$. i) $\ln 10^{-6} = -13{,}8155$.
   k) $\ln 0{,}219 = -1{,}5187$.

2. a) $\ln 2^x = x \ln 2 = x \cdot 0{,}6931\ldots$ b) $\ln a^3 = 3 \ln a$, $a \in \mathbb{R}^+$.
   c) $\ln 10^{\frac{1}{3}} = \tfrac{1}{3} \ln 10 = 0{,}7675\ldots$ d) $\ln \sqrt{a} = \tfrac{1}{2} \ln a$, $a \in \mathbb{R}^+$.
   e) $\ln \dfrac{1}{x} = \ln x^{-1} = -\ln x$
   $\ln \dfrac{1}{x} = \ln 1 - \ln x = -\ln x$ (da $\ln 1 = 0$)
   f) $\ln \dfrac{1}{\sqrt{e}} = -\tfrac{1}{2} \ln e = -0{,}5$ (da $\ln e = 1$).

3. a) $e^x = 2 \Leftrightarrow x = \ln 2 = 0{,}6931$ b) $e^x = 3{,}65 \Leftrightarrow x = \ln 3{,}65 = 1{,}2947$
   c) $e^x = 0{,}75 \Leftrightarrow x = \ln 0{,}75 = -0{,}2877$ d) $e^x = \sqrt{\pi} \Leftrightarrow x = \tfrac{1}{2} \ln \pi = 0{,}5724$.

4. Mit $x_0 = 3 \cdot 10^{19} \cdot 1\,000\,000 \cdot 9{,}46 \cdot 10^{15} \cdot 100$ LE folgt $y = \ln x_0 = 100{,}0543$ LE.

5. a) $\ln \sqrt{x^2 - 4} = \tfrac{1}{2} \ln(x-2) + \tfrac{1}{2} \ln(x+2)$; $x > 2$.
   b) $\ln \sqrt{a^4 - b^4} = \tfrac{1}{2}[\ln(a-b) + \ln(a+b) + \ln(a^2+b^2)]$; $a > b$.
   c) $\ln \sqrt{x^2 + 3x + 2} = \tfrac{1}{2} \ln(x+1) + \tfrac{1}{2} \ln(x+2)$; $x > -1$ (Satz von Vieta!).

6. a) $\ln 4 + \ln 25 = \ln 100 = 4{,}6051\ldots$ b) $\ln 80 - \ln 8 = \ln \tfrac{80}{8} = \ln 10 = 2{,}3025\ldots$
   c) $\ln 8 + \ln 125 - \ln 33\tfrac{1}{3} = \ln 1000 - \ln \tfrac{100}{3} = \ln \tfrac{1000}{100} \cdot 3 = \ln 30 = 3{,}4011\ldots$
   d) $2 \cdot \ln 2 + \ln 17 = \ln 4 + \ln 17 = \ln 68 = 4{,}2195$.
   e) $\tfrac{1}{2} \ln 63 + \tfrac{1}{2} \ln 7 = \ln \sqrt{441} = \ln 21 = 3{,}0445\ldots$
   f) $\tfrac{1}{3} \ln 9 - \tfrac{1}{3} \ln 16 - \tfrac{1}{3} \ln 1\tfrac{1}{3} = \tfrac{1}{3} \ln \tfrac{27}{64} = \ln \tfrac{3}{4} = -0{,}2876\ldots$

7. a) Es gilt mit $z := x - 1$: $f(z+1) = \ln z$.
   $\Rightarrow$ G_f ergibt sich aus der Verschiebung von G_L mit $L(x) = \ln x$ um 1 nach rechts (Fig. 9.4).
   b) Es gilt mit $z := x + 1$: $f(z-1) = \ln z$
   $\Rightarrow$ G_f ergibt sich aus der Verschiebung von G_L mit $L(x) = \ln x$ um 1 nach links (Fig. 9.5).
   c) $f(x) = 2 \cdot \ln x = 2 \cdot L(x)$
   $\Rightarrow$ G_f ergibt sich aus G_L mit $L(x) = \ln x$ durch Verdoppelung jedes y-Wertes von G_L (Fig. 9.6).
   d) Es gilt mit $z := x - 2$ und $f(x) = 3 \ln \sqrt[3]{x-2}$ $= \ln(x-2)$: $f(z+2) = \ln z$
   $\Rightarrow$ G_f ergibt sich aus der Verschiebung von G_L mit $L(x) = \ln x$ um 2 nach rechts (Fig. 9.7).

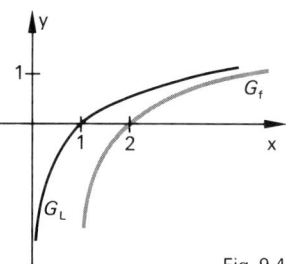

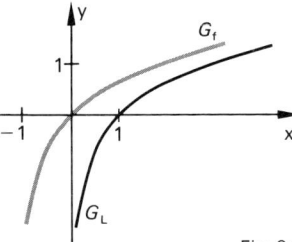

Fig. 9.4

Fig. 9.5

Fig. 9.6 Fig. 9.7

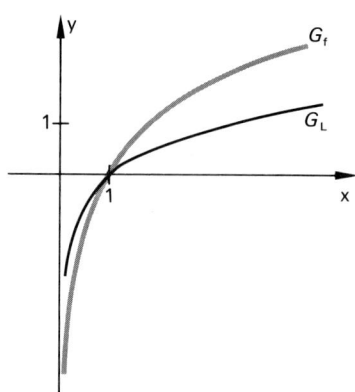

8. f: $x \mapsto \ln x^2$; $D_f = \mathbb{R}\setminus\{0\}$.
φ: $x \mapsto 2 \cdot \ln x$; $D_\varphi = \mathbb{R}^+$.
ψ: $x \mapsto 2 \cdot \ln |x|$; $D_\psi = \mathbb{R}\setminus\{0\}$.

Wegen $\psi(x) = \begin{cases} 2 \cdot \ln x; & x > 0 \\ 2 \cdot \ln(-x); & x < 0 \end{cases} = \begin{cases} \ln x^2; & x > 0 \\ \ln(-x)^2; & x < 0 \end{cases} = \begin{cases} \ln x^2; & x > 0 \\ \ln x^2; & x < 0 \end{cases}$

ist f = ψ, und für $x \in \mathbb{R}^+$ gilt: $f(x) = \varphi(x) = \psi(x)$.

9.2.2

S. 111 1. a) P(1; 0); α = 45,0°. b) Q(2; 0,6931); α = 26,6°.
c) R(0,5; −0,6931); α = 63,4°. d) S($\frac{2}{3}\sqrt{3}$; 0,1438); α = 40,9°.

2. a) Es gilt: $x_0 = \frac{1}{L'(x_0)} = \frac{1}{\tan\alpha}$; $x_0 = 7{,}7$. b) $x_0 = 1{,}3$. c) $x_0 = 0{,}8$. d) $x_0 = 0{,}4$.

3. Die Tangente im Punkt P(u; v) hat folgende Gleichung:

g: $x \mapsto \frac{1}{u} \cdot x + (v - 1)$ $\left(\text{mit}\quad L'(u) = \frac{1}{u}\right)$ $u \neq 0$.

Für v = 1 geht diese durch den Ursprung, also für P(e; 1).
(Wegen ln e = 1 und der Monotonie der Funktion L(x) = ln x.)

4. a) $D_f = {]-1; \infty[}$; $f'(x) = \frac{1}{1+x}$; b) $D_f = {]-\infty; 15[}$; $f'(x) = \frac{2}{2x-3}$;

c) $D_f = {]-\infty; 1[\cup]4; \infty[}$ (da $x^2 - 5x + 4 = (x-1)\cdot(x-4)$
und $(x-1)\cdot(x-4) > 0$ für $x \in D_f$) $f'(x) = \frac{2x-5}{x^2 - 5x + 4}$;

d) $D_f = {]-1; \infty[}$; $f'(x) = \frac{1}{2+2x}$; (Kettenregel)

e) $D_f = \mathbb{R}^+$; $f'(x) = \ln x + 1$; (Produktregel)

f) $D_f = \mathbb{R}^+$; $f'(x) = \frac{1}{2\sqrt{x}} \ln x + \frac{\sqrt{x}}{x}$ mit $x = \sqrt{x} \cdot \sqrt{x}$ folgt $f'(x) = \frac{1}{\sqrt{x}}\left[\frac{\ln x}{2} + 1\right]$;
(Produktregel)

g) $D_f = \mathbb{R}^+$; $f'(x) = \dfrac{2\ln x}{x}$; (Kettenregel)

h) $D_f = [1; \infty[$; $f'(x) = \dfrac{1}{2x\sqrt{\ln x}}$; (Kettenregel)

i) $D_f = \mathbb{R}^+$; $f'(x) = \cos x \cdot \ln x + \sin x \cdot \dfrac{1}{x}$ (Produktregel)

k) $D_f = \mathbb{R}^+ \setminus \{x \in \mathbb{R}^+ \mid \ln x = -x\}$

$$f'(x) = \dfrac{-\left(1 + \dfrac{1}{x}\right)}{(x + \ln x)^2} = -\dfrac{x+1}{x(x + \ln x)^2};$$ (Quotientenregel)

l) $D_f = \mathbb{R}^+$; $f'(x) = \dfrac{1 - \ln x}{x^2}$; (Quotientenregel)

m) $D_f = \mathbb{R}^+ \setminus \{1\}$; $f'(x) = \dfrac{\ln x - 1}{(\ln x)^2}$; (Quotientenregel)

5. a) $f'(x) = \dfrac{1}{\sin x} \cdot \cos x = \cot x$; $x \in]0; \pi[$;

b) $f'(x) = \dfrac{1}{\cos 2x} \cdot (-\sin 2x) \cdot 2 = -2 \tan 2x$; $x \in \left]-\dfrac{\pi}{4}; \dfrac{\pi}{4}\right[$;

6. a) $D_{max} = \mathbb{R}^+$

$f(x) = |\ln x| = \begin{cases} \ln x; & \ln x \geq 0 \\ -\ln x; & \ln x < 0 \end{cases}$

$ = \begin{cases} \ln x; & x \geq 1 \\ -\ln x; & 0 < x < 1 \end{cases}$

$f'(x) = \begin{cases} \dfrac{1}{x}; & x > 1 \\ -\dfrac{1}{x}; & 0 < x < 1 \end{cases}$

Fig. 9.8

Wegen $\lim\limits_{x \to 1+0} \dfrac{1}{x} = 1$ und $\lim\limits_{x \to 1-0} \left(-\dfrac{1}{x}\right) = -1$

ist f in $x = 1$ nicht differenzierbar (aber stetig!).

b) $D_{max} = \mathbb{R} \setminus \{0\}$;

$f(x) = \ln|x| = \begin{cases} \ln x; & x > 0 \\ \ln(-x); & x < 0 \end{cases}$

$f'(x) = \begin{cases} \dfrac{1}{x}; & x > 0 \\ \dfrac{-1}{-x}; & x < 0 \end{cases}$

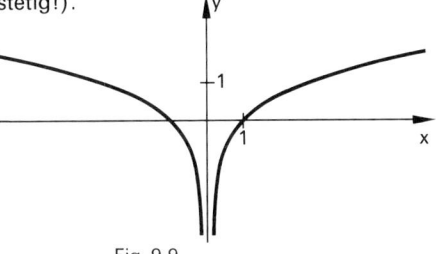

$f'(x) = \dfrac{1}{x}$; $x \in D_{max}$;

Fig. 9.9

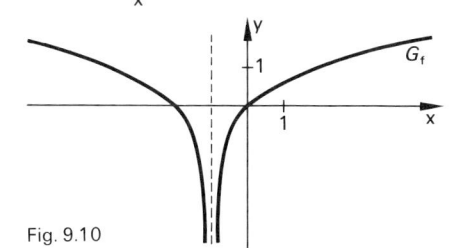

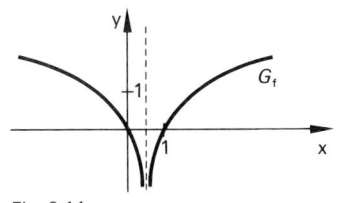

Fig. 9.10

Fig. 9.11

c) $D_{max} = \mathbb{R}\setminus\{-1\}$;

$$f(x) = \ln|x+1| = \begin{cases} \ln(x+1); & x > -1 \\ \ln(-(x+1)); & x < -1 \end{cases}$$

$$f'(x) = \begin{cases} \dfrac{1}{x+1}; & x > -1 \\ \dfrac{-1}{-(x+1)}; & x < -1 \end{cases}$$

$f'(x) = \dfrac{1}{x+1};\quad x \in D_{max}.$ s. Fig. 9.10.

d) $D_{max} = \mathbb{R}\setminus\{\tfrac{1}{2}\}$;

$$f(x) = \ln|2x-1| = \begin{cases} \ln(2x-1); & x > \tfrac{1}{2} \\ \ln(-(2x-1)); & x < \tfrac{1}{2} \end{cases}$$

$$f'(x) = \begin{cases} \dfrac{2}{2x-1}; & x > \tfrac{1}{2} \\ \dfrac{-2}{-(2x-1)}; & x < \tfrac{1}{2} \end{cases}$$

$f'(x) = \dfrac{2}{2x-1};\quad x \in D_{max};$ s. Fig. 9.11.

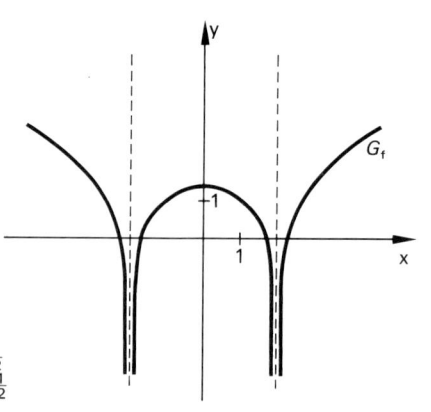

Fig. 9.12

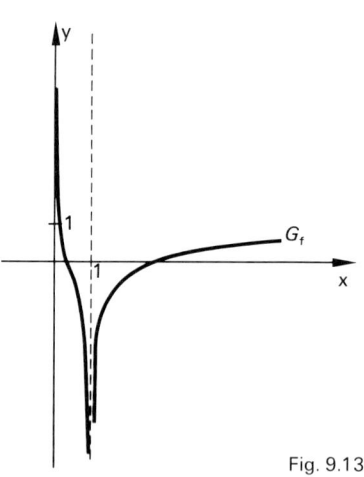

e) $D_{max} = \mathbb{R}\setminus\{-2;2\}$;

$$f(x) = \ln|x^2-4| = \begin{cases} \ln(x^2-4); & x \in]-\infty;-2[\,\cup\,]2;\infty[\\ \ln(4-x^2); & x \in]-2;2[\end{cases}$$

$$f'(x) = \begin{cases} \dfrac{2x}{x^2-4}; & x \in]-\infty;-2[\,\cup\,]2;\infty[\\ \dfrac{-2x}{-(x^2-4)}; & x \in]-2;2[\end{cases}$$

$f'(x) = \dfrac{2x}{x^2-4};\quad x \in D_{max}.$ s. Fig. 9.12.

f) $D_{max} = \mathbb{R}^+\setminus\{1\}$;

$$f(x) = \ln|\ln x| = \begin{cases} \ln \ln x; & x \in]1;\infty[\\ \ln(-\ln x); & x \in]0;1[\end{cases}$$

$$f'(x) = \begin{cases} \dfrac{1}{\ln x}\cdot\dfrac{1}{x}; & x \in]1;\infty[\\ \dfrac{1}{-\ln x}\cdot\left(-\dfrac{1}{x}\right); & x \in]0;1[\end{cases}$$

$f'(x) = \dfrac{1}{x\ln x};\quad x \in D_{max}.$

9.2.3

S.113 1. a) $\int_1^5 \dfrac{dx}{x} = \ln 5 - \ln 1 = 1{,}6094.$

Inhalt des Flächenstücks, das der Graph

$f(x) = \dfrac{1}{x}$ mit der x-Achse einschließt zwischen $x=1$ und $x=5$.

Fig. 9.13

b) $\int_2^5 \dfrac{dx}{x} = \ln 5 - \ln 2 = 0{,}9163;$ wie a) zwischen $x=2$ und $x=5$.

c) $\int_5^1 \dfrac{dx}{x} = \ln 1 - \ln 5 = -1{,}6094;$ wie a) zwischen $x=5$ und $x=1$.

d) $\int_{-1}^{-3} \frac{dx}{x} = \ln|-3| - \ln|-1| = 1{,}0986;$

wie a) zwischen $x = -1$ und $x = -3$.

e) $\int_{-5}^{-2} \frac{dx}{x} = \ln|-2| - \ln|-5| = -0{,}9163;$

wie a) zwischen $x = -5$ und $x = -2$.

2. $\int_{1}^{5} \frac{x+1}{x} dx = \int_{1}^{5} \left(1 + \frac{1}{x}\right) dx = [x + \ln x]_{1}^{5} = 5{,}6094.$

3. a) $f(x) = \ln \frac{x}{2}; \quad D_{max} = \mathbb{R}^+.$ b) $f(x) = \ln(-x); \quad D_{max} = \mathbb{R}^-.$

   c) $f(x) = \int_{3}^{x} \left(1 + \frac{1}{t}\right) dt = [t + \ln t]_{3}^{x} = x + \ln \frac{x}{3} - 3; \quad D_{max} = \mathbb{R}^+.$

4. a) $D_f = \mathbb{R} \setminus \{0\} \quad F(x) = \ln|x| - x + C; \quad C \in \mathbb{R}.$

   b) $D_f = \mathbb{R} \setminus \{0\}; \quad F(x) = \ln|x| + \frac{x^2}{2} - 3x + C; \quad C \in \mathbb{R}.$

   c) $D_f = \mathbb{R}^+; \quad F(x) = \ln x + \sqrt{x} + C; \quad C \in \mathbb{R}.$

   d) $D_f = \mathbb{R}^+; \quad F(x) = \ln x + 2\sqrt{x} + C; \quad C \in \mathbb{R}.$

5. a) $\int_{e}^{2e} \frac{dx}{x} = [\ln x]_{e}^{2e} = \ln 2e - \ln e = \ln \frac{2e}{e} = \ln 2 = 0{,}6931;$ S. 114

   b) $\int_{1}^{4} \frac{1+x}{x^2} dx = \left[-\frac{1}{x} + \ln x\right]_{1}^{4} = 2{,}1363;$

   c) $\int_{1}^{4} \frac{1 + x^{-\frac{1}{2}}}{x^{\frac{1}{2}}} dx = \int_{1}^{4} \left(\frac{1}{x^{\frac{1}{2}}} + \frac{1}{x}\right) dx = [2\sqrt{x} + \ln x]_{1}^{4} = 3{,}3863;$

6. a) $D_f = \mathbb{R} \setminus \{-\frac{3}{4}\}. \quad F(x) = \ln|4x + 3| + C; \quad C \in \mathbb{R}.$

   b) $D_f = \mathbb{R}.$ Wegen $x^2 + 1 \geq 1$ folgt $F(x) = \ln(x^2 + 1) + C; \quad C \in \mathbb{R}.$

   c) $D_f = \mathbb{R},$ da $x^2 + x + 1 > 0; \quad F(x) = \ln(x^2 + x + 1) + C; \quad C \in \mathbb{R}.$

   d) $D_f = \mathbb{R} \setminus \{1\};$ wegen $\int \frac{x^2}{x^3 - 1} dx = \frac{1}{3} \int \frac{3x^2}{x^3 - 1} dx$ folgt

   $F(x) = \frac{1}{3} \ln|x^3 - 1| + C; \quad C \in \mathbb{R}.$

   e) $D_f = \mathbb{R} \setminus \{-\frac{2}{5}\}. \quad F(x) = \frac{1}{5} \ln|5x + 2| + C; \quad C \in \mathbb{R}.$ (vgl. 6d).

   f) $D_f = \mathbb{R},$ da $3x^2 - 2x + 4 > 0$ ($g(x) := 3x^2 - 2x + 4$ stellt eine nach oben geöffnete Parabel ohne Nullstelle dar). $F(x) = \frac{1}{2} \ln(3x^2 - 2x + 4) + C; \quad C \in \mathbb{R}.$

7. a) $\int_{2}^{4} \frac{1}{4x - 7} dx = \frac{1}{4} \int_{2}^{4} \frac{4}{4x - 7} dx = \frac{1}{4} [\ln|4x - 7|]_{2}^{4} = 0{,}5493.$

   b) $\int_{\sqrt{2}}^{3} \frac{x}{x^2 - 1} dx = \frac{1}{2} \int_{\sqrt{2}}^{3} \frac{2x}{x^2 - 1} dx = \frac{1}{2} [\ln|x^2 - 1|]_{\sqrt{2}}^{3} = 1{,}0397.$

   c) $\int_{0}^{\frac{\pi}{3}} \tan x \, dx = -\int_{0}^{\frac{\pi}{3}} \frac{-\sin x}{\cos x} dx = -[\ln|\cos x|]_{0}^{\frac{\pi}{3}} = 0{,}6931.$

   d) $\int_{0}^{\frac{\pi}{2}} \frac{\sin x}{1 + 2\cos x} dx = -\frac{1}{2} \int_{0}^{\frac{\pi}{2}} \frac{2 \sin x}{1 + 2\cos x} dx = -\frac{1}{2} [\ln|1 + 2\cos x|]_{0}^{\frac{\pi}{2}} = 0{,}5493.$

9.3.1

S.115 1. a) 7,3891 b) 0,0498 c) 1,2214 d) 1,6487
e) 1,9477 f) 15,1543 g) 3,0 h) 23,1407
i) 0,4108 k) 1,4447

2. a) $f(x) = -g(x)$ mit $g(x) = e^x$ s. Fig. 9.14. b) $f(x) = g(x) + 2$ s. Fig. 9.14.
c) $f(x) = g(x+2)$ s. Fig. 9.14. d) $f(x) = \frac{1}{2}g(x)$ s. Fig. 9.14.
e) $f(x) = g(-x)$ s. Fig. 9.15. f) $f(x) = 1 + g(-x)$ s. Fig. 9.15.
g) $f(x) = 4 - g(-x)$ s. Fig. 9.15. h) $f(x) = g(2-x)$ s. Fig. 9.15.

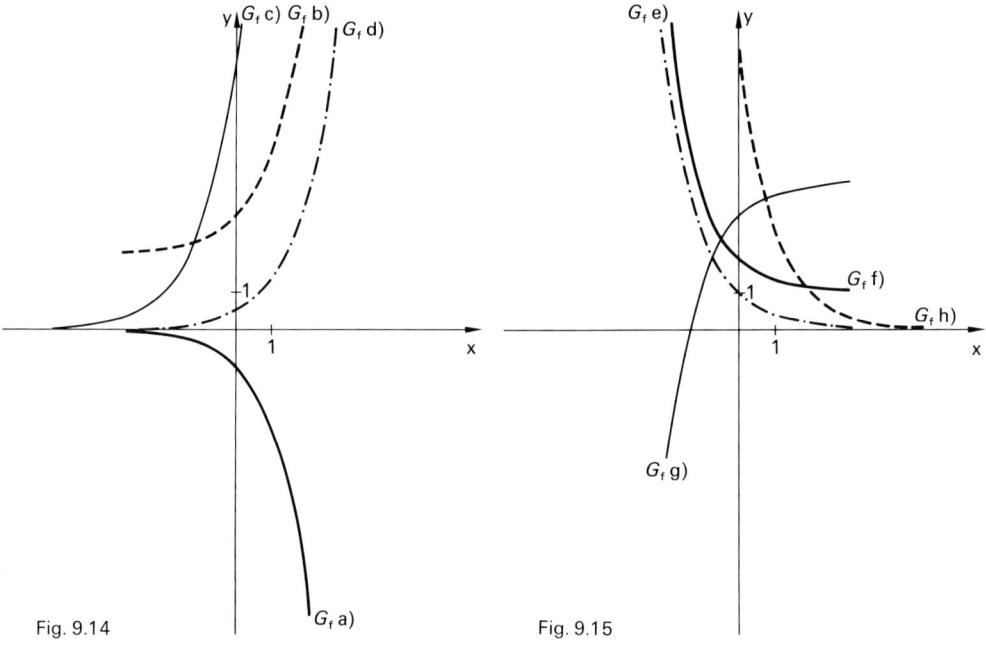

Fig. 9.14

Fig. 9.15

3. Mit $x_1 = -29{,}5$ LE und $x_2 = 65$ LE folgt $y_1 = e^{x_1} = 1{,}54 \cdot 10^{-13}$ LE und
$y_2 = e^{x_2} = 1{,}695 \cdot 10^{28}$ LE, und damit ist
$1{,}54 \cdot 10^{-13}$ cm $= 1{,}54 \cdot 10^{-15}$ m $> 1{,}41 \cdot 10^{-15}$ m und
$1{,}695 \cdot 10^{28}$ cm $= 1{,}695 \cdot 10^{26}$ m $> 1 \cdot 10^{26}$ m.

4. a) Mit $\ln x = y$ folgt $x = e^y$, wobei $x \in \mathbb{R}^+$, $y \in \mathbb{R}$. $x = e^3 = 20{,}0855$.
b) $x = e^e = 15{,}1543$. c) $x = e^{-0,45} = 0{,}6376$. d) $x = e^{\frac{1}{\pi}} = 1{,}3748$.

5. a) Mit $e^x = y$ folgt $x = \ln y$, wobei $x \in \mathbb{R}$, $y \in \mathbb{R}^+$.
$W_f = \mathbb{R}^+$; $f^{-1}: x \mapsto -\ln x$; $x \in \mathbb{R}^+$.
b) $W_f = \mathbb{R}^+$;
$f^{-1}: x \mapsto -1 + \ln x$; $x \in \mathbb{R}^+$.
c) $W_f = \mathbb{R}^+$;
$f^{-1}: x \mapsto \frac{3}{2} - \frac{1}{2}\ln x$; $x \in \mathbb{R}^+$.

d) $W_f = \mathbb{R}^+$;
   $f^{-1}: x \mapsto (\ln x)^2$; $x \in \mathbb{R}^+$.

e) $W_f = \mathbb{R}_0^+$;
   $f^{-1}: x \mapsto \frac{3}{2} + \frac{1}{2}e^x$; $x \in \mathbb{R}_0^+$.

f) $W_f = \mathbb{R}^+$. Wegen $W_{f^{-1}} = D_f = \mathbb{R}^+$ gilt
   $f^{-1}: x \mapsto \sqrt{e^{2x} - 1}$; $x \in \mathbb{R}^+$.

6. a) $L = \,]-\infty;\ \ln 2\,[$ b) $L = \,]\ln 3;\ \infty\,[$ c) $L = \,]0;\ \ln 4\,[$

d) $L = \{\ \}$, da $e^{x^2} > 0 > -1$ für $x \in \mathbb{R}$.   e) $L = \,]-\ln 1{,}5;\ -\ln 0{,}5\,[$

f) $e^x(x^2 - 1) = 0$ wegen $e^x > 0$ für $x \in \mathbb{R}$ folgt
   $x^2 - 1 = 0$ und damit $L = \{-1;\ 1\}$.

9.3.2

1. a) $f'(x) = -e^{-x}$ b) $f'(x) = -e^{1-x}$ c) $f'(x) = e^{-2x}$ d) $f'(x) = 1 + e^{-x}$. **S. 117**

2. a) $f(x) = e^{|x|} = \begin{cases} e^x; & x \geq 0 \\ e^{-x}; & x < 0 \end{cases}$, $f'(x) = \begin{cases} e^x; & x > 0 \\ -e^{-x}; & x < 0 \end{cases}$ (s. Fig. 9.16).

$\lim\limits_{x \to 0 \pm 0} f(x) = 1$. f ist also stetig bei $x_0 = 0$.

$\left.\begin{array}{l} \lim\limits_{x \to 0+0} f'(x) = \lim\limits_{x \to 0+0} e^x = 1 \\ \lim\limits_{x \to 0-0} f'(x) = \lim\limits_{x \to 0-0} -e^{-x} = -1 \end{array}\right\}$ f ist nicht differenzierbar bei $x_0 = 0$.

b) $f(x) = e^{-|x|} = \begin{cases} e^{-x}; & x \geq 0 \\ e^x; & x < 0 \end{cases}$, $f'(x) = \begin{cases} -e^{-x}; & x > 0 \\ e^x; & x < 0 \end{cases}$ (s. Fig. 9.17).

$\lim\limits_{x \to 0 \pm 0} f(x) = 1$. f ist also stetig bei $x_0 = 0$.

$\left.\begin{array}{l} \lim\limits_{x \to 0+0} f'(x) = \lim\limits_{x \to 0+0} -e^{-x} = -1; \\ \lim\limits_{x \to 0-0} f'(x) = \lim\limits_{x \to 0-0} e^x = 1; \end{array}\right\}$ f ist nicht differenzierbar bei $x_0 = 0$.

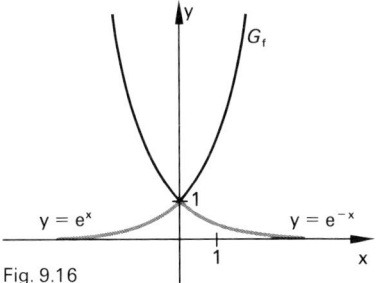

Fig. 9.16

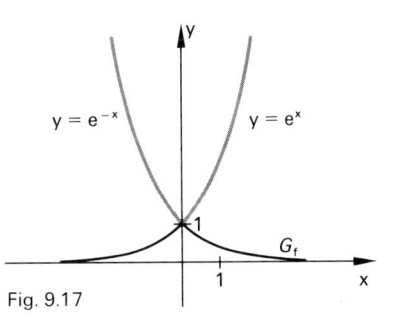

Fig. 9.17

c) $f(x) = |e^x - 1| = \begin{cases} e^x - 1; & x > 0 \\ +1 - e^x; & x < 0 \end{cases}$ $f'(x) = \begin{cases} e^x; & x > 0 \\ -e^x; & x < 0 \end{cases}$ (s. Fig. 9.18).

$\lim\limits_{x \to 0 \pm 0} f(x) = 0$. f ist also stetig bei $x_0 = 0$.

$\left.\begin{array}{l} \lim\limits_{x \to 0+0} f'(x) = \lim\limits_{x \to 0+0} e^x = 1 \\ \lim\limits_{x \to 0-0} f'(x) = \lim\limits_{x \to 0-0} (-e^x) = -1 \end{array}\right\}$ f ist nicht differenzierbar bei $x_0 = 0$.

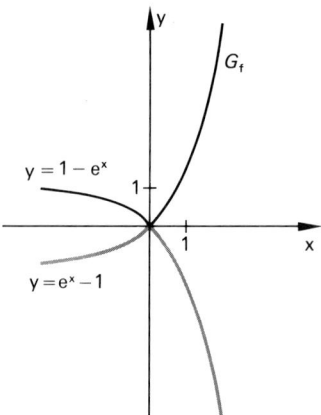

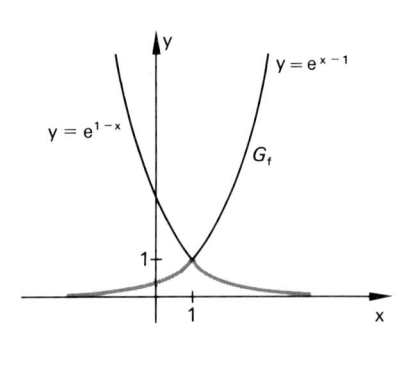

Fig. 9.18

Fig. 9.19

d) $f(x) = e^{|x-1|} = \begin{cases} e^{x-1}; & x > 1 \\ e^{1-x}; & x < 1 \end{cases}$ $f'(x) = \begin{cases} e^{x-1}; & x > 1 \\ -e^{1-x}; & x < 1 \end{cases}$.   (s. Fig. 9.19).

$\lim\limits_{x \to 1 \pm 0} f(x) = 1$; f ist also stetig bei $x_0 = 1$.

$\left. \begin{array}{l} \lim\limits_{x \to 1+0} f'(x) = \lim\limits_{x \to 1+0} e^{x-1} = 1 \\ \lim\limits_{x \to 1-0} f'(x) = \lim\limits_{x \to 1-0} (-e^{1-x}) = -1 \end{array} \right\}$ f ist nicht differenzierbar bei $x_0 = 1$.

3. a) $P(2; 0{,}1353)$; $\alpha = 172{,}29°$.   b) $P(1; 2{,}7183)$; $\alpha = 79{,}58°$.

   c) $P(-1; 0{,}1353)$; $\alpha = 15{,}15°$.

4. $f^{(n)}(x) = a^n e^{ax}$.

5. Mit $f'(x) = 1 - e^{-x}$ und $y = \frac{1}{2}x + 2$ folgt mit $1 - e^{-x} = \frac{1}{2}$; $e^{-x} = \frac{1}{2}$ und damit $x = -\ln 0{,}5$, $y = f(-\ln 0{,}5) = \frac{1}{2} - \ln \frac{1}{2}$. Der Punkt lautet $P(-\ln \frac{1}{2}; \frac{1}{2} - \ln \frac{1}{2})$.

6. Aus $e^{2x} = e^{-2x}$ folgt $x = 0$ und damit der Schnittpunkt $S(0; 1)$.

   $f'(x) = 2e^{2x}$ und $f'(0) = 2$ mit $f(x) = e^{2x}$
   $g'(x) = -2e^{-2x}$ und $g'(0) = -2$ mit $g(x) = e^{-2x}$

   Die Winkel, die G_f bzw. G_g mit der x-Achse einschließen lauten $\alpha = 63{,}44°$ und $\beta = 116{,}57°$ und damit ist der Winkel zwischen G_f und G_g: $\gamma = |\alpha - \beta| = 53{,}13°$.

7. a) $D_f = \mathbb{R}$; $f'(x) = (1 + x)e^x$.   b) $D_f = \mathbb{R}$; $f'(x) = (\sin x + \cos x)e^x$.

   c) $D_f = \mathbb{R}^+$; $f'(x) = \left(\frac{1}{x} + \ln x\right)e^x$.   d) $D_f = \mathbb{R}$; $f'(x) = -\frac{e^x}{(1+e^x)^2}$.

   e) $D_f = \mathbb{R} \setminus \{0\}$; $f'(x) = \frac{(x-1)e^x}{x^2}$.   f) $D_f = \mathbb{R}$; $f'(x) = \frac{1-x}{e^x}$.

   g) $D_f = \mathbb{R}$; $f'(x) = (2x + 1)e^{x^2+x}$.   h) $D_f = \mathbb{R}$; $f'(x) = -\sin x \cdot e^{\cos x}$.

   i) $D_f = [-1; \infty[$; $f'(x) = \frac{e^{\sqrt{x+1}}}{2\sqrt{x+1}}$, $x \neq -1$.   k) $D_f = \mathbb{R}$; $f'(x) = (3 - 2x)e^{-x}$.

l) $D_f = \mathbb{R}$; $f'(x) = x^2 e^{\sin x}(3 + x\cos x)$. 　　m) $D_f = \mathbb{R}$; $f'(x) = (2\cos 2x - \sin 2x)e^{-x}$.

n) $D_f =]-\frac{1}{2}; \infty[\setminus\{0\}$; $f'(x) = \dfrac{2e^{2x+1}[(2x+1)\ln(2x+1) - 1]}{(2x+1)(\ln(2x+1))^2}$.

o) $D_f = \mathbb{R}\setminus\mathbb{Z}$; $f'(x) = \dfrac{\pi e^{\pi x}[\sin\pi x - \cos\pi x]}{(\sin\pi x)^2}$. 　　p) $D_f = \mathbb{R}$; $f'(x) = \dfrac{x + e^{-x}[1 + x + x^2]}{\sqrt{1+x^2}(1 + e^{-x})^2}$.

q) $D_f = \mathbb{R}$; $f'(x) = \dfrac{2x - e^{-x}}{x^2 + e^{-x}}$. 　　r) $D_f = \mathbb{R}$; $f'(x) = 2e^{2x} \cdot \cos e^{2x}$.

s) $D_f = \{x \mid x \geqq e^{-x}; x \in \mathbb{R}\}$; $f'(x) = \dfrac{3x + (x-2)e^{-x}}{2\sqrt{x - e^{-x}}}$, $x \neq e^{-x}$, $x \in D_f$.

9.3.3

1. a) $F(x) = \dfrac{x^2}{2} + e^x + C$; $C \in \mathbb{R}$. 　　b) $F(x) = e^x + \ln x + C$; $C \in \mathbb{R}$, $x \in \mathbb{R}^+$. 　　S.118

c) $F(x) = e^x + \cos x + C$; $C \in \mathbb{R}$. 　　d) $F(x) = 2\sqrt{x} - e^x + C$; $C \in \mathbb{R}$, $x \in \mathbb{R}^+$.

2. $A = A_1 + A_2$ s. Fig. 9.20 mit

$A_1 = \lim\limits_{a \to -\infty} \int_a^0 e^x dx = \lim\limits_{a \to -\infty} [e^x]_a^0 = \lim\limits_{a \to -\infty} (1 - e^a) = 1$;

$A_2 = x_0 \cdot y_0 - \int_0^{x_0} e^x dx$ mit $x_0 = \ln(1+e)$ und $y_0 = e^{\ln(1+e)} = 1 + e$.

$A_2 = (1+e)\ln(1+e) - e$. 　　$A = 1 - e + (1+e)\ln(1+e) = 3{,}17$.

3. Wegen $f(x) = e^{|x|} = f(-x)$ und $g(x) = 2e - ex^2 = g(-x)$ sind beide Funktionen achsensymmetrisch bzgl. der y-Achse. Es genügt also, die Fläche im 1. Quadranten zu berechnen. Das Doppelte dieser Fläche liefert die gesuchte Fläche (s. Fig. 9.21).
Aus $e^x = 2e - ex^2$ folgt der Schnittpunkt $S(1; e)$ im 1. Quadranten.

$A = 2\int_0^1 (2e - ex^2 - e^x) dx = 2 \cdot \left[2ex - e\dfrac{x^3}{3} - e^x\right]_0^1 = \frac{4}{3}e + 2$.

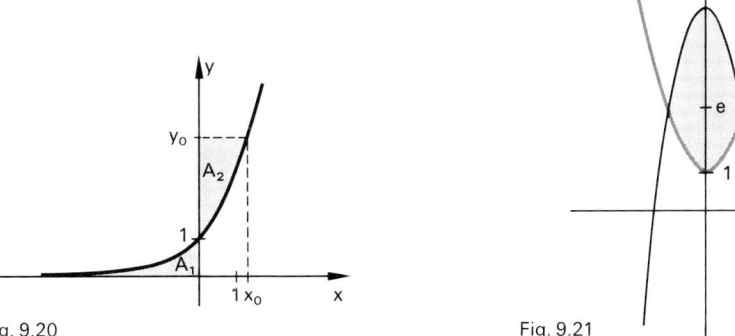

Fig. 9.20　　　　　　　　　Fig. 9.21

4. Wegen $f(x) = |x| = f(-x)$, $g(x) = \dfrac{e}{|x|} = g(-x)$, $h(x) = e^{|x|} = h(-x)$ 　　S.119
genügt es, die Fläche wegen der Achsensymmetrie im 1. Quadranten zu berechnen. Das Doppelte dieser Fläche liefert die gesuchte Fläche (s. Fig. 9.22).

Wegen $x = \frac{e}{x}$ folgt $x^2 = e$ und damit $x = \sqrt{e}$ (1. Quadrant)

$G_f \cap G_g = \{P\}$ mit $P(\sqrt{e}; \sqrt{e})$.

Wegen $e^x = \frac{e}{x}$ folgt $x = 1$ und damit

$G_h \cap G_g = \{Q\}$ mit $Q(1; e)$.

$A = 2(A_1 + A_2)$ mit

$A_1 = \int_0^1 (e^x - x) dx = \left[e^x - \frac{x^2}{2}\right]_0^1 = e - \frac{3}{2}$.

$A_2 = \int_1^{\sqrt{e}} \left(\frac{e}{x} - x\right) dx = \left[e \ln x - \frac{x^2}{2}\right]_1^{\sqrt{e}}$ Fig. 9.22

$= e \ln \sqrt{e} - \frac{e}{2} - (e \ln 1 - \frac{1}{2}) = \frac{e}{2} \ln e - \frac{e}{2} - e \cdot 0 + \frac{1}{2} = \frac{e}{2} - \frac{e}{2} + \frac{1}{2} = \frac{1}{2}$.

$A = 2(e - 1)$.

5. Wenn sich die e-Funktion als Integralfunktion darstellen ließe, dann müsste es eine Zahl $a \in \mathbb{R}$ geben mit $e^x = \int_a^x e^t dt = e^x - e^a$ und $e^a = 0$, ein Widerspruch.

   a) $J(x) = \int_{-1}^x e^t dt$;   b) $J(x) = \int_{1/2}^x e^t dt$;

   c) Wegen $\int_a^x f(t) dt = F(x) - F(a)$ ist eine Funktion f gesucht, wobei $F'(x) = f(x)$ gilt.
   Mit $F(x) = e(e^{x-1} - 1) + \ln x^2$ bzw. $F(t) = e^t - e + \ln t^2$ folgt
   $f(t) = F'(t) = e^t + \frac{2}{t}$ und damit $J(x) = \int_1^x \left(e^t + \frac{2}{t}\right) dt$.

6. a) $\int_0^1 2e^{2x} dx = [e^{2x}]_0^1 = e^2 - 1$.   b) $\int_{-1}^0 3e^{3x+1} dx = [e^{3x+1}]_{-1}^0 = e - \frac{1}{e^2}$.

   c) $\int_{-1}^1 2xe^{x^2} dx = [e^{x^2}]_{-1}^1 = 0$.   d) $\int_0^{\pi/6} \cos x \cdot e^{\sin x} dx = [e^{\sin x}]_0^{\pi/6} = \sqrt{e} - 1$.

   e) $\int_{-1}^2 e^{-x} dx = -[e^{-x}]_{-1}^2 = \frac{e^3 - 1}{e^2}$.   f) $\int_0^{0,5} e^{1-4x} dx = -\frac{1}{4}[e^{1-4x}]_0^{0,5} = \frac{e^2 - 1}{4e}$.

   g) $\int_1^4 \frac{1}{\sqrt{x}} e^{\sqrt{x}} dx = 2[e^{\sqrt{x}}]_1^4 = 2e(e - 1)$.

   h) $\int_1^e \frac{e^{1+3\ln x}}{x} dx = \frac{1}{3}[e^{1+3\ln x}]_1^e = \frac{1}{3}[e^{1+3\ln e} - e^{1+3\ln 1}] = \frac{1}{3}[e^4 - e]$.

9.3.4

S. 119 1. a) $f'(x) = \frac{1}{x}$; $f''(x) = -\frac{1}{x^2}$;   b) $f'(x) = 2x \cdot \ln x + x$; $f''(x) = 2\ln x + 3$;

   c) $f'(x) = \frac{2}{x^2 - 1}$; $f''(x) = -\frac{4x}{(x^2 - 1)^2}$;   d) $f(x) = x^2 + 1$; $f'(x) = 2x$; $f''(x) = 2$.

2. Wegen $f'(x) = (x-1)^{-1}$ folgt $f^{(n)}(x) = (-1)^{n-1} \cdot (n-1)! \cdot (x-1)^{-n}$

$\Rightarrow f^{(7)}(x) = (-1)^6 6! (x-1)^{-7} = \dfrac{720}{(x-1)^7}$.

3. a) $\ddot{s}(t) = a^2 e^{at}$ b) $\ddot{s}(t) = e^{at}[\cos bt \cdot (a^2 - b^2) - 2ab \sin bt]$.

4. $P(2; \ln 8) \approx P(2; 2{,}0794)$.

$f'(x) = \dfrac{2x}{x^2 + 4}$

$\Rightarrow f'(2) = 0{,}5 \Rightarrow \alpha = 26{,}57°$.

5. $\alpha = 63{,}4\overline{3}°$
$f'(x) = \ln x + 1 = \tan \alpha \Rightarrow x_0 = 2{,}718$
$y_0 = f(x_0) = 2{,}718$
$P(2{,}718; 2{,}718)$.

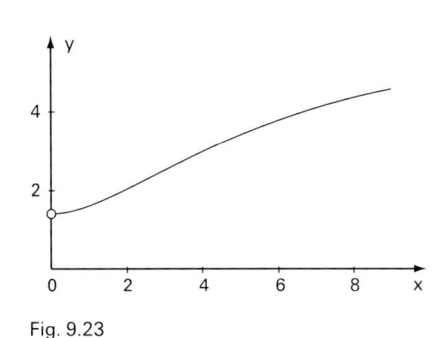

Fig. 9.23

6. $\ln(x+3) = \ln(7-x)$. Wegen der strengen Monotonie der ln-Funktion folgt aus $x + 3 = 7 - x$ der Schnittpunkt $S(2; \ln 5)$.
Wegen $f'(x) = \dfrac{1}{x+3}$ und $g'(x) = \dfrac{1}{x-7}$ mit $f(x) = \ln(x+3)$ und $g(x) = \ln(7-x)$ folgt $f'(2) = 0{,}2$ und $g'(2) = -0{,}2$.
Der spitze Winkel, unter dem sich die Graphen in S schneiden lautet: $\gamma = 22{,}62°$.

7. a) $f'(x) = \dfrac{2x - (2x+1) \cdot \ln(2x+1)}{(2x+1)x^2}$;

$f'(1) = \tfrac{2}{3} - \ln 3 = -0{,}4319$.

b) $f'(x) = \pi \cdot \cos \pi x \cdot e^{\sin \pi x}$.
$f''(x) = \pi^2 (\cos^2 \pi x - \sin \pi x) e^{\sin \pi x}$;
$f''(1) = \pi^2 ((\cos \pi)^2 - \sin \pi) e^{\sin \pi} = \pi^2 ((-1)^2 - 0) e^0 = \pi^2$.

8. $f'(x) = \dfrac{\ln x - 1}{(\ln x)^2} = 0 \Rightarrow \ln x = 1 \Rightarrow x = e \Rightarrow f(e) = \dfrac{e}{\ln e} = e$

$\Rightarrow E(e; e)$.

$f''(x) = \dfrac{2 - \ln x}{x (\ln x)^3}$;

$f''(e) = \dfrac{2 - \ln e}{e \cdot (\ln e)^3} = \dfrac{2-1}{e} = \dfrac{1}{e} > 0$.

Es liegt also bei $E(e; e)$ ein Minimum vor.

$f''(x) = \dfrac{2 - \ln x}{x (\ln x)^3} = 0$

$\Rightarrow 2 - \ln x = 0 \Rightarrow x = e^2$

$\Rightarrow f(e^2) = \dfrac{e^2}{\ln e^2} = \dfrac{e^2}{2 \ln e} = \dfrac{e^2}{2}$.

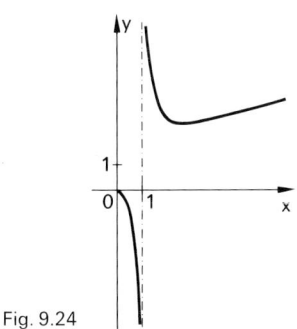

Fig. 9.24

Es liegt bei $WP\left(e^2; \dfrac{e^2}{2}\right)$ ein Wendepunkt vor.

9. $f'(x) = x - 2 + \frac{1}{x} = 0 \Rightarrow x^2 - 2x + 1 = 0 \Rightarrow (x-1)^2 = 0 \Rightarrow x = 1$.

Der Punkt lautet: $P(1; -1\frac{1}{2})$.

$f'(x) = \frac{x^2 - 2x + 1}{x} = \frac{(x-1)^2}{x} > 0$ für $x \in \mathbb{R}^+ \setminus \{1\}$.

Für $x \in \mathbb{R}^+ \setminus \{1\}$ ist G_f streng monoton steigend, und deshalb liegt bei $P(-1; -1\frac{1}{2})$ ein Terassenpunkt vor.

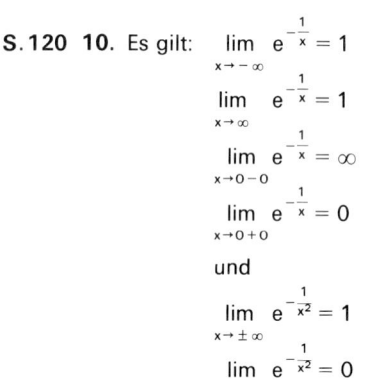

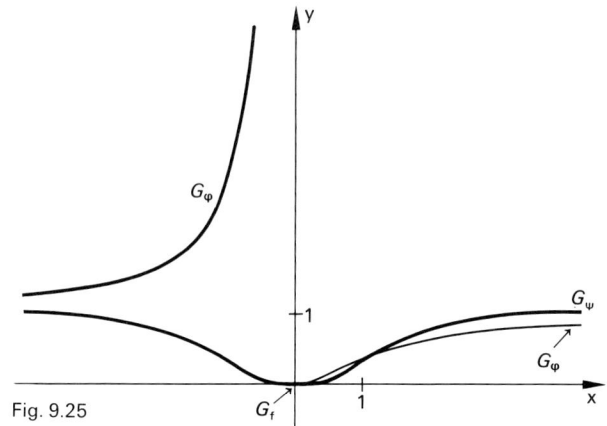

S. 120 10. Es gilt: $\lim\limits_{x \to -\infty} e^{-\frac{1}{x}} = 1$

$\lim\limits_{x \to \infty} e^{-\frac{1}{x}} = 1$

$\lim\limits_{x \to 0-0} e^{-\frac{1}{x}} = \infty$

$\lim\limits_{x \to 0+0} e^{-\frac{1}{x}} = 0$

und

$\lim\limits_{x \to \pm\infty} e^{-\frac{1}{x^2}} = 1$

$\lim\limits_{x \to 0 \pm 0} e^{-\frac{1}{x^2}} = 0$

Fig. 9.25

Der Definitionsbereich beider Funktionen ist $D = \mathbb{R} \setminus \{0\}$; beide Funktionen besitzen keine Nullstellen und keine Extrema. G_φ hat einen Wendepunkt $W_\varphi \left(\frac{1}{2}; \frac{1}{e^2} \right)$ und G_ψ zwei Wendepunkte $W_{1\psi} (\sqrt{\frac{2}{3}}; e^{-\frac{3}{2}})$ und $W_{2\psi} (-\sqrt{\frac{2}{3}}; e^{-\frac{3}{2}})$.

Auf Grund des Grenzverhaltens kommt nur die Funktion ψ als stetig fortsetzbar in Frage. Wegen $\lim\limits_{x \to 0 \pm 0} e^{-\frac{1}{x^2}} = 0$ folgt

$f: x \mapsto \begin{cases} \psi(x); & x \neq 0 \\ 0; & x = 0 \end{cases}$

ist stetige Fortsetzung von ψ.

11. a) $D_f = \mathbb{R}^+ \setminus \{1\}$ und $W_f = \mathbb{R}$.

b) $\ln|\ln x| = 0 \Rightarrow |\ln x| = 1$

$\Rightarrow (\ln x)_{1/2} = \pm 1$

$\Rightarrow x_1 = e$ und $x_2 = e^{-1}$

$\Rightarrow N_1(e; 0); N_2\left(\frac{1}{e}; 0\right)$.

c) $f(x) = \ln|\ln x| = \begin{cases} \ln(\ln x); & x > 1 \\ \ln(-\ln x); & 0 < x < 1 \end{cases}$

$f'(x) = \begin{cases} \frac{1}{\ln x} \cdot \frac{1}{x}; & x > 1 \\ \frac{1}{\ln x} \cdot \left(-\frac{1}{x}\right); & 0 < x < 1 \end{cases}$

$f'(x) = \frac{1}{x \ln x}; \quad x \in \mathbb{R}^+ \setminus \{1\}$.

$f'(e) = \frac{1}{e} \Rightarrow \alpha_1 = 20{,}20°. \quad f'\left(\frac{1}{e}\right) = -e \Rightarrow \alpha_2 = 110{,}20°$.

Fig. 9.26

d) $f''(x) = -\dfrac{\ln x + 1}{(x \cdot \ln x)^2} = 0 \Rightarrow \ln x = -1 \rightarrow x = \dfrac{1}{e} \Rightarrow WP\left(\dfrac{1}{e}; 0\right)$.

s. Fig. 9.26

12. a) Wegen $\lim\limits_{x \to 0 \pm 0} (3x - x \ln \dfrac{\sin x}{x} - 2) = \lim\limits_{x \to 0 \pm 0} 3x - \lim\limits_{x \to 0 \pm 0} x \cdot \lim\limits_{x \to 0 \pm 0} \left(\ln \dfrac{\sin x}{x}\right) - 2$

$= -\lim\limits_{x \to 0 \pm 0} x \cdot \ln\left(\lim\limits_{x \to 0 \pm 0} \dfrac{\sin x}{x}\right) - 2 = -\lim\limits_{x \to 0 \pm 0} x \cdot \ln\left(\lim\limits_{x \to 0 \pm 0} \dfrac{\cos x}{1}\right) - 2$

$= -0 \cdot \ln 1 - 2 = -2$

(Anwendung der Regel von l'Hospital) gilt:

$\bar{f}(x) = \begin{cases} f(x); & x \ne 0 \\ -2; & x = 0 \end{cases}$;

b) $\bar{f}'(0) = \lim\limits_{h \to 0} \dfrac{\bar{f}(0 \pm h) - \bar{f}(0)}{h}$

$= \lim\limits_{h \to 0} \dfrac{-h\left(3 - \ln \dfrac{\sin \pm h}{\pm h}\right) - 2 + 2}{h} = \lim\limits_{h \to 0}\left(3 - \ln \dfrac{\sin h}{h}\right) = 3 - \ln\left(\lim\limits_{h \to 0} \dfrac{\sin h}{h}\right)$

$= 3 - \ln\left(\lim\limits_{h \to 0} \dfrac{\cos h}{1}\right) = 3 - \ln 1 = 3$.

c) Nach b) gilt: $\bar{f}'(x) = \begin{cases} 3 - \ln \dfrac{\sin x}{x} - \dfrac{x \cos x - \sin x}{\sin x}; & x \ne 0 \\ 3; & x = 0 \end{cases}$

Wegen $\lim\limits_{x \to 0 \pm 0} \bar{f}'(x) = \lim\limits_{x \to 0 \pm 0} 3 - \ln\left(\lim\limits_{x \to 0 \pm 0} \dfrac{\sin x}{x}\right) - \lim\limits_{x \to 0 \pm 0} \dfrac{x \cos x - \sin x}{\sin x}$

$= 3 - \ln\left(\lim\limits_{x \to 0 \pm 0} \dfrac{\cos x}{1}\right) - \lim\limits_{x \to 0 \pm 0} \dfrac{\cos x - x \sin x - \cos x}{\cos x} = 3 - \ln 1 - \dfrac{1 - 0 - 1}{1} = 3$

ist $\bar{f}'$ stetig an der Stelle 0.

13. a) $\int\limits_{0,5}^{10} \dfrac{dx}{4x} = \dfrac{1}{4}[\ln x]_{0,5}^{10} = \dfrac{1}{4} \ln 20$.

b) $\int\limits_1^4 \dfrac{1+x}{x^2} dx = \left[-\dfrac{1}{x} + \ln x\right]_1^4 = \dfrac{3}{4} + \ln 4$.

c) $\int\limits_1^4 \dfrac{1 + \frac{1}{\sqrt{x}}}{\sqrt{x}} dx = [2\sqrt{x} + \ln x]_1^4 = 2 + \ln 4$.

d) $\int\limits_2^3 \dfrac{x - 0,5}{x^2 - x} dx = \dfrac{1}{2}[\ln |x^2 - x|]_2^3 = \dfrac{1}{2} \ln 3$.

14. Es gilt: $A = \int\limits_1^e \ln x \, dx = A_{(ABCD)} - \int\limits_0^1 e^x dx$

$= 1 \cdot e - [e^x]_0^1 = 1$;

mit $A(0;0)$, $B(1;0)$, $C(1;e)$, $D(0;e)$ (s. Fig. 9.27).

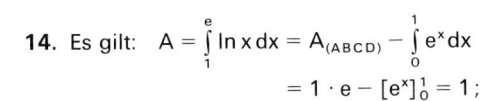

Fig. 9.27

15. a) Wegen $f(-x) = \sqrt{e^{x^2-4}} = f(x)$ folgt die Achsensymmetrie von G_f.

b) $f'(x) = \dfrac{1}{2\sqrt{e^{x^2-4}}} \cdot e^{x^2-4} \cdot 2x = x\sqrt{e^{x^2-4}} = x \cdot f(x)$.

c) $f'(x) = x \cdot f(x) = 0$ wegen $f(x) > 0$ folgt $x = 0 \Rightarrow E\left(0; \dfrac{1}{e^2}\right)$.

Da $f'(x) = x \cdot f(x) \gtreqless 0$ für $x \gtreqless 0$ gilt:
G_f ist für $x > 0$ streng monoton steigend und für $x < 0$ streng monoton fallend.
Deshalb kann es sich bei $E\left(0; \dfrac{1}{e^2}\right)$ nur um ein Minimum handeln.

d) Da G_f für $x \in [-2; 0]$ streng monoton fallend ist, ist $\bar{f}$ umkehrbar.

Es gilt $W_{\bar{f}} = \left[\dfrac{1}{e^2}; 1\right]$ und $y = \sqrt{e^{x^2-4}}$

$\Rightarrow e^{x^2-4} = y^2 \Rightarrow x^2 - 4 = \ln y^2 \Rightarrow x^2 = 4 + \ln y^2$.

Wegen $W_{\bar{f}^{-1}} = D_f = [-2; 0]$ folgt:

$\bar{f}^{-1}: x \mapsto -\sqrt{4 + \ln x^2}; \quad x \in [e^{-2}; 1]$.

16. a) $x^x = e^{g(x)} \Leftrightarrow \ln x^x = g(x)$

$\Rightarrow g(x) = x \cdot \ln x; \quad x \in \mathbb{R}^+$.

b) Mit $f(x) = e^{g(x)}$ folgt $f'(x) = e^{g(x)} \cdot g'(x) = f(x) \cdot g'(x); \quad x \in \mathbb{R}^+$

Es gilt $g'(x) = \ln x + x \dfrac{1}{x} = \ln x + 1$ und daher $f'(x) = x^x \cdot (\ln x + 1); \quad x \in \mathbb{R}^+$

c) Wegen $f(x) = x^x = e^{g(x)} > 0$ für $x \in \mathbb{R}^+$ gilt:

$f'(x) = x^x (\ln x + 1) = 0 \Leftrightarrow x = \dfrac{1}{e}$

$f(e^{-1}) = \left(\dfrac{1}{e}\right)^{\frac{1}{e}} = \dfrac{1}{e^{\frac{1}{e}}} \Rightarrow E\left(\dfrac{1}{e}; \dfrac{1}{e^{\frac{1}{e}}}\right)$.

Mit $f'(x) = f(x) g'(x)$ folgt $f''(x) = f'(x) g'(x) + f(x) g''(x)$

$\qquad = f'(x) g'(x) + f(x) \cdot \dfrac{1}{x}$ und damit

$f''(e^{-1}) = f'(e^{-1}) g'(e^{-1}) + f(e^{-1}) \cdot e = \dfrac{1}{e^{\frac{1}{e}}} \cdot e > 0$, da $f'(e^{-1}) = 0$

Also handelt es sich bei E um ein Minimum.

17. a) Nach Aufgabe 16. gilt:

$f'(x) = f(x) \cdot g'(x)$.

$f(x) = \sqrt[x]{x} = x^{\frac{1}{x}} = e^{\ln\left(x^{\frac{1}{x}}\right)} = e^{\frac{1}{x}\ln x}$ und damit ist

$g(x) = \dfrac{1}{x} \ln x$ und $g'(x) = \dfrac{1 - \ln x}{x^2}$.

$f'(x) = \sqrt[x]{x} \cdot \dfrac{1 - \ln x}{x^2} = x^{\frac{1}{x} - 2} \cdot (1 - \ln x)$.

b) $f(x) = x^{\sqrt{x}} = e^{\ln x^{\sqrt{x}}} = e^{\sqrt{x} \ln x}$ und damit ist

$g(x) = \sqrt{x} \cdot \ln x$ und $g'(x) = \dfrac{1}{2\sqrt{x}} (\ln x + 2)$.

$f'(x) = \tfrac{1}{2} x^{\sqrt{x} - \frac{1}{2}} (\ln x + 2)$.

c) $f(x) = x^{\sin x} = e^{\ln x^{\sin x}} = e^{\sin x \ln x}$ und damit ist

$g(x) = \sin x \ln x$ und $g'(x) = \cos x \ln x + \sin x \cdot \dfrac{1}{x}$.

$f'(x) = x^{\sin x - 1} \cdot (x \cdot \cos x \cdot \ln x + \sin x)$.

d) $f(x) = x^{\ln x} = e^{\ln x^{\ln x}} = e^{\ln x \cdot \ln x} = e^{(\ln x)^2}$ und damit ist

$g(x) = (\ln x)^2$ und $g'(x) = 2 \ln x \cdot \dfrac{1}{x}$

$f'(x) = 2 \cdot x^{\ln x - 1} \cdot \ln x$.

18. $\displaystyle\int_a^b \dfrac{1}{x^2 - x} dx = \int_a^b \left(-\dfrac{1}{x} + \dfrac{1}{x-1}\right) dx$

$= [-\ln|x| + \ln|x-1|]_a^b = -\ln|b| + \ln|a| + \ln|b-1| - \ln|a-1|$

$= \ln \dfrac{|a|}{|b|} + \ln \dfrac{|b-1|}{|a-1|} = \ln \left|\dfrac{ab-a}{ab-b}\right|$.

Für a und b gilt: a *und* b sind Elemente der folgenden Intervalle
$I_1 =]-\infty; 0[$ oder $I_2 =]0; 1[$ oder $I_3 =]1; \infty[$.

19. a) $D_{max} = \mathbb{R}^+ \setminus \{1\}$.   S.121

b) $f'(x) = -\dfrac{\ln x + 1}{(x \ln x)^2} < 0$ für $x > 1$,

da $(x \ln x)^2 > 0$ und $\ln x + 1 > \ln 1 + 1 = 1 > 0$

Die ln-Funktion ist streng monoton wachsend für $x \in \mathbb{R}^+$.
Wegen $f'(x) < 0$ für $x > 1$ ist G_f streng monoton abnehmend.

c) $\displaystyle\int_e^{e^2} \dfrac{1}{x \ln x} dx = \int_e^{e^2} \dfrac{\frac{1}{x}}{\ln x} dx = [\ln|\ln x|]_e^{e^2} = \ln \ln e^2 - \ln \ln e = \ln 2 \cdot \ln e = \ln 2$.

20. Die Graphen der Funktionen $f(x) = e^x$ und $\varphi(x) = e^{-x}$ schneiden sich im Punkt $S(0; 1)$.

$A = \displaystyle\int_0^a (e^x - e^{-x}) dx = 4$.

$[e^x + e^{-x}]_0^a = 4$

$e^a + e^{-a} - 2 = 4$

$e^a + \dfrac{1}{e^a} - 6 = 0$.

Mit der Substitution $z := e^a$ erhält man folgende Gleichung:

$z + \dfrac{1}{z} - 6 = 0 \quad | \cdot z$

$z^2 - 6z + 1 = 0$

Und daraus $z_{1/2} = \dfrac{6 \pm \sqrt{32}}{2} = e^{a_{1/2}} \Rightarrow a_{1/2} = \ln \dfrac{6 \pm \sqrt{32}}{2} = \ln(3 \pm 2\sqrt{2})$

Die Punkte lauten: $P_1(\ln(3 - 2\sqrt{2}); 0)$ und $P_2(\ln(3 + 2\sqrt{2}); 0)$.

21. $A = \displaystyle\int_{-a}^a e^x dx = k$

$e^a - e^{-a} = k$.

Mit $u := e^a$ folgt: $u - \dfrac{1}{u} = k \quad | \cdot u$

$u^2 - k \cdot u - 1 = 0 \Rightarrow u_{1/2} = \dfrac{k \pm \sqrt{k^2+4}}{2}$

Wegen $\sqrt{k^2+4} > k$ folgt für $k > 0$: $a = \ln \dfrac{k + \sqrt{k^2+4}}{2}$ (einzige Lösung!)

Speziell für $k = 4$ folgt: $a = \ln \dfrac{4 + \sqrt{20}}{2} \approx 1{,}44$.

Der zum Ursprung symmetrische x-Wert lautet: $-1{,}44$ (Näherungswert).

22. a) Es gilt $f'(x) = \tfrac{1}{2}(e^x + e^{-x}) > 0$ für $x \in \mathbb{R}$.

G_f ist also für $x \in \mathbb{R}$ streng monoton zunehmend.
Daraus folgt, dass $W_f = \mathbb{R}$ und G_f genau eine Nullstelle besitzt.
Wegen $e^0 - e^{-0} = 0$ ist $N(0; 0)$ einzige Nullstelle.

b) Es gilt $f(-x) = \tfrac{1}{2}(e^{-x} - e^x) = -\tfrac{1}{2}(e^x - e^{-x}) = -f(x)$
und damit folgt: G_f ist punktsymmetrisch zum Ursprung (s. Fig. 9.28).

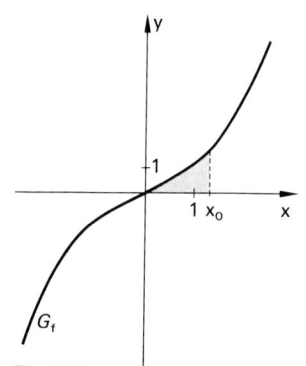

Fig. 9.28

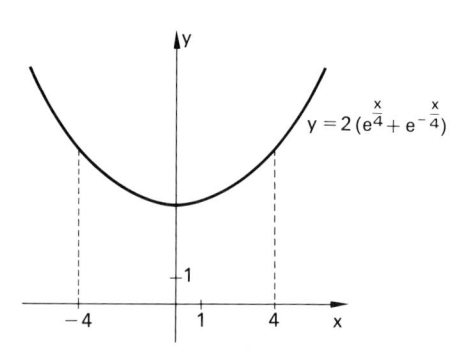

Fig. 9.29 $y = 2(e^{\frac{x}{4}} + e^{-\frac{x}{4}})$

c) $A = \dfrac{1}{2} \displaystyle\int_0^{x_0} (e^x - e^{-x})\,dx = \dfrac{1}{2}[e^x + e^{-x}]_0^{x_0}$

$= \dfrac{1}{2}[e^{\ln(2+\sqrt{3})} + e^{-\ln(2+\sqrt{3})} - e^0 - e^{-0}] = \dfrac{1}{2}\left[2 + \sqrt{3} + \dfrac{1}{2+\sqrt{3}} - 2\right]$

$= \dfrac{1}{2} \cdot \dfrac{(2+\sqrt{3})^2 + 1 - 2\cdot(2+\sqrt{3})}{2+\sqrt{3}} = \dfrac{1}{2} \cdot \dfrac{4 + 2\sqrt{3}}{2+\sqrt{3}} = 1.$

23. a) s. Fig. 9.29.

b) Mit $f'(x) = \tfrac{1}{2}(e^{\frac{x}{4}} - e^{-\frac{x}{4}})$ folgt mit

$m_n = -\dfrac{1}{f'(x_0)}$ für die Steigung der Normalen: $m_n = \dfrac{2}{e^{-\frac{x_0}{4}} - e^{\frac{x_0}{4}}}$.

Die Gleichung der Normalen durch den Punkt $R(x_0; y_0)$ lautet:
$y = m_n \cdot x + y_0 - m_n x_0$.

Daraus ergibt sich der Schnittpunkt der Normalen mit der x-Achse: $N\left(x_0 - \dfrac{y_0}{m_n}; 0\right)$.

Es gilt: $\overline{RN}^2 = y_0^2 + \left(\left(x_0 - \dfrac{y_0}{m_n}\right) - x_0\right)^2 = y_0^2 + \dfrac{y_0^2}{m_n^2} = y_0^2 \cdot \dfrac{m_n^2 + 1}{m_n^2}$.

$$\frac{m_n^2+1}{m_n^2} = \frac{\dfrac{4}{(e^{-\frac{x_0}{4}}-e^{\frac{x_0}{4}})^2} + \dfrac{(e^{-\frac{x_0}{4}}-e^{\frac{x_0}{4}})^2}{(e^{-\frac{x_0}{4}}-e^{\frac{x_0}{4}})^2}}{\dfrac{4}{(e^{-\frac{x_0}{4}}-e^{\frac{x_0}{4}})^2}} = \frac{4+e^{-\frac{x_0}{2}}-2e^{-\frac{x_0}{4}+\frac{x_0}{4}}+e^{\frac{x_0}{2}}}{4}$$

$$= \frac{e^{-\frac{x_0}{2}}+2e^{-\frac{x_0}{4}+\frac{x_0}{4}}+e^{\frac{x_0}{2}}}{4} = \frac{(e^{-\frac{x_0}{4}}+e^{\frac{x_0}{4}})^2}{4} = \frac{[2\cdot(e^{-\frac{x_0}{4}}+e^{\frac{x_0}{4}})]^2}{2^2\cdot 4} = \frac{(f(x_0))^2}{16} = \frac{y_0^2}{16};$$

$$\Rightarrow \overline{RN} = \sqrt{y_0^2 \cdot \frac{y_0^2}{16}} = \frac{y_0^2}{4}.$$

c) $A = \int_{-4}^{4} 2(e^{\frac{x}{4}}+e^{-\frac{x}{4}})\,dx = 2\cdot\int_{0}^{4} 2(e^{\frac{x}{4}}+e^{-\frac{x}{4}})\,dx = 4\cdot[4e^{\frac{x}{4}}-4e^{-\frac{x}{4}}]_0^4$

$= 16\cdot[e^1-e^{-1}-e^0+e^0] = 16\cdot\left[e-\frac{1}{e}\right] = 37{,}61\text{ FE}.$

Der Inhalt des Flächenstücks beträgt 37,61 cm².

24. a) $D_{max} = \mathbb{R}$.

$f(x) = xe^{1-x} = 0 \Rightarrow x = 0$, da $e^{1-x} > 0$ für $x \in \mathbb{R}$

$\Rightarrow N(0;0)$.

$f'(x) = e^{1-x}(1-x) = 0 \Rightarrow x = 1 \Rightarrow E(1;1)$.

$f''(x) = e^{1-x}(x-2)$;

$f''(1) = e^0\cdot(-1) < 0$.

Es liegt bei $E(1;1)$ ein Maximum vor

$f''(x) = e^{1-x}(x-2) = 0 \Rightarrow x = 2 \Rightarrow WP\left(2;\frac{2}{e}\right)$.

Es liegt bei $WP\left(2;\frac{2}{e}\right)$ ein Wendepunkt vor.

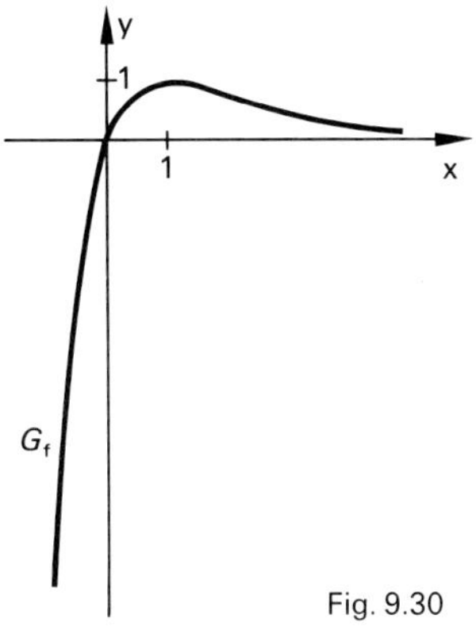

Fig. 9.30

b) $F(x) = -e^{1-x}(1+x)$.

Falls F eine Stammfunktion von f ist, muss $F'(x) = f(x)$ für $x \in \mathbb{R}$ gelten.

$F'(x) = -e^{1-x}\cdot(-1)\cdot(1+x) - e^{1-x}\cdot 1$
$= e^{1-x} + xe^{1-x} - e^{1-x} = xe^{1-x} = f(x); \quad x \in \mathbb{R}$.

c) $A(s) = \int_0^s xe^{1-x}\,dx = [-e^{1-x}\cdot(1+x)]_0^s = e - e^{1-s}(1+s)$.

d) $\lim_{s\to\infty} A(s) = \lim_{s\to\infty}[e - e^{1-s}(1+s)] = e$.

Der Flächenzuwachs bei Verschiebung der Parallelen zur y-Achse durch $x_0 = s$ wird für sehr große s-Werte vernachlässigbar klein.

25. a) $\lim_{x\to\infty}[(\ln x - 2a)\cdot\ln x] = \infty$. S.122

b) Sei $a_1 \neq a_2$: $(\ln x - 2a_1)\cdot\ln x = (\ln x - 2a_2)\cdot\ln x$

$(\ln x)^2 - 2a_1\ln x = (\ln x)^2 - 2a_2\ln x$

$2a_2\ln x - 2a_1\ln x = 0$

$2\ln x(a_2 - a_1) = 0$.

99

Wegen $a_2 - a_1 \neq 0$ folgt $\ln x = 0 \Rightarrow x = 1$ und wegen
$f_{a_1}(1) = (\ln 1 - 2a_1) \ln 1 = 0$ folgt:
$S(1; 0)$ ist einziger gemeinsamer Punkt zweier verschiedener Scharkurven.

c) $f_a(x) = (\ln x - 2a) \ln x = 0$

1. $\ln x = 2a$
   $x = e^{2a} \Rightarrow N_{1,a}(e^{2a}; 0)$.

2. $\ln x = 0$
   $x = 1 \Rightarrow N_2(1; 0)$.

Die Nullstelle $N_{1,a}(e^{2a}; 0)$ ist vom Parameter a abhängig, die Nullstelle $N_2(1; 0)$ ist allen Kurven der Schar gemeinsam.
Für $a = 0$ fallen beide Nullstellen zusammen zu $N_1(1; 0)$.

$f'_a(x) = \frac{2}{x}[\ln x - a]$ und $f''_a(x) = \frac{2}{x^2}[1 + a - \ln x]$;

$f'_a(x) = 0 \Rightarrow \ln x = a \Rightarrow x = e^a \Rightarrow E_a(e^a; -a^2)$.

Wegen $f''_a(e^a) = \frac{2}{e^{2a}} > 0$ liegt bei $E_a(e^a; -a^2)$ für $a \in \mathbb{R}$ ein Minimum vor.

$f''_a(x) = 0 \Rightarrow \ln x = 1 + a \Rightarrow x = e^{1+a} \Rightarrow WP_a(e^{1+a}; 1 - a^2)$.

Bei $WP_a(e^{1+a}; 1 - a^2)$ mit $a \in \mathbb{R}$ liegt ein Wendepunkt vor.

d) Wegen $E_a(e^a; -a^2)$ gilt $x = e^a$ und $y = -a^2$ bzw. $a = \ln x$ und $y = -(\ln x)^2$, und damit ist

$h: x \mapsto -(\ln x)^2$; $x \in \mathbb{R}^+$.

Wegen $WP_a(e^{1+a}; 1 - a^2)$ gilt

$x = e^{1+a}$ und $y = 1 - a^2$ bzw.
$1 + a = \ln x$ und $y = 1 - [\ln x - 1]^2 = 1 - (\ln x)^2 + 2\ln x - 1$
$= 2\ln x - (\ln x)^2 = -(\ln x - 2) \cdot \ln x$ und damit ist

$w: x \mapsto -(\ln x - 2) \cdot \ln x$; $x \in \mathbb{R}^+$.

Mit $f_0(x) = (\ln x - 0) \cdot \ln x = (\ln x)^2$
folgt $h(x) = -f_0(x)$, d.h. die Kurve $H = G_h$ geht durch Spiegelung von G_{f_0} an der x-Achse hervor.
Mit $f_1(x) = (\ln x - 2) \ln x$ folgt $w(x) = -f_1(x)$, d.h. die Kurve $W = G_w$ geht durch Spiegelung von G_{f_1} an der x-Achse hervor.

e) s. Fig. 9.31.

f) Mit $f_0(x) = (\ln x)^2$ und $f'_0(x) = \frac{2 \ln x}{x} < 0$ für $x \in]0; 1[$ ist $\bar{f}_0$
wegen der strengen Monotonie in $]0; 1]$ umkehrbar.
Es gilt $W_{\bar{f}_0} = \mathbb{R}_0^+$ und $y = (\ln x)^2$ und damit $\ln x = \pm\sqrt{y}$.
Wegen $W_{\bar{f}_0^{-1}} = D_{\bar{f}_0} =]0; 1]$ gilt:

$\bar{f}_0^{-1}: x \mapsto e^{-\sqrt{x}}$; $x \in \mathbb{R}_0^+$.

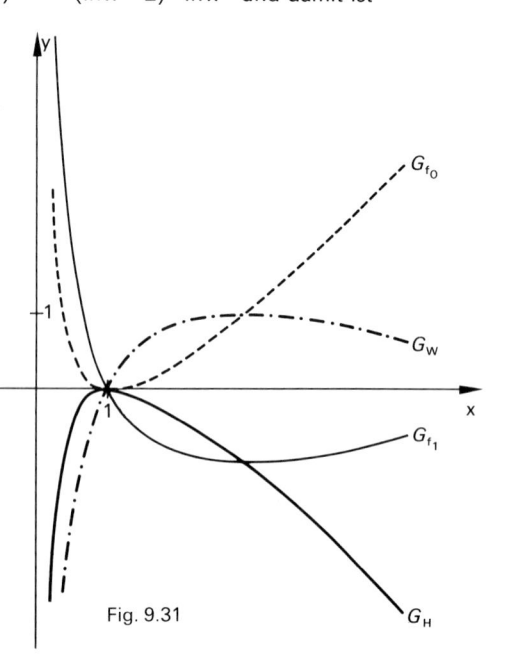

Fig. 9.31

26. a) $f(x) = x^2 \ln x = 0 \Rightarrow x = 1 \in \mathbb{R}^+$ (!)

N(1; 0) ist einzige Nullstelle von G_f.

$f'(x) = x(2\ln x + 1)$ und $f''(x) = 2\ln x + 3$.

$f'(x) = 0 \Rightarrow \ln x = -\frac{1}{2} \Rightarrow x = \frac{1}{\sqrt{e}} \Rightarrow E\left(\frac{1}{\sqrt{e}}; -\frac{1}{2e}\right)$.

$f''\left(\frac{1}{\sqrt{e}}\right) = 2 > 0$.

Es liegt also bei $E\left(\frac{1}{\sqrt{e}}; -\frac{1}{2e}\right)$ ein Minimum vor.

$f''(x) = 0 \Rightarrow \ln x = -\frac{3}{2} \Rightarrow x = e^{-\frac{3}{2}} \Rightarrow WP\left(\frac{1}{\sqrt{e^3}}; -\frac{3}{2e^3}\right)$.

Es liegt bei WP $\left(\frac{1}{\sqrt{e^3}}; -\frac{3}{2e^3}\right)$ ein Wendepunkt vor.

$\lim\limits_{x \to \infty} x^2 \ln x = \infty$

b) ab 2. Auflage: $\lim\limits_{x \to 0} x^2 \ln x = 0$. Es sei $x \in]0; 1[$. Dann gilt: $\ln x = \int\limits_1^x \frac{dx}{x} < 0$.

$A = (1 - x) \cdot \frac{1}{x}$ ist die Fläche des Rechtecks mit den Seitenlängen $1 - x$ und $\frac{1}{x}$.

Dann gilt: $\frac{1}{x}(x - 1) < \ln x < 0$.

Multipliziert man diese Ungleichung mit x^2, dann gilt wegen $x > 0$:

$x(x - 1) < x^2 \ln x < 0$ und mit

$\lim\limits_{x \to 0} x(x - 1) = 0$ folgt $\lim\limits_{x \to 0} x^2 \ln x = 0$, was zu zeigen war.

c) s. Fig. 9.32

d) $g'(x) = 3x^2 \ln x + x^2$

$F(x) = \int\limits_1^x t^2 \ln t \, dt = \left[\frac{1}{3}t^3 \ln t - \frac{t^3}{9}\right]_1^x$

$= \frac{x^3}{3} \ln x - \frac{x^3}{9} + \frac{1}{9}$;

e) $\lim\limits_{x \to 0} F(x) = \lim\limits_{x \to 0}\left(\frac{x^3}{3}\ln x - \frac{x^3}{9} + \frac{1}{9}\right) = \frac{1}{9}$.

Der Inhalt der Fläche zwischen G_f, der x-Achse und der Parallelen zur y-Achse durch x_0, wobei x_0 dem Nullpunkt zustrebt, hat einen endlichen Wert, nämlich $\frac{1}{9}$ FE.

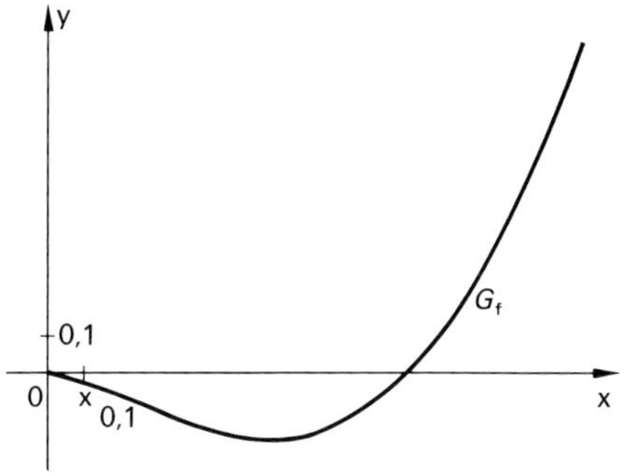

Fig. 9.32

27. a) $D_{max} = \mathbb{R} \setminus \{a\}$; $a \in \mathbb{R}$.

$\lim\limits_{x \to -\infty} f_a(x) = 0;$ $\lim\limits_{x \to a+0} f_a(x) = \infty;$ $\lim\limits_{x \to a-0} f_a(x) = -\infty;$

$\lim\limits_{x \to \infty} f_a(x) = \infty;$

Sei $a_1 \neq a_2$: $\frac{e^x}{x - a_1} = \frac{e^x}{x - a_2} \Rightarrow x - a_1 = x - a_2$.

Wegen $a_1 \neq a_2$ besitzt die Gleichung keine Lösung.

b) $f'_a(x) = \dfrac{e^x(x-a-1)}{(x-a)^2} = 0$

Wegen $e^x \neq 0$ für $x \in D_{max}$ folgt $x = 1 + a$ und wegen $f_a(1+a) = e^{1+a}$ sind $E_a(1+a; e^{1+a})$ die Extrema der Kurvenschar.
Mit $x = 1 + a$ und $y = e^{1+a}$ folgt: die Extrema liegen auf der Kurve mit der Gleichung $y = e^x$, da $a = x - 1$.

c) s. Fig. 9.33.

d) Mit $f''_a(x) =$

$\dfrac{e^x \cdot [(x-a)^2 - 2(x-a-1)]}{(x-a)^3}$ folgt

$f''_0(x) = \dfrac{e^x[x^2 - 2(x-1)]}{x^3}$.

Falls G_{f_0} einen Wendepunkt hätte, dann müsste die Gleichung $x^2 - 2x + 2 = 0$ eine reelle Lösung besitzen. Die Diskriminante dieser Gleichung ist jedoch negativ.

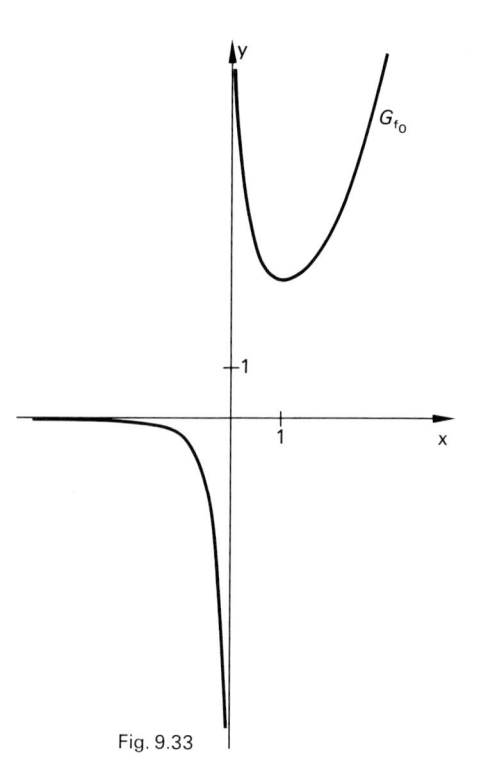

Fig. 9.33

9.4.1

S. 125 1. a) $\log_3 29 = \dfrac{\ln 29}{\ln 3} = 3{,}0651$. b) $\log_5 131 = 3{,}0291$. c) $\lg 791 = 2{,}8982$.

d) $\lg 0{,}318 = -0{,}4976$. e) $\lg 3{,}18 = 0{,}5024$. f) $\lg 318 = 2{,}5024$.

2. a) $W_f = [0{,}5; 1]$, b) $W_f = [-1; -0{,}5]$.

3. a) $x = \dfrac{\ln 20}{\ln 2{,}5} = 3{,}2694$. b) $x = \dfrac{\ln 0{,}03}{\ln 1{,}5} = -8{,}6482$.

c) $x = -3 + \dfrac{\ln 111}{\ln 2} = 3{,}7944$. d) $x = \dfrac{1}{3}\dfrac{\ln 3}{\ln 2} = 0{,}5283$.

4. a) $L = \,]1; \dfrac{\ln 3}{\ln 2}[\, = \,]1; \log_2 3[$. b) $L = \,]\dfrac{\ln 1{,}5}{\ln 4}; 1{,}5[\, = \,]\log_4 1{,}5; 1{,}5[$.

5. $\log_a(x \cdot y) = \dfrac{\ln(x \cdot y)}{\ln a} = \dfrac{\ln x + \ln y}{\ln a} = \log_a x + \log_a y$;

$\log_a \dfrac{x}{y} = \dfrac{\ln\left(\dfrac{x}{y}\right)}{\ln a} = \dfrac{\ln x}{\ln a} - \dfrac{\ln x}{\ln a} = \log_a x - \log_a y$; $\log_a x^r = \dfrac{\ln x^r}{\ln a} = \dfrac{r\ln x}{\ln a} = r\log_a x$.

9.4.2

1. a) $f'(x) = 3\ln a \cdot a^{3x+2}$; b) $f'(b) = 2x \cdot \ln a \cdot a^{x^2}$;

   c) $f'(x) = 2^x \cdot (\ln 2 \cdot \sin x + \cos x)$; d) $f'(x) = \dfrac{\ln 10}{2} \cdot \sqrt{10^x}$;

   e) $f'(x) = \dfrac{1}{x \ln 3}$; f) ab 2. Auflage: $f(x) = \lg(x^2+1)$; $f'(x) = \dfrac{2x}{(x^2+1)\ln 10}$;

   g) $f'(x) = \dfrac{1}{(2x+1) \cdot \ln 10}$; h) $f'(x) = \log_a x + \dfrac{1}{\ln a}$;

   S. 126

2. $f(x) = \log_4 x = \dfrac{\ln x}{\ln 4} \;\Rightarrow\; f'(x) = \dfrac{1}{x \cdot \ln 4}$;

   $f(x) = 0 \;\Rightarrow\; \ln x = 0 \;\Rightarrow\; x = 1$

   $f'(1) = \dfrac{1}{\ln 4} = \tan \alpha \;\Rightarrow\; \alpha = 35{,}81°$.

3. a) $f(x) = a^x = e^{x \ln a}$; nach der Kettenregel gilt: $f'(x) = e^{x \ln a} \cdot \ln a = \ln a \cdot a^x$;

   b) $f(x) = \log_a x = \dfrac{\ln x}{\ln a}$; nach der Produktregel gilt: $f'(x) = \dfrac{1}{\ln a} \cdot \dfrac{1}{x} = \dfrac{1}{x \cdot \ln a}$.

4. Mit $f(x) = a^x > 0$ für $x \in \mathbb{R}$ und $a \in \mathbb{R}^+ \setminus \{1\}$ folgt aus $f'(x) = a^x \cdot \ln a$, dass G_f für $x \in \mathbb{R}$ streng monoton wachsend ist, falls $a > 1$ ist, und dass G_f für $x \in \mathbb{R}$ streng monoton fallend ist, falls $0 < a < 1$ gilt.

   Mit $f(x) = \log_a a$ für $x \in \mathbb{R}^+$ und $a \in \mathbb{R}^+ \setminus \{1\}$ folgt aus $f'(x) = \dfrac{1}{x \cdot \ln a}$, dass G_f für $x \in \mathbb{R}^+$ streng monoton wachsend ist, falls $a > 1$ ist, und dass G_f für $x \in \mathbb{R}^+$ streng monoton fallend ist, falls $0 < a < 1$ gilt.

5. Mit $f(x) = \lg x = \dfrac{\ln x}{\ln 10}$ folgt $f'(x) = \dfrac{1}{x \cdot \ln 10}$ und aus

   $\dfrac{1}{x \cdot \ln 10} = 1$ folgt $x = \dfrac{1}{\ln 10} = \dfrac{\ln e}{\ln 10} = \lg e$.

   $f(\lg e) = \lg(\lg e)$

   Der Punkt lautet $P(\lg e; \lg(\lg e))$.

6. $f(x) = 2^x = e^{x \ln 2} \;\Rightarrow\; f'(x) = 2^x \cdot \ln 2 = \tan 54{,}2°$

   $\Rightarrow\; x = \log_2\left(\dfrac{\tan 54{,}2°}{\ln 2}\right) = 1{,}0$.

   $f(1{,}0) = 2{,}0$.

   Im Punkt $P(1{,}0; 2{,}0)$ (bzw. an der Stelle $x = 1{,}0$) ist die Tangente an G_f unter $54{,}2°$ gegen die x-Achse geneigt.

7. Wegen $\left(\dfrac{a^x}{\ln a} + C\right)' = \dfrac{1}{\ln a} \cdot a^x \cdot \ln a = a^x$ gilt: $\int a^x dx = \dfrac{a^x}{\ln a} + C$; $C \in \mathbb{R}$.

8. a) $\int_0^1 (1 + 2^x)\, dx = \left[x + \dfrac{2^x}{\ln 2}\right]_0^1 = 2{,}44$.

   b) $\int_0^3 (e^{-x} + 4^{-x})\, dx = \int_0^3 \left[e^{-x} + \left(\dfrac{1}{4}\right)^x\right] dx = \left[-e^{-x} + \dfrac{(\frac{1}{4})^x}{\ln(\frac{1}{4})}\right]_0^3 = 1{,}66$.

S.127 9. Die beiden Kurven schneiden sich wegen
$$2^x = \left(\tfrac{1}{2}\right)^x \Leftrightarrow 2^x = 2^{-x} \Leftrightarrow x = -x \Leftrightarrow x = 0 \quad \text{im Punkt } S(0;1).$$

$$A = \int_0^1 \left(2^x - \left(\tfrac{1}{2}\right)^x\right) dx = \left[\frac{2^x}{\ln 2} - \frac{\left(\tfrac{1}{2}\right)^x}{\ln\left(\tfrac{1}{2}\right)}\right]_0^1 = \frac{2}{\ln 2} - \frac{\tfrac{1}{2}}{\ln\left(\tfrac{1}{2}\right)} - \frac{1}{\ln 2} + \frac{1}{\ln\left(\tfrac{1}{2}\right)}$$

$$= \frac{2}{\ln 2} - \frac{1}{2(\ln 1 - \ln 2)} - \frac{1}{\ln 2} + \frac{1}{\ln 1 - \ln 2} = \frac{2}{\ln 2} + \frac{1}{2\ln 2} - \frac{1}{\ln 2} - \frac{1}{\ln 2} = \frac{1}{2\ln 2};$$

10. $A(s) = \int_0^s \left(\tfrac{1}{2}\right)^x dx = \left[\dfrac{\left(\tfrac{1}{2}\right)^x}{\ln\left(\tfrac{1}{2}\right)}\right]_0^s = \dfrac{1}{2^s(\ln 1 - \ln 2)} - \dfrac{1}{\ln 1 - \ln 2} = -\dfrac{1}{2^s \ln 2} + \dfrac{1}{\ln 2}$

$$= \frac{1}{\ln 2}\left(1 - \left(\tfrac{1}{2}\right)^s\right);$$

$$\lim_{s\to\infty} A(s) = \lim_{s\to\infty} \left(\frac{1}{\ln 2} - \frac{1}{2^s} \cdot \frac{1}{\ln 2}\right) = \frac{1}{\ln 2}.$$

Der Flächenzuwachs wird bei Verschieben der Parallelen zur y-Achse $x_0 = s$ für $s \to \infty$ vernachlässigbar gering, und daher bleibt der Inhalt des Flächenstücks endlich.

9.5

S.131 1. a) Es gilt: $T_1 = 35°$ und $T_2 = 15°$.
T sei die Temperatur nach 20 s, dann gilt
$|T - T_2| = 12°$ und damit $f(20) = (T_1 - T_2) e^{k \cdot 20} = 12$
mit der Abkühlungsfunktion f.
Für k ergibt sich: $k = \tfrac{1}{20} \ln \tfrac{3}{5}$.

b) Die Gleichung der Abkühlungsfunktion lautet: $f(x) = 20\, e^{\tfrac{1}{20}\ln\tfrac{3}{5}\cdot t}$.

c) Es gilt $f(t) = 20\, e^{\tfrac{1}{20}\ln\tfrac{3}{5}\cdot t} = 0,1$ und damit folgt $t = 3$ min 27 s.

2. a) Es gilt $T_1 = 20°$ und $T_2 = 38°$.
T bezeichne die Momentantemperatur nach einer Minute, dann ist $T = 28,8°$.
$f(60) = (38 - 20)e^{k \cdot 60}$ und $f(60) = 38 - 28,8$
und daraus ergibt sich $k = \dfrac{1}{60} \ln \dfrac{4,6}{9}$.

Die Erwärmungsfunktion lautet: $f(t) = 18\, e^{\tfrac{1}{60}\ln\tfrac{4,6}{9}\cdot t}$.
Nun soll $f(t) = 38 - 37,9$ gelten für eine bestimmte Zeit t.
Aus $18\, e^{\tfrac{1}{60}\ln\tfrac{4,6}{9}\cdot t} = 0,1$ ergibt sich für den Messvorgang eine Zeit von $t = 7$ min 44 s.

b) Es gilt $T_1 = 20°$ und $T_2 = 39,5°$
$f(60) = (39,5 - 20)e^{k\cdot 60}$ und $f(60) = 39,5 - 28,8$
und daraus ergibt sich $k = \dfrac{1}{60} \ln \dfrac{10,7}{19,5}$.

$f(t) = 19,5\, e^{\tfrac{1}{60}\ln\tfrac{10,7}{19,5}\cdot t}$.

Nun soll $f(t) = 39,5 - 39,4$ gelten für eine bestimmte Zeit t.
Aus $19,5\, e^{\tfrac{1}{60}\ln\tfrac{10,7}{19,5}\cdot t} = 0,1$ ergibt sich für den Messvorgang eine Zeit von $t = 8$ min 47 s.

3. Die allgemeine Lösung der Differenzialgleichung $\dot y = 0{,}02\, y$ lautet:
   $y(t) = A e^{0{,}02 \cdot t}$. Mit $y_0 = y(0)$ und $y_0 = 3000$ folgt die Gleichung der Wachstumsfunktion:
   $y(t) = 3000\, e^{0{,}02 \cdot t}$ $y(50) = 8155$.
   Nach 50 Zeiteinheiten ist die Anzahl der Individuen 8155.

4. $y(t) = y_0\, e^{0{,}04 t} \;\Rightarrow\; y_0 = y(t)\, e^{-0{,}04 t} = 8200\, e^{-0{,}04 \cdot 1000} \approx 3 \cdot 10^{-14}$
   Der Anfangsbestand betrug $3 \cdot 10^{-14}$ Mengeneinheiten.

5. Eine Schwierigkeit bei dieser Aufgabe ist, dass man es mit realen Daten zu tun hat, die zufällige Schwankungen aufweisen. Im Folgenden wird daher eine grafische Lösungsmethode verwendet, die es erlaubt, über die zufälligen Schwankungen zu mitteln. Wenn man die Gleichung der Wachstumsfunktion logarithmiert, ...

   $y(t) = y_0\, e^{kt}$
   $\ln y(t) = \ln y_0 + kt$

   ... erhält man mit den neuen Bezeichnungen $z(t) = \ln y(t)$ und $z_0 = \ln y_0$ ...

   $z(t) = kt + z_0$

   ... die Gleichung einer Geraden in einem t-z-Diagramm.

   Das heißt: Trägt man in einem Diagramm statt der y-Werte einer exponentiellen Wachstumsfunktion deren Logarithmen nach oben auf, so erhält man eine Gerade mit Steigung k. Umgekehrt kann man damit überprüfen, ob vorliegende Messwerte einem exponentiellen Gesetz gehorchen. Liegen die Messpunkte im logarithmischen Diagramm näherungsweise – mit einer tolerierten Streuung – auf einer Geraden, so wird man exponentielles Wachstum annehmen.
   Man legt die Gerade so, dass sich die Streuung der Punkte auf beiden Seiten etwa ausgleicht, und erhält mit der Steigung der Geraden den Wachstumsfaktor k:

   $k = \dfrac{\Delta z}{\Delta t}$;

   Δz und Δt entnimmt man einem möglichst groß gewählten Steigungsdreieck der Geraden (nicht der Messpunkte!).

   a) Natürliche Logarithmen der Tabellenwerte: S. 132

	1950	1960	1970	1980	1990	2000	2010
Ägypten	9,92	10,16	10,41	10,62	11,87	11,08	11,26
Niederlande	9,22	9,35	9,48	9,56	9,61	9,68	9,74
Sudan	9,13	9,32	9,54	9,84	10,13	10,41	10,67
Türkei	9,94	10,22	10,47	10,70	10,93	11,13	11,28

   Diese Werte sind in Fig. 9.34 aufgetragen. Man erkennt, dass in allen vier Fällen das allgemeine Wachstumsgesetz näherungsweise erfüllt ist.

	k in a^{-1}
Ägypten	0,023
Niederlande	0,008
Sudan	0,026
Türkei	0,023

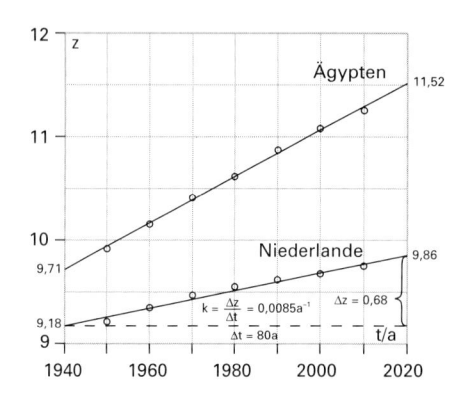

Fig. 9.34 a

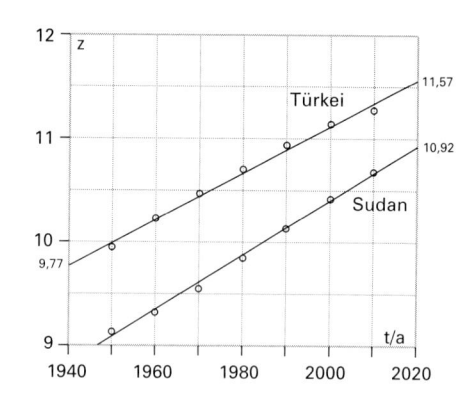

Fig. 9.34 b

b) Die Logarithmen z der Bevölkerungszahlen im Jahr 2020 kann man an den verlängerten („extrapolierten") Geraden direkt ablesen.
Daraus erhält man mit $y = e^z$ die Bevölkerungszahlen (in Tausend):

	z	$y = e^z$
Ägypten	11,52	100 710
Niederlande	9,86	19 149
Sudan	10,92	55 271
Türkei	11,57	105 873

c) Bei längerfristigen Prognosen sind Veränderungen des Reproduktionsverhaltens (z. B. durch wachsenden Wohlstand) sowie Zu- und Abwanderung zu berücksichtigen.
Der starke Unterschied im Wachstum zwischen den Niederlanden einerseits und den drei ähnlichen Ländern Ägypten, Sudan und Türkei andererseits dürfte auf das Wohlstandsgefälle zurückzuführen sein.

6. a) K_0 sei das Anfangskapital.

Nach einem Jahr erhält man mit den Zinsen $Z_1 = \dfrac{K_0 p}{100}$ das Kapital

$$K_1 = K_0 + \frac{K_0 p}{100} = K_0\left(1 + \frac{p}{100}\right)$$

Nach zwei Jahren erhält man mit den Zinsen $Z_2 = \dfrac{K_0\left(1 + \dfrac{p}{100}\right)p}{100}$

$$K_2 = K_1 + K_0\left(1 + \frac{p}{100}\right)\frac{p}{100} = K_0\left(1 + \frac{p}{100}\right) + K_0\left(1 + \frac{p}{100}\right)\frac{p}{100}$$

$$= K_0\left(1 + \frac{p}{100}\right)\left(1 + \frac{p}{100}\right) = K_0\left(1 + \frac{p}{100}\right)^2.$$

⋮

Nach n Jahren erhält man folglich $K_n = K_0\left(1 + \dfrac{p}{100}\right)^n$;

b) Wegen $K_n = K_0 e^{k \cdot n}$ folgt $k = \ln\left(1 + \dfrac{p}{100}\right)$.

Für $p = 5$ ergibt sich $k = \ln 1{,}05$ und damit als Wachstumsgesetz:
$K_n = K_0 \cdot 1{,}05^n$ oder $K_n = K_0 e^{n \cdot \ln 1{,}05}$.

Damit erhält man:
$K_1 = 1{,}05\, K_0$
$K_2 = 1{,}1025\, K_0$
$K_3 = 1{,}157625\, K_0$
$K_4 = 1{,}2155062\, K_0$
$K_5 = 1{,}2762815\, K_0$ usw.

7. Es gilt: $T = 138{,}5$ Tage und damit folgt aus $\lambda = \dfrac{\ln 2}{T}$ für die Zerfallskonstante $\lambda \approx 0{,}005\, \text{d}^{-1}$.

Für die Gleichung des Zerfalls ergibt sich $N(t) = N_0 e^{-\lambda \cdot t}$.
Mit $N(148{,}5) = N_0 e^{-\lambda \cdot 148{,}5\,\text{d}} = 0{,}4756\, N_0$ ergeben sich 47,6% der ursprünglich vorhandenen Atome.

8. Es gilt: $T = 19{,}7$ min und damit folgt aus $\lambda = \dfrac{\ln 2}{T}$ für die Zerfallskonstante $\lambda \approx 0{,}035\, \text{min}^{-1}$.

Das Zerfallsgesetz lautet: $N(t) = N_0 e^{-\lambda \cdot t}$.
Aus $N_0 e^{-\lambda \cdot t} = \dfrac{10}{100} \cdot N_0$ folgt eine Zeit von $t = 1\,\text{h}\ 5\,\text{min}\ 27\,\text{s}$.

9. a) Mit $T = 5730\,\text{a}$ und $\lambda = \dfrac{\ln 2}{T}$ erhält man: $\lambda = 0{,}000121\,\text{a}^{-1}$ \hfill S. 133

Mit N_{C13} = Anzahl der ^{13}C-Atome, lautet das Zerfallsgesetz:
$N_{C13}(t) = N_{C13}(0)\, e^{-0{,}000121\,\text{a}^{-1}\, t}$

b) Mit N_C = Anzahl der C-Atome (praktisch konstant):

$\dfrac{N_{C13}(0)}{N_C} = 3 \cdot 10^{-8}\%$; $\dfrac{N_{C13}(t)}{N_C} = 1{,}2 \cdot 10^{-8}\%$ (beide Angaben sehr ungenau)

$\Rightarrow \dfrac{N_{C13}(t)}{N_{C13}(0)} = \dfrac{1{,}2}{3} = 0{,}4$

Mit dem Zerfallsgesetz:

$\dfrac{N_{C13}(t)}{N_{C13}(0)} = e^{-0{,}000121\,\text{a}^{-1}\, t} = 0{,}4$

$\Rightarrow -0{,}000121\,\text{a}^{-1}\, t = \ln 0{,}4$

$\Rightarrow t \approx 7600\,\text{a}$; das entspricht einem Datum von 5600 v. Chr.

Berücksichtigt man die geringe Genauigkeit der Angaben, so erhält man eine beträchtliche Fehlerbreite von einigen tausend Jahren.

Ergänzungen und Ausblicke

S. 137 Für das Einschalten eines Gleichstromkreises gilt die folgende Gleichung:

$$J_1(t) = J_0(1 - e^{-\frac{R}{L} \cdot t}).$$

Speziell mit $U_0 = RJ_0 = 12$ V und $R = 4\,\Omega$, $L = 10$ H gilt:

$$J_1(t) = 3\,\text{A}\,(1 - e^{-0.4\text{s}^{-1} \cdot t}).$$

Für das Ausschalten eines Gleichstromkreises gilt die folgende Gleichung:

$$J_2(t) = J_0\,e^{-\frac{R}{L}t}.$$

Speziell hier: $J_2(t) = 3\,\text{A}\,e^{-0.4\text{s}^{-1} \cdot t}$.

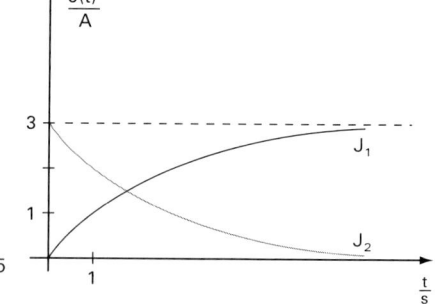

Fig. 9.35

S. 139 **1.** $e \approx 1 + 1 + \frac{1}{2} + \frac{1}{6} + \frac{1}{24} + \frac{1}{120} + \frac{1}{720} + \frac{1}{5040} \approx 2{,}718.$

Die folgenden Summanden ändern die 3. Stelle nicht mehr.

$$\frac{1}{7!} < 10^{-3}, \quad \frac{1}{8!} < 10^{-4}, \quad \frac{1}{9!} < 10^{-5}.$$

Die Folge von Ungleichungen geht im ungünstigsten Fall so weiter, da im Folgenden durch 10 oder mehr zu dividieren ist. Damit kann jeder folgende Summand die vorhergehende Stelle nicht beeinflussen.

$$\sqrt{e} = e^{\frac{1}{2}} \approx 1 + \frac{1}{2} + \frac{1}{4 \cdot 2!} + \frac{1}{8 \cdot 3!} + \frac{1}{16 \cdot 4!} + \frac{1}{32 \cdot 5!} + \frac{1}{64 \cdot 6!}$$

Der letzte Summand $\frac{1}{64 \cdot 6!}$ ist bereits kleiner als 10^{-4}, der folgende entsteht durch Division durch $2 \cdot 7 = 14$, ist daher kleiner als 10^{-5} usw.

Die vorhergehende Stelle kann also jeweils nicht beeinflusst werden.

$\Rightarrow \sqrt{e} \approx 1{,}6487$ (gerundet).

2. G_0: $y = 1$, G_1: $y = x + 1$,

G_2: $y = \frac{1}{2} \cdot (x+1)^2 + \frac{1}{2}$,

G_3: $y = \frac{x^3}{6} + \frac{x^2}{2} + x + 1$,

$y' = \frac{x^2}{3} + x + 1$.

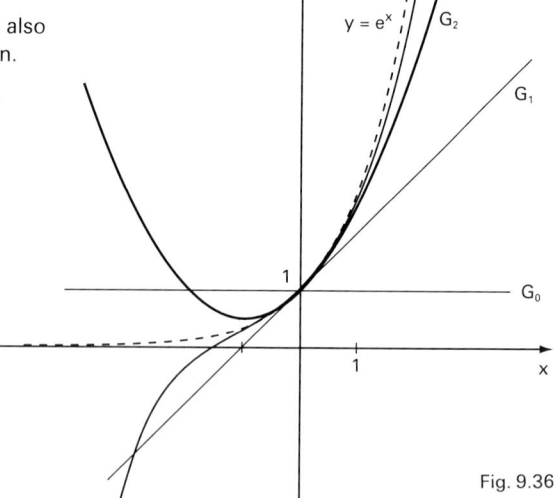

Fig. 9.36

S. 141 **1.** $\sin 9° = \sin \frac{\pi}{20} \approx \frac{\pi}{20} - \frac{\pi^3}{48000}.$

Der Fehler ist kleiner als $\frac{1}{5!} \cdot \left(\frac{\pi}{20}\right)^5 < 10^{-6}$.

$\cos 9° = \cos \frac{\pi}{20} \approx 1 - \frac{\pi^2}{800}$. Der Fehler ist kleiner als $\frac{1}{4!} \cdot \left(\frac{\pi}{20}\right)^4 < 10^{-4}$.

2. $\sin 1 \approx 1 - \frac{1}{3!} + \frac{1}{5!} - \frac{1}{7!} \approx 0{,}8415$. Der Fehler ist kleiner als $\frac{1}{9!} < 10^{-5}$.

3. G_1: $y = x$, G_3: $y = -\frac{1}{6}x \cdot (x^2 - 6)$

   G_5: $y = \frac{1}{120} x \cdot (x^4 - 20x^2 + 120)$,

   G_7: $y = -x \cdot \left(\frac{x^6}{7!} - \frac{x^4}{5!} + \frac{x^2}{3!} - 1 \right)$

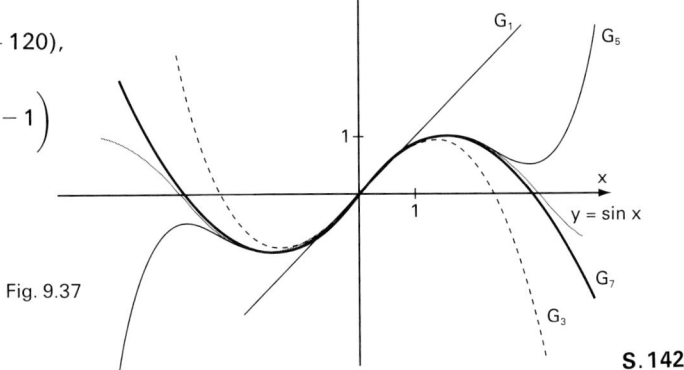

Fig. 9.37

S. 142

4. $x = 0{,}5$, $S = 0$, $G = 1$, $N = 0$

S	$-G \cdot x^2$	$(N+1) \cdot (N+2)$	G	N
1	$-0{,}25$	2	$-0{,}125$	2
0,875	0,03125	12	0,0026042	4
0,8776042	$-0{,}0006511$	30	$-0{,}0000217$	6

$\Rightarrow \cos 0{,}5 \approx 0{,}8776042$.

$x = 0{,}1$, $S = 0$, $G = 1$, $N = 0$

S	$-G \cdot x^2$	$(N+1)(N+2)$	G	N
1	$-0{,}01$	2	$-0{,}005$	2
0,995	0,00005	12	0,0000042	4

$\Rightarrow \cos 0{,}1 \approx 0{,}995$

5. 100 LET S = 0 : LET G = X : LET N = 1

Alles andere bleibt unverändert. Natürlich muss in Zeile 10 und in Zeile 200 der Kosinus durch den Sinus ersetzt werden.

Kapital nach einem Jahr: $k_1^{(n)} = k_0 \left(1 + \frac{q}{n}\right)^n$.

S. 144

mit: q = Zinssatz,

n = Anzahl der Jahresabschnitte.

Kapital nach t Jahren: $k_t^{(n)} = k_0 \left(1 + \frac{q}{n}\right)^{nt}$.

Zinsen in t Jahren: $z_t^{(n)} = k_0 \left(1 + \frac{q}{n}\right)^{nt} - k_0 = k_0 \left[\left(1 + \frac{q}{n}\right)^{nt} - 1 \right]$.

a) $k_0 = 4000$ DM, $q = 0{,}07$, $t = 6$, $n = 1$,

   $z_6^{(1)} = 2002{,}92$ DM.

b) $n = 2$,

   $z_6^{(2)} = 2044{,}27$ DM.

c) $n = 12$,

   $z_6^{(12)} = 2080{,}42$ DM.

d) Stetige Verzinsung:
$k(t) = k_0 e^{qt} \Rightarrow z(t) = k_0(e^{qt} - 1)$,
$z(6) = 2087{,}85$ DM.

e) mit $t = 12$:
jährliche Zinsabrechnung: $z_{12}^{(1)} = 5008{,}77$ DM,
halbjährliche Zinsabrechnung: $z_{12}^{(2)} = 5133{,}31$ DM,
monatliche Zinsabrechnung: $z_{12}^{(12)} = 5242{,}88$ DM,
stetige Verzinsung: $z(12) = 5265{,}47$ DM.

10.1

S.149 1. a) $f(x) = \dfrac{x+1}{8x(x-3)}$ für $x \in \mathbb{R} \setminus \{0; 3\}$

$\lim\limits_{x \to 0 \pm 0} f(x) = \mp \infty$; f hat Unendlichkeitsstelle mit Vorzeichenwechsel (VZW) bei $x = 0$.

$\lim\limits_{x \to 3 \pm 0} f(x) = \pm \infty$; f hat Unendlichkeitsstelle mit VZW bei $x = 3$.

$f'(x) = \dfrac{-x^2 - 2x + 3}{8x^2(x-3)^2}$

$\lim\limits_{x \to 0 \pm 0} f'(x) = +\infty$; f' hat Unendlichkeitsstelle ohne VZW bei $x = 0$.

$\lim\limits_{x \to 3 \pm 0} f'(x) = -\infty$; f' hat Unendlichkeitsstelle ohne VZW bei $x = 3$.

b) $f(x) = \dfrac{(x-1)(x-2)}{x(x-2)} = \dfrac{x-1}{x}$ für $x \in \mathbb{R} \setminus \{0; 2\}$

$\lim\limits_{x \to 0 \pm 0} f(x) = \mp \infty$; f hat Unendlichkeitsstelle mit VZW bei $x = 0$.

$\lim\limits_{x \to 2 \pm 0} f(x) = \tfrac{1}{2}$; f ist bei $x = 2$ stetig fortsetzbar.

$f'(x) = \dfrac{1}{x^2}$

$\lim\limits_{x \to 0 \pm 0} f'(x) = +\infty$; f' hat Unendlichkeitsstelle ohne VZW bei $x = 0$.

$\lim\limits_{x \to 2 \pm 0} f'(x) = \tfrac{1}{4}$; f' ist bei $x = 2$ stetig fortsetzbar.

2. a) $f(x) = \dfrac{x}{x-1}$

Nullstelle bei $x = 0$; Unendlichkeitsstelle bei $x = 1$.

$g(x) = \dfrac{x+1}{x-2}$

Nullstelle bei $x = -1$; Unendlichkeitsstelle bei $x = 2$.

$f(x) + g(x) = \dfrac{2x^2 - 2x - 1}{(x-1)(x-2)}$

Nullstellen bei $x = \tfrac{1}{2} \pm \tfrac{1}{2}\sqrt{3}$; Unendlichkeitsstellen bei $x = 1$ und $x = 2$.

$f(x) - g(x) = \dfrac{-2x+1}{(x-1)(x-2)}$

Nullstelle bei $x = \tfrac{1}{2}$; Unendlichkeitsstellen bei $x = 1$ und $x = 2$.

$f(x) \cdot g(x) = \dfrac{x(x+1)}{(x-1)(x-2)}$

Nullstellen bei $x = -1$ und $x = 0$; Unendlichkeitsstellen bei $x = 1$ und $x = 2$.

$$\frac{f(x)}{g(x)} = \frac{x(x-2)}{(x-1)(x+1)}$$

Nullstellen bei $x = 0$ und $x = 2$; Unendlichkeitsstellen bei $x = -1$ und $x = 1$.

b) $f(x) = \dfrac{x}{x-1}$

Nullstelle bei $x = 0$; Unendlichkeitsstelle bei $x = 1$.

$g(x) = \dfrac{x+1}{x}$

Nullstelle bei $x = -1$; Unendlichkeitsstelle bei $x = 0$.

$f(x) + g(x) = \dfrac{2x^2 - 1}{(x-1)x}$

Nullstellen bei $x = \pm\frac{1}{2}\sqrt{2}$; Unendlichkeitsstellen bei $x = 0$ und $x = 1$.

$f(x) - g(x) = \dfrac{1}{(x-1)x}$

Keine Nullstelle; Unendlichkeitsstellen bei $x = 0$ und $x = 1$.

$f(x) \cdot g(x) = \dfrac{x+1}{x-1} \quad$ für $x \in \mathbb{R} \setminus \{0; 1\}$

Nullstelle bei $x = -1$; Unendlichkeitsstelle bei $x = 1$.

$\dfrac{f(x)}{g(x)} = \dfrac{x^2}{(x-1)(x+1)}$

Nullstelle bei $x = 0$ (doppelt); Unendlichkeitsstellen bei $x = -1$ und $x = 1$.

3. Mit $f'(x) = \dfrac{2(a - x^2 - xb)}{(x^2 + a)^2}$ folgt $a = 16$ und $b = 6$.

4. Aus $x \cdot y = 400$ folgt $y = \dfrac{400}{x}$.

 Für den Umfang ergibt sich:

 $U(x) = x + 2 \cdot \dfrac{400}{x}$ und damit $U(x) = \dfrac{x^2 + 800}{x}$ und $U'(x) = \dfrac{x^2 - 800}{x^2}$.

 Für $x = 20\sqrt{2}$ und $y = 10\sqrt{2}$ ergibt sich für den Umfang ein minimaler Wert.

5. Aus $r^2 \pi h = 125$ folgt $h = \dfrac{125}{\pi r^2}$.

 $U(r) = 2\pi r^2 + 2\pi \cdot r \cdot \dfrac{125}{\pi r^2}$ und damit $U(r) = \dfrac{2\pi r^3 + 250}{r}$ und $U'(r) = \dfrac{4\pi r^3 - 250}{r^2}$.

 Für $r = \sqrt[3]{\dfrac{250}{4\pi}}$ und $h = \dfrac{125}{\pi} \cdot \left(\dfrac{4\pi}{250}\right)^{2/3}$

 ergibt sich für den Umfang ein minimaler Wert.

6. Für das Volumen des Prismas gilt $V = G \cdot h$ und für die Oberfläche des Prismas gilt $O = 2 \cdot G + 3 \cdot a \cdot h$, wobei G die Dreiecksgrundfläche und h die Höhe des Prismas bezeichnen (s. Fig. 10.1a).
 Nach Pythagoras gilt:

 $a^2 = h_\Delta^2 + \left(\dfrac{a}{2}\right)^2$, woraus sich für die Höhe des Dreiecks $h_\Delta = \dfrac{a}{2}\sqrt{3}$ ergibt.

Damit ist

$G(a) = \frac{1}{2} \cdot a \cdot \frac{a}{2}\sqrt{3} = \frac{a^2}{4}\sqrt{3}$ und

$O(a; h) = 2 \cdot \frac{a^2}{4}\sqrt{3} + 3 \cdot a \cdot h$.

Aus $V = \frac{a^2}{4}\sqrt{3} \cdot h$ und $V = 2000$ folgt

$h = \frac{8000}{a^2\sqrt{3}}$ und damit

$O(a) = \frac{a^2}{2}\sqrt{3} + \frac{8000\sqrt{3}}{a}$

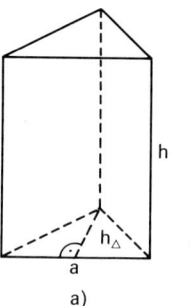

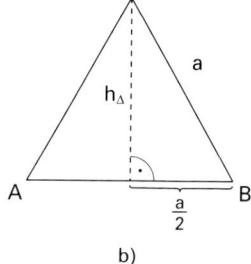

Fig. 10.1

$O(a) = \frac{\sqrt{3}}{2} \cdot \frac{a^3 + 16\,000}{a}$ und $O'(a) = \sqrt{3} \cdot \frac{a^3 - 8000}{a^2}$.

Für $a = 20$ und $h = \frac{20}{3}\sqrt{3}$ ergibt sich für die Oberfläche ein minimaler Wert.

7. a) $f(x) = \frac{x(x+2)}{(x+1)(x+2)}$; $D_f = \mathbb{R}\setminus\{-2; -1\}$.

$\bar{f}(x) = \frac{x}{x+1}$; $D_{\bar{f}} = \mathbb{R}\setminus\{-1\}$.

$\lim_{x \to -1+0} f(x) = -\infty$ und $\lim_{x \to -1-0} f(x) = \infty$.

b) $f(x) = \frac{x-1}{x^2}$; $D_f = \mathbb{R}\setminus\{0\}$. Es gibt keine stetige Fortsetzung.

$\lim_{x \to 0+0} f(x) = -\infty$ und $\lim_{x \to 0-0} f(x) = -\infty$.

c) $f(x) = \frac{x^2(x-3)}{x(x-3)^2}$; $D_f = \mathbb{R}\setminus\{0; 3\}$.

$\bar{f}(x) = \frac{x}{x-3}$; $D_{\bar{f}} = \mathbb{R}\setminus\{3\}$.

$\lim_{x \to 3+0} f(x) = \infty$ und $\lim_{x \to 3-0} f(x) = -\infty$.

d) $f(x) = \frac{x(x+1)}{x^6(x-1)}$; $D_f = \mathbb{R}\setminus\{0; 1\}$. Es gibt keine stetige Fortsetzung.

$\lim_{x \to 0+0} f(x) = -\infty$ und $\lim_{x \to 0-0} f(x) = +\infty$; $\lim_{x \to 1+0} f(x) = +\infty$ und $\lim_{x \to 1-0} f(x) = -\infty$.

8. $f_a'(x) = \frac{-2x}{(x^2+a^2)^2}$

$f_a''(x) = \frac{6x^2 - 2a^2}{(x^2+a^2)^3}$

$f_a''(x) = 0 \Rightarrow 6x^2 - 2a^2 = 0$ (1)

$\Rightarrow x = \pm\frac{1}{3}a\sqrt{3}$

Dies sind Nullstellen mit VZW (weil $a \neq 0$) in $f_a''(x)$, daher Wendestellen in $f_a(x)$.
(1) nach a^2 aufgelöst: $a^2 = 3x^2$; in $f_a(x)$ eingesetzt:

Ortskurve der Wendepunkte: $y = \frac{1}{4x^2}$

9. a) $D_{max} = \mathbb{R} \setminus \left\{-\frac{1}{k}\right\}$

Nullstelle bei $x = 0$ (doppelt).

b) $f'_k(x) = \frac{k^2 x (kx + 2)}{(kx + 1)^2}$

$f'_k(x) = 0 \Rightarrow x(kx + 2) = 0$

$\Rightarrow x_1 = -\frac{2}{k};\ x_2 = 0$

x		$-\frac{2}{k}$		$-\frac{1}{k}$		0	
$f'_k(x)$	+		−		−		+
G_{fk}	steigt		fällt		fällt		steigt

$\Rightarrow$ Hochpunkt $H\left(-\frac{2}{k}; -4\right)$; Tiefpunkt $T(0; 0)$

c) $h_k(x) = f_k(x)$

$\Rightarrow \frac{k^2 x^2}{kx + 1} = kx - 1$

$\Rightarrow k^2 x^2 = k^2 x^2 - 1$ (f)

$\Rightarrow$ keine Lösung, also kein Schnittpunkt

$\lim\limits_{x \to \infty} \left(\frac{k^2 x^2}{kx + 1} - (kx - 1) \right)$

$= \lim\limits_{x \to \infty} \frac{k^2 x^2 - (k^2 x^2 - 1)}{kx + 1}$

$= \lim\limits_{x \to \infty} \frac{1}{kx + 1} = 0$

$\Rightarrow G_h$ ist Asymptote von G_f.

d) s. Fig. 10.2

e) Hochpunkte:

$\left.\begin{array}{l} x = -\frac{2}{k} \\ y = -4 \end{array}\right\}$

$\Rightarrow$ Ortskurve: $y = -4$ für $x \in \mathbb{R}^-$

$W_{fk} = \mathbb{R} \setminus]-4; 0[$.

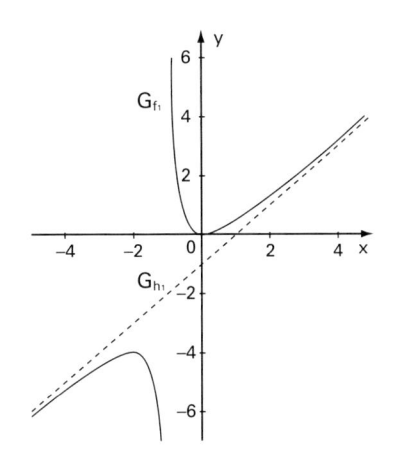

Fig. 10.2

10.2

s. Fig. 10.3

1. a) senkrechte Asymptote: $x = \frac{2}{3}$;
waagrechte Asymptote: $y = -\frac{1}{3}$

b) senkrechte Asymptote: $x = 0$;
schräge Asymptote: $y = \frac{1}{2}x$.

c) senkrechte Asymptote: $x = -1$;
schräge Asymptote: $y = x - 1$

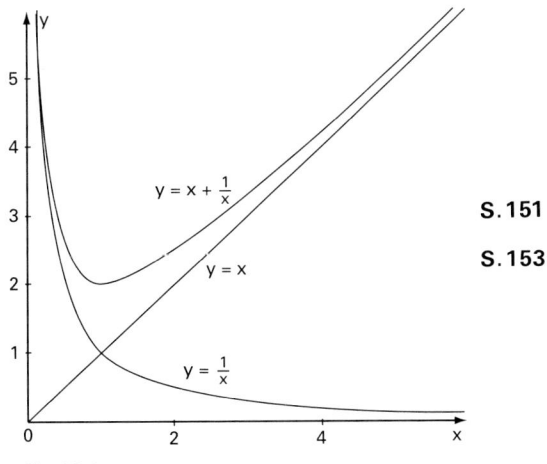

Fig. 10.3

S. 151

S. 153

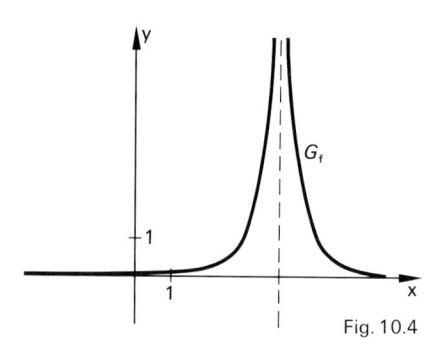

d) senkrechte Asymptoten: $x = 1$; $x = -1$;   schräge Asymptote: $y = x$

e) waagrechte Asymptote: $y = 0$ (x-Achse);
senkrechte Asymptoten: $x = -\sqrt{2}$; $x = \sqrt{2}$.

f) senkrechte Asymptote: $x = 2$;   waagrechte Asymptote: $y = -3$

g) schräge Asymptote: $y = x$

h) senkrechte Asymptoten: $x = -2$; $x = 0$; $x = 2$
schräge Asymptote: $y = -x$

2. a) $D_{max} = \mathbb{R} \setminus \{4\}$
Unendlich-
keitsstelle: $x = 4$
Nullstelle: keine
Asymptote: $y = 0$
Wertebereich: $W = \mathbb{R}^+$
Symmetrie: keine besondere
s. Fig. 10.4

b) $D_{max} = \mathbb{R} \setminus \{-2; 2\}$
Unendlich-
keitsstellen: $x = -2$; $x = 2$
Nullstellen: keine
Asymptote: $y = 0$
Wertebereich: $W = \mathbb{R} \setminus [0; -\frac{1}{4}[$
Symmetrie: achsensymmetrisch.
s. Fig. 10.5

Fig. 10.4

c) $D_{max} = \mathbb{R} \setminus \{0\}$
Unendlich-
keitsstelle: $x = 0$
Nullstellen: $N_1(-1; 0)$, $N_2(1; 0)$
Asymptote: $y = x$
Wertebereich: $W = \mathbb{R}$
Symmetrie: punktsymmetrisch.
s. Fig. 10.6

Fig. 10.5

d) $D_{max} = \mathbb{R} \setminus \{0\}$
Unendlich-
keitsstelle: $x = 0$
Nullstellen: keine
Asymptote: $y = x$
Wertebereich: $W = \mathbb{R} \setminus]-2; 2[$
Symmetrie: punktsymmetrisch
s. Fig. 10.7

e) $D_{max} = \mathbb{R} \setminus \{0\}$
Unendlich-
keitsstelle: $x = 0$
Nullstelle: keine
Asymptote: $y = 1$
Wertebereich: $W =]1; \infty[$
Symmetrie: achsensymmetrisch
s. Fig. 10.8

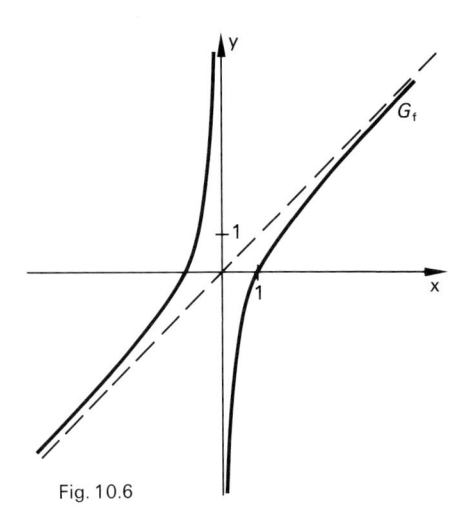

Fig. 10.6

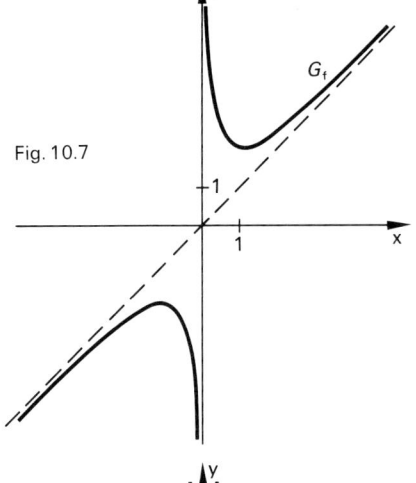

Fig. 10.7

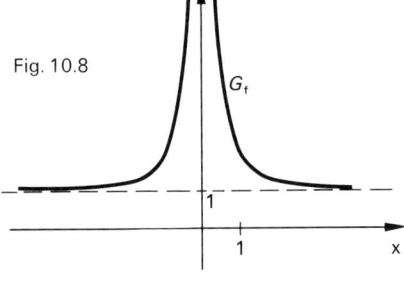

Fig. 10.8

f) $D_{max} = \mathbb{R} \setminus \{0\}$
Unendlich-
keitsstelle: $x = 0$
Nullstellen: $N_1(-1; 0)$, $N_2(1; 0)$
Asymptote: $y = x^2$
Wertebereich: $W = \mathbb{R}$
Symmetrie: achsensymmetrisch
s. Fig. 10.9

g) $D_{max} = \mathbb{R} \setminus \{-1\}$
Unendlich-
keitsstelle: $x = -1$
Nullstelle: $N(0; 0)$
Asymptote: $y = x - 1$
Wertebereich: $W = \mathbb{R} \setminus]-4; 0[$
Symmetrie: keine besondere
s. Fig. 10.10

h) $D_{max} = \mathbb{R}$
Unendlich-
keitsstelle: keine
Nullstelle: keine
Asymptote: $y = 1$
Wertebereich: $W =]1; 2]$
Symmetrie: achsensymmetrisch
s. Fig. 10.11

i) $D_{max} = \mathbb{R}$
Unendlich-
keitsstelle: keine
Nullstelle: $N_1(-\sqrt{2}; 0)$, $N_2(\sqrt{2}; 0)$
Asymptote: $y = 1$
Wertebereich: $W = [-2; 1[$
Symmetrie: achsensymmetrisch
s. Fig. 10.12

k) $D_{max} = \mathbb{R}$
Unendlich-
keitsstelle: keine
Nullstelle: $N(0; 0)$
Asymptote: $y = 1$
Wertebereich: $W = [0; 1[$
Symmetrie: achsensymmetrisch
s. Fig. 10.13

l) $D_{max} = \mathbb{R}$
Unendlich-
keitsstelle: keine
Nullstelle: $N(0; 0)$
Asymptote: $y = x$
Wertebereich: $W = \mathbb{R}$
Symmetrie: punktsymmetrisch
s. Fig. 10.14

m) $D_{max} = \mathbb{R} \setminus \{0\}$
Unendlich-
keitsstelle: $x = 0$
Nullstelle: $N(1; 0)$
Asymptote: $y = x$
Wertebereich: $W = \mathbb{R}$
Symmetrie: keine besondere
s. Fig. 10.15

Fig. 10.9

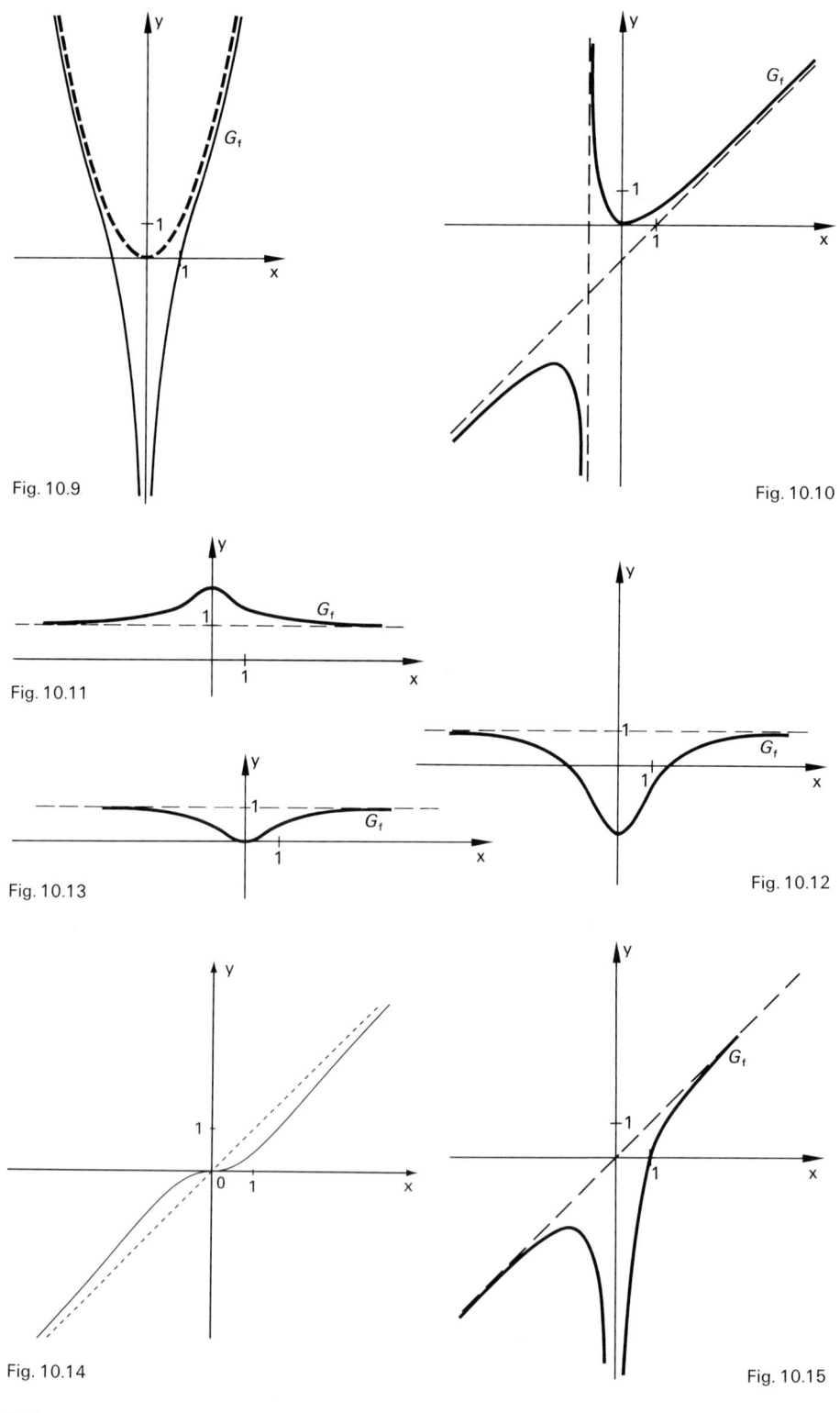

Fig. 10.10

Fig. 10.11

Fig. 10.13

Fig. 10.12

Fig. 10.14

Fig. 10.15

3. Polynomdivision: $2x^2 : (x+1) = 2x - 2 + \dfrac{2}{x+1}$

$\Rightarrow \quad l(x) = 2x - 2$

$|f(x) - l(x)| = \left| \dfrac{2}{x+1} \right| < \dfrac{2}{200}$

$\Rightarrow \quad |x+1| > 200$

$\quad x + 1 > 200 \quad$ oder $\quad x + 1 < -200$
$\quad x > 199 \quad$ oder $\quad\quad x < -201$.

Für $x \in \,]-\infty; -201\,[\,\cup\,]\,199; \infty\,[$ ist $|f(x) - l(x)| < 0{,}01$.

4. $D_{max} = \mathbb{R} \setminus \{-\tfrac{3}{2}\}$
Unendlichkeitsstelle: $\quad x = -\tfrac{3}{2}$
Nullstelle: $\quad N(\tfrac{5}{4}; 0)$
Asymptote: $\quad y = 2$
Wertebereich: $\quad W = \mathbb{R} \setminus \{2\}$
Symmetrie: $\quad$ keine
Extrema: $\quad$ keine
Monotonie: $\quad$ für $x \in D_{max}$ ist G_f streng monoton steigend.
Wendepunkte: $\quad$ keine
Krümmung: $\quad$ für $x \in \,]-\infty; -\tfrac{3}{2}\,[$
  ist G_f linksgekrümmt,
  für $x \in \,]-\tfrac{3}{2}; \infty\,[$
  ist G_f rechtsgekrümmt.

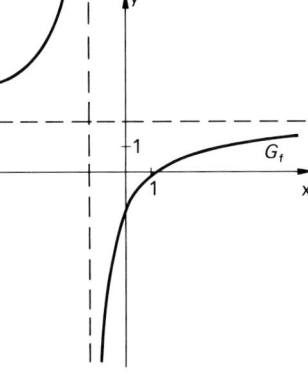

Fig. 10.16

Die Gleichung der Tangente in $P(4; 1)$ lautet
$y = \tfrac{2}{11}x + \tfrac{3}{11}$ oder umgeformt $2x - 11y + 3 = 0$.
Für $x \in \,]-4{,}25; -1{,}5\,[$ ist $f(x) > 4$.

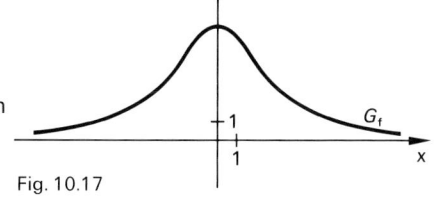

5. a) $D_{max} = \mathbb{R}$
Unendlichkeitsstelle: $\quad$ keine
Nullstelle: $\quad$ keine
Asymptote: $\quad y = 0$
Wertebereich: $\quad W = \,]0; 6\,]$
Symmetrie: $\quad$ achsensymmetrisch
Extremum: $\quad$ Max $(0; 6)$
Wendepunkte: $\quad WP_1(-\sqrt{3}; 4{,}5)$;
s. Fig. 10.17 $\quad\quad WP_2(\sqrt{3}; 4{,}5)$

Fig. 10.17

b) $D_{max} = \mathbb{R} \setminus \{3\}$
Unendlichkeitsstelle: $\quad x = 3$
Nullstelle: $\quad N(4; 0)$
Asymptote: $\quad y = 0$
Wertebereich: $\quad W = [-2{,}25; \infty\,[$
Symmetrie: $\quad$ keine
Extremum: $\quad$ Min $(5; -2{,}25)$
Wendepunkt: $\quad WP(6; -2)$
s. Fig. 10.18

Fig. 10.18

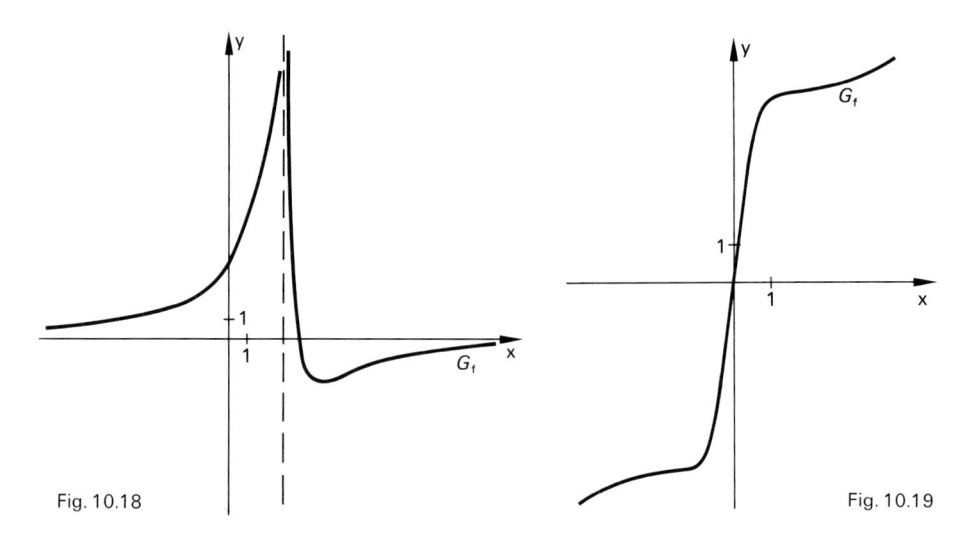

Fig. 10.19

c) $D_{max} = \mathbb{R}$
Unendlichkeitsstelle: keine
Nullstelle: $N(0; 0)$
Asymptote: $y = x$
Wertebereich: $W = \mathbb{R}$
Symmetrie: punktsymmetrisch zum Ursprung
Terrassenpunkte: $T_1(-\sqrt{3}; -3\sqrt{3})$; $T_2(\sqrt{3}; 3\sqrt{3})$
Wendepunkte: T_1; T_2; WP $(0|0)$
s. Fig. 10.19

d) $D_{max} = \mathbb{R} \setminus \{1\}$
Unendlichkeitsstellen: $x = 1$
Nullstellen: $N_1(-1; 0)$; $N_2(-7; 0)$
Asymptote: $y = -(x + 9)$
Wertebereich: $W = \mathbb{R} \setminus \,]-18; -2[$
Symmetrie: keine besondere
Extrema: Min $(-3; -2)$; Max $(5; -18)$
Wendepunkte: keine
s. Fig. 10.20

6. $D_{max} = \mathbb{R} \setminus \{0\}$

Nullstelle: $N_a\left(-\dfrac{1}{2a}; 0\right)$

Unendlichkeitsstelle: $x = 0$

Extremum: $E_a\left(\dfrac{1}{a\sqrt[3]{4}}; \dfrac{3a}{2\sqrt[3]{4}}\right)$

Asymptote: $y = a^2 x$
Wendepunkte: keine

Wegen $f'\left(-\dfrac{1}{2a}\right) = 3a^2 = \tan 56{,}31°$ folgt $a = \pm\dfrac{1}{2}\sqrt{2}$.

Die Graphen der Funktionen $f_{\frac{1}{2}\sqrt{2}}$ und $f_{-\frac{1}{2}\sqrt{2}}$ schneiden die x-Achse unter $56{,}31°$.

$f_{\frac{1}{2}\sqrt{2}} = \dfrac{4x^3 + \sqrt{2}}{8x^2}$ und $f_{-\frac{1}{2}\sqrt{2}} = \dfrac{4x^3 - \sqrt{2}}{8x^2}$ s. Fig. 10.21

Fig. 10.20

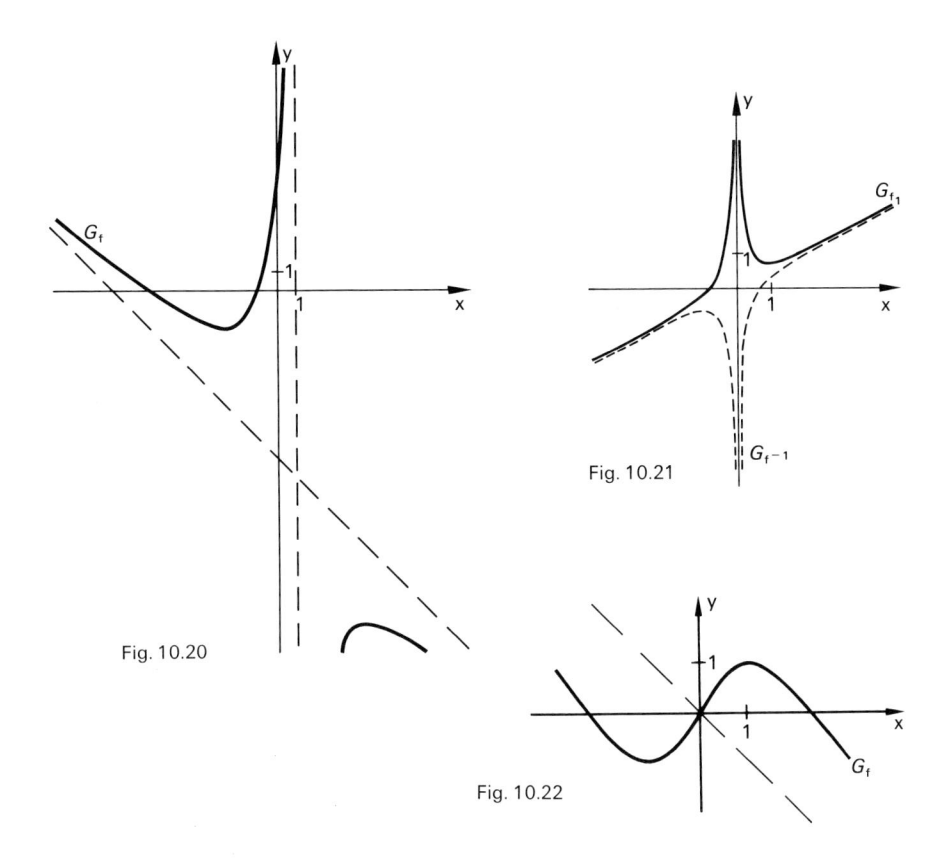

Fig. 10.21

Fig. 10.22

7. Die Funktion ist punktsymmetrisch zum Ursprung. s. Fig. 10.22

   Nullstellen: $N_1(0;0)$, $N_2(-\sqrt{5};0)$, $N_3(\sqrt{5};0)$.
   Extrema: Max $(1;1)$; Min $(-1;-1)$.
   Wendepunkte: $WP_1(0;0)$, $WP_2(3;-1)$, $WP_3(-3;1)$.
   Asymptote: $y = -x$.

   Sei $D(x)$ der (parallel zur y-Achse gemessene) Abstand eines Punktes von G_f zur Asymptoten.

   $D(x) := |f(x) - (-x)| = \left|\dfrac{8x}{x^2+3}\right|$.

   Auf Grund der Punktsymmetrie genügt es, sich auf positive x-Werte zu beschränken. Dann ist:

   $D(x) = \dfrac{8x}{x^2+3}$ und $D'(x) = \dfrac{8 \cdot (3-x^2)}{(x^2+3)^2} = 0$ für $x = \sqrt{3}$.

   Die Punkte $P_1\left(\sqrt{3}; \dfrac{1}{\sqrt{3}}\right)$ und $P_2\left(-\sqrt{3}; -\dfrac{1}{\sqrt{3}}\right)$ haben von der Asymptote $y = -x$

   größten Abstand, parallel zur y-Achse gemessen.

8. a) $f_a(x) = \dfrac{x^2+a^2}{x} \neq 0$ für $a \neq 0$. S. 154

   Senkrechte Asymptote: $x = 0$. Schräge Asymptote: $y = x$.

b) Mit $f'_a(x) = \dfrac{x^2 - a^2}{x^2} = 0$ folgt $x_{1/2} = \pm a$

$E_1(a; 2a)$ und $E_2(-a; -2a)$ sind die Extrema.
Die Funktionsgleichung der Funktion, auf deren Graph alle Extrema der Funktionenschar liegen, heißt $y = 2x$.

9. a) Es ist $\lim\limits_{x \to -1-0} \dfrac{1}{x^2} = 1$ und $\lim\limits_{x \to -1+0} (2 - x^2) = 1$,

   $\lim\limits_{x \to -1-0} \left(-\dfrac{2}{x^3}\right) = 2$ und $\lim\limits_{x \to -1+0} (-2x) = 2$ und

   deshalb ist f in $x = -1$ stetig und differenzierbar und wegen

   $\lim\limits_{x \to 1-0} (2 - x^2) = 1$ und $\lim\limits_{x \to 1+0} \dfrac{1}{x^2} = 1$ und

   $\lim\limits_{x \to 1-0} (-2x) = -2$ und $\lim\limits_{x \to 1+0} \left(-\dfrac{2}{x^3}\right) = -2$

   ist f auch stetig und differenzierbar in $x = 1$.

   b) Die Entfernung eines Punktes des Graphen vom Ursprung lässt sich berechnen nach Pythagoras über:

   $d_1(x)^2 = x^2 + y_1^2 = x^2 + (2-x^2)^2$ und $d_2(x)^2 = x^2 + y_2^2 = x^2 + \dfrac{1}{x^4}$.

   Die Minima der Terme $d_1(x)^2$ und $d_2(x)^2$ liefern die Punkte mit minimaler Entfernung vom Ursprung. Die Punkte lauten:

   $P_1(\sqrt{1,5}; \tfrac{2}{3})$ und $P_2(-\sqrt{1,5}; \tfrac{2}{3})$.

   c) $A(a) = \int\limits_0^a f(x)\,dx = \int\limits_0^1 (2 - x^2)\,dx + \int\limits_1^a x^{-2}\,dx = 2\tfrac{2}{3} - \dfrac{1}{a}$.

   d) $\lim\limits_{a \to \infty} A(a) = 2\tfrac{2}{3}$.

10. a) Nullstellen: $N_1(0; 0)$, $N_2(3; 0)$ (doppelte Nullstelle).

    b) $\lim\limits_{x \to 1 \pm 0} f(x) = -\infty$.

    c) $f(x) = -x + 4 - \dfrac{4}{(x-1)^2} = \dfrac{(-x+4)(x-1)^2 - 4}{(x-1)^2}$

    $= \dfrac{-x^3 + 2x^2 - x + 4x^2 - 8x + 4 - 4}{(x-1)^2} = \dfrac{-x^3 + 6x^2 - 9x}{(x-1)^2}$.

    Andere Methode: Polynomdivision.

    d) $\lim\limits_{x \to \pm\infty} (f(x) - (-x+4)) = \lim\limits_{x \to \pm\infty} \left(-\dfrac{4}{(x-1)^2}\right) = 0 \Rightarrow y = -x + 4$ ist Asymptote.

    Wegen $(-x+4) - f(x) = \dfrac{4}{(x-1)^2} > 0$ für $x \in D_f$, verläuft G_f für $x \in D_f$ unterhalb der Asymptote.

e) $f'(x) = \dfrac{-x^3 + 3x^2 - 3x + 9}{(x-1)^3}$. $\qquad f'(3) = \dfrac{-27 + 27 - 9 + 9}{8} = 0$.

Andererseits ist wegen $f'(x) = \dfrac{-(x^2+3)(x-3)}{(x-1)^3}$

(Polynomdivision: $(-x^3 + 3x^2 - 3x + 9) : (x-3) = -x^2 - 3 = -(x^2+3)$)

und $x^2 + 3 \neq 0$ für $x \in D_f$ an der Stelle $x = 3$ der einzige Extremwert.
Es ist $f'(x) > 0$ für $x \in\,]1;3[$ und $f'(x) < 0$ für $x > 3$, also handelt es sich bei $E(3;0)$ um ein Maximum („erst steigend, dann fallend").

f) $f(-1) = 4$; $f(\tfrac{1}{2}) = -12,5$; $f(\tfrac{3}{2}) = -13,5$; $f(2) = -2$; $f(5) = -1,25$.
s. Fig. 10.23

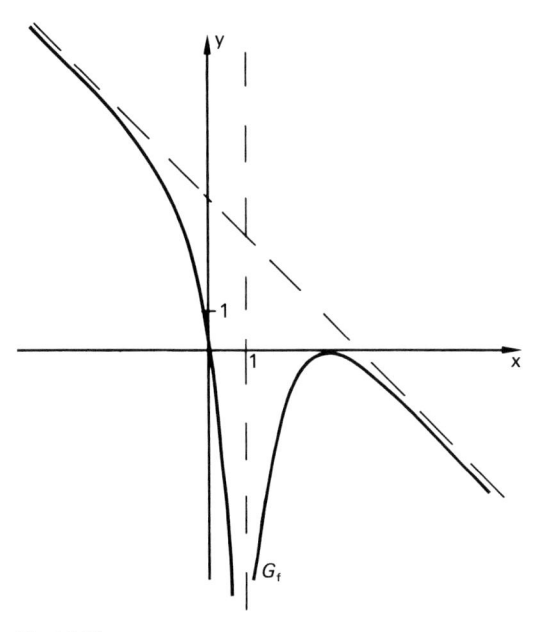

Fig. 10.23

11. a) $D_{f1} = \mathbb{R} \setminus \{-2; 2\}$; $\quad D_{f2} = \mathbb{R} \setminus \{-3; 1\}$; $\quad D_{f3} = \mathbb{R} \setminus \{-2; 2\}$; $\quad D_{f4} = \mathbb{R} \setminus \{-1; 3\}$.

b) $f_2(x) = f_1(x+1)$;
G_{f2} geht aus G_{f1} durch Verschiebung um 1 nach links hervor.
$f_3(x) = f_1(-x)$;
G_{f3} geht aus G_{f1} durch Spiegelung an der y-Achse hervor.
$f_4(x) = f_3(x-1)$;
G_{f4} geht aus G_{f1} durch Spiegelung an der y-Achse und Verschiebung um 1 nach rechts hervor.

c) G_{f1}: Punktsymmetrie zum Ursprung.
G_{f2}: Punktsymmetrie zu $(-1; 0)$.
G_{f3}: Punktsymmetrie zum Ursprung.
G_{f4}: Punktsymmetrie zu $(1; 0)$.

d) $f_1'(x) = \dfrac{-2x^2 - 4}{(x^2 - 4)^2} < 0 \;\Rightarrow\;$ keine Extremwerte.

$f_1''(x) = \dfrac{2x(x^2 + 12)}{(x^2 - 4)^3}$

$f_1''(x) = 0 \;\Rightarrow\; x = 0$ (einfache Nullstelle mit VZW in $f_1''(x)$)

$\Rightarrow$ Wendepunkt $W(0; 0)$.

$\left.\begin{array}{l}\lim\limits_{x \to 2 \pm 0} f_1(x) = \pm \infty \\ \lim\limits_{x \to -2 \pm 0} f_1(x) = \pm \infty\end{array}\right\}$ Unendlichkeitsstellen mit VZW bei -2 und 2.

$\lim\limits_{x \to \pm \infty} f_1(x) = 0$.

e) s. Fig. 10.24

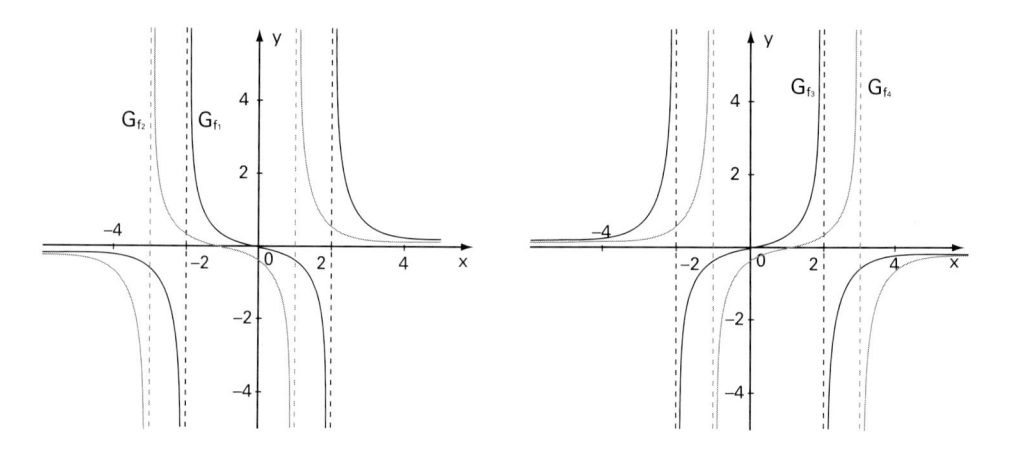

Fig. 10.24a   Fig. 10.24b

S. 155 12. a) $f(x) = \dfrac{x^3 + 2}{2x^2} = \dfrac{x}{2} + \dfrac{1}{x^2}$;

$g(x) = \dfrac{x}{2}$ ist schräge Asymptote, da $\dfrac{1}{x^2}$ für große $|x|$ verschwindet.

b) $\left|f(x) - \dfrac{x}{2}\right| = \left|\dfrac{1}{x^2}\right| = \dfrac{1}{x^2} < \dfrac{1}{100}$

$\Rightarrow x^2 > 100$

$x > 10$ oder $x < -10$.

Für $x \in \,]-\infty; -10\,[\,\cup\,]\,10; \infty\,[$ gilt $\left|f(x) - \dfrac{x}{2}\right| < 0{,}01$.

c) Für kleine $|x|$ verschwindet $\dfrac{x}{2}$, daher $f(x) \approx \dfrac{1}{x^2}$.

d) $\left|f(x) - \dfrac{1}{x^2}\right| = \left|\dfrac{x}{2}\right| < \dfrac{1}{100} \;\Rightarrow\; |x| < \dfrac{1}{50}$

$x < 0{,}02$ oder $x > -0{,}02$.

Für $x \in \,]-0{,}02; 0{,}02\,[$ gilt $\left|f(x) - \dfrac{1}{x^2}\right| < 0{,}01$.

13. a) Senkrechte Asymptote bei $x = 1$, da $x = 1$ nicht behebbare Definitionslücke.

$f(x) = x^2 + x + 2 + \dfrac{2}{x-1}$ (Polynomdivision!)

Wegen

$\lim\limits_{x \to \pm\infty} (f(x) - (x^2 + x + 2)) = \lim\limits_{x \to \pm\infty} \dfrac{2}{x-1} = 0$

ist $g(x) := x^2 + x + 2$ eine Näherungskurve für große $|x|$.

Mit $g(x) = (x + \tfrac{1}{2})^2 + \tfrac{7}{4}$ folgt unmittelbar: G_g ist eine nach oben geöffnete Parabel mit $S(-\tfrac{1}{2}; 1\tfrac{3}{4})$ als Scheitel.

b) $D(x) := f(x) - g(x) = \dfrac{2}{x-1}$.

Es gilt $D(x) > 0$ für $x > 1$ und
$D(x) < 0$ für $x < 1$

und deshalb verläuft G_f für $x > 1$ oberhalb und für $x < 1$ unterhalb von G_g.

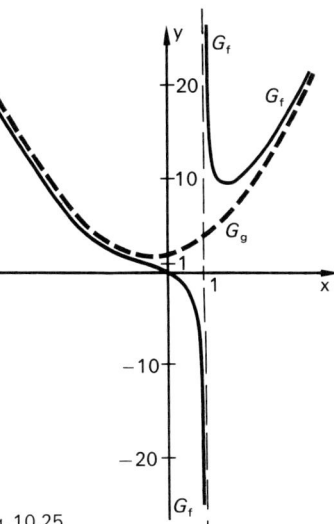

Fig. 10.25

c) Es ist $f'(x) = \dfrac{2x^3 - 3x^2 - 1}{(x-1)^2}$ und $f'(1,5) = -4$ und $f'(2) = 3$.

Da die Funktion f' in $[1,5; 2]$ stetig und $f'(1,5) < 0$ und $f'(2) > 0$ ist, gibt es nach dem Zwischenwertsatz mindestens ein $x_0 \in [1,5; 2]$, so daß $f'(x_0) = 0$ ist.
Da G_f für $x \in [1,5; x_0[$ monoton fallend und für $x \in]x_0; 2[$ monoton wachsend ist, handelt es sich um ein lokales Minimum.

d) s. Fig. 10.25.

14. a) $f_1(x) = x^2$ für große $|x|$;
$f_2(x) = \dfrac{1}{x^2}$ für kleine $|x|$.

b) $f_1(x) = 2x^2$ für große $|x|$;
$f_2(x) = \dfrac{5}{x}$ für kleine $|x|$.

c) $f_1(x) = x + 2$ für große $|x|$;
$f_2(x) = \dfrac{2x^2 + 3}{x^2}$ für kleine $|x|$.

15. a) $f(x)$ ist definiert für $\dfrac{x-1}{x} > 0$.

$\Rightarrow (x - 1 > 0 \land x > 0) \lor (x - 1 < 0 \land x < 0)$
$\Rightarrow x > 1 \lor x < 0$
$\Rightarrow D_f = \mathbb{R} \setminus [0; 1]$.

für $|x| \to \infty$: $\dfrac{x-1}{x} \to 1$

$\Rightarrow \ln \dfrac{x-1}{x} \to 0$

$\Rightarrow$ Asymptote: $y = \dfrac{x}{2}$.

b) $D_f = \mathbb{R} \setminus \{0; 2\}$

für $|x| \to \infty$: $\left|\dfrac{x-2}{2x}\right| \to \dfrac{1}{2}$

$\Rightarrow$ Asymptote: $y = \ln \dfrac{1}{2} = -\ln 2$.

c) $D_f = \mathbb{R} \setminus \{0\}$

für $|x| \to \infty$: $\dfrac{1}{x} \to 0$

$\Rightarrow e^{\frac{1}{x}} \to 1$

$\Rightarrow$ Asymptote: $y = -x + 1$.

d) $D_f = \mathbb{R} \setminus \{0\}$

für $|x| \to \infty$: $\dfrac{1}{x} \to 0$

$\Rightarrow \dfrac{\sin\left(\frac{1}{x}\right)}{\frac{1}{x}} \to 1$

$\Rightarrow$ Asymptote: $y = 1$

e) $D_f = \mathbb{R} \setminus \{0\}$

Asymptote: $y = x$ (siehe d)).

16. a) $f'(x) = 2x - 3x + \dfrac{1}{x}$

$f'(x) = 0 \;\Rightarrow\; 2x^2 - 3x + 1 = 0$

$\Rightarrow x_1 = \dfrac{1}{2};\; x_2 = 1$.

x		$\frac{1}{2}$		1	
f'(x)	+		−		+
G_f	steigt		fällt		steigt

$\Rightarrow$ Hochpunkt $H\left(\dfrac{1}{2}; \dfrac{3}{4} - \ln 2\right) \approx H(0{,}50;\, 0{,}06)$;

$\Rightarrow$ Tiefpunkt $T(1;\, 0)$.

b) $f\left(\dfrac{1}{2}\right) > 0$

$\lim\limits_{x \to 0} f(x) = -\infty$

$f(x)$ streng mon. steigend in $]0; \tfrac{1}{2}[$

$\Rightarrow$ genau eine Nullstelle in $]0; \tfrac{1}{2}[$.

c) $f\left(\dfrac{1}{2}\right) > 0$

$f(x)$ streng mon. fallend in $]\tfrac{1}{2}; 1[$

$f(1) = 0$

$f(x)$ streng mon. steigend in $]1; \infty[$

$\Rightarrow$ außer $(1; 0)$ keine weitere Nullstelle.

$\Rightarrow$ Es gibt genau zwei Nullstellen.

d) $\lim\limits_{x \to 0} f(x) = -\infty$

$f''(x) = 2 - \dfrac{1}{x^2}$

$f''(x) = 0 \;\Rightarrow\; 2x^2 - 1 = 0$

$\Rightarrow x_1 = \dfrac{1}{2}\sqrt{2};\; (x_2 \notin D_f)$.

$f'''(x) = \dfrac{2}{x^3} \;\Rightarrow\; f'''(x_1) \neq 0$

$\Rightarrow$ Wendepunkt $W\left(\dfrac{1}{2}\sqrt{2};\, \dfrac{5}{2} - \dfrac{3}{2}\sqrt{2} - \dfrac{1}{2}\ln 2\right)$

$\approx W(0{,}71;\, 0{,}03)$

$\lim\limits_{x \to \infty} f''(x) = 2 \;\Rightarrow\;$ Linkskrümmung.

f) $f(e) = e^2 - 3e + 3 \approx 2{,}23$

s. Fig. 10.26.

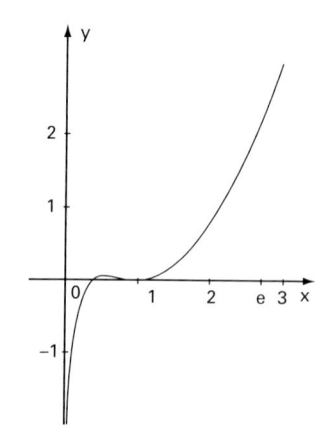

Fig. 10.26

10.3.

1. a) $\int_1^2 \frac{dx}{x^2} = -\left[\frac{1}{x}\right]_1^2 = \frac{1}{2}$; b) $\int_{-3}^{-1} \frac{1+x}{x^3} dx = -\left[\frac{1}{2x^2} + \frac{1}{x}\right]_{-3}^{-1} = \frac{2}{9}$;   S. 157

   c) $\int_{0,5}^{3} \frac{x^2-2}{x^4} dx = \left[-\frac{1}{x} + \frac{2}{3x^3}\right]_{0,5}^{3} = -3\frac{52}{81}$; d) $\int_{2}^{1} \frac{1-x^4}{x^2} dx = \left[-\frac{1}{x} - \frac{x^3}{3}\right]_{2}^{1} = 1\frac{5}{6}$.

2. a) $x = 0$ ist Definitionslücke der Funktion $f(x) = \frac{1}{x^2}$ und $0 \in [-1; 1]$. Daher ist das Integral $\int_{-1}^{1} \frac{dx}{x^2}$ nicht definiert.

   b) $x_1 = -1$ und $x_2 = 1$ sind Definitionslücken von $f(x) = \frac{1}{x^2-1}$ und $-1; 1 \in [-2; 2]$.

   c) $x_1 = 2$ und $x_2 = 4$ sind Definitionslücken von
   $f(x) = \frac{1}{(x-2)(x-4)} = \frac{1}{x^2-6x+8}$ und $2; 4 \in [3; 5]$.

   d) $x = 0$ ist Definitionslücke von $f(x) = \cot x$ und $0 \in [0; 1]$.

3. a) $\int_1^x \frac{dt}{t^5} = -\frac{1}{4x^4} + \frac{1}{4}$; b) $\int_1^x \frac{2+3t^2}{t^4} dt = -\frac{2}{3x^3} - \frac{3}{x} + \frac{11}{3}$;

   c) $\int_1^x \frac{t^2-1}{t^4+t^3} dt = \int_1^x \frac{(t+1)\cdot(t-1)}{t^3\cdot(t+1)} dt = \int_1^x \frac{t-1}{t^3} dt = \left[-\frac{1}{t} + \frac{1}{2t^2}\right]_1^x = \frac{1}{2x^2} - \frac{1}{x} + \frac{1}{2}$;

   d) $\int_1^x \frac{t^3-3}{t^2} dt = \frac{x^2}{2} + \frac{3}{x} - \frac{7}{2}$.

4. a) $\int_0^5 \frac{dx}{x+4} = [\ln|x+4|]_0^5 = \ln 9 - \ln 4 = \ln \frac{9}{4} \approx 0,81$;

   b) $\int_{-4}^{4} \frac{5dx}{2x+10} = \frac{5}{2} \int_{-4}^{4} \frac{dx}{x+5} = \frac{5}{2}[\ln|x+5|]_{-4}^{4} = \frac{5}{2} \ln 9 \approx 5,49$;

   c) $\int_0^2 \frac{dx}{3-x} = -\int_0^2 \frac{dx}{x-3} = -[\ln|x-3|]_0^2 = \ln 3 \approx 1,10$;

   d) $\int_{-1}^{1} \frac{x\,dx}{5-x^2} = -\frac{1}{2} \int_{-1}^{1} \frac{-2x\,dx}{5-x^2} = -\frac{1}{2}[\ln|5-x^2|]_{-1}^{1} = -\frac{1}{2}(\ln 4 - \ln 4) = 0$;

   oder: $\int_{-1}^{1} \frac{x\,dx}{5-x^2} = 0$, weil $x \mapsto \frac{x}{5-x^2}$ eine ungerade Funktion ist.

5. Die Schnittpunkte sind $S_1(1; 4)$ und $S_2((2; 1)$
   $A = \left|\int_1^2 \left(\frac{4}{x^2} - x^2 + 6x - 9\right) dx\right| = \frac{1}{3}$.

6. a) $D_{f(x)} = \mathbb{R} \setminus \{2\}$; $\int \frac{x^2}{x-2} dx = \int \left(x + 2 + \frac{4}{x-2}\right) dx$;
   $F(x) = \frac{x^2}{2} + 2x + 4\ln|x-2| + C$.

   b) $D_{f(x)} = \mathbb{R} \setminus \{-1\}$; $\int \frac{x^3}{x+1} dx = \int \left(x^2 - x + 1 - \frac{1}{x+1}\right) dx$;
   $F(x) = \frac{x^3}{3} - \frac{x^2}{2} + x - \ln|x+1| + C$.

c) $D_{f(x)} = \mathbb{R} \setminus \{1\}$; $\int \frac{x^2 - 5x + 5}{x - 1} dx = \int \left(x - 4 + \frac{1}{x - 1} \right) dx = \frac{1}{2} x^2 - 4x + \ln|x - 1| + C$.

S. 158 **7.** a) $D_{f(x)} = \mathbb{R} \setminus \{-1\}$; $\int \frac{x}{x + 1} dx = \int \left(1 - \frac{1}{x + 1} \right) dx$; $F(x) = x - \ln|x + 1| + C$.

b) $D_{f(x)} = \mathbb{R} \setminus \{1\}$; $\int \frac{5x}{x - 1} dx = \int \left(5 + \frac{5}{x - 1} \right) dx$; $F(x) = 5x + 5\ln|x - 1| + C$.

c) $D_{f(x)} = \mathbb{R} \setminus \{1\}$; $\int \frac{x + 1}{x - 1} dx = \int \left(1 + \frac{2}{x - 1} \right) dx$; $F(x) = x + 2\ln|x - 1| + C$.

d) $D_{f(x)} = \mathbb{R} \setminus \{-\frac{2}{3}\}$; $\int \frac{3x - 1}{3x + 2} dx = \int \left(1 - \frac{3}{3x + 2} \right) dx$; $F(x) = x - \ln|3x + 2| + C$.

8. Nullstellen: $x_1 = 0$; $x_2 = 1$.
Polynomdivision: $(x^2 - x) : (x + 1) = x - 2 + \frac{2}{x + 1}$.
$A = \left| \int_0^1 f(x) dx \right| = \left| \int_0^1 \left(x - 2 + \frac{2}{x + 1} \right) dx \right| = \left| \left[\frac{1}{2} x^2 - 2x + 2\ln|x + 1| \right]_0^1 \right| = \left| \frac{1}{2} - 2 + 2\ln 2 \right|$
$= \frac{3}{2} - 2\ln 2 \approx 0{,}11$.

10.4.

S. 160 **1.** Hinweis für 1. Auflage:
Die Linsenformel gilt nicht nur für bikonvexe Linsen.
Wegen der Angabe „konvex" kann jedoch im Folgenden $f > 0$ voraus gesetzt werden.

a) $r_2 = \varphi(r_1) = \frac{f r_1}{2 r_1 - f}$

b) $\varphi(f) = f$;
$r_1 = r_2 = f > 0$
$\Rightarrow$ bikonvex, symmetrisch
$\varphi(\frac{2}{3} f) = 2f$;
$r_1 = \frac{2}{3} f > 0$, $r_2 = 2f > 0$
$\Rightarrow$ bikonvex
$\varphi\left(\frac{f}{2} \right) \to \infty$;
$r_1 = \frac{1}{2} f$, $r_2 = \infty$
$\Rightarrow$ plankonvex
$\varphi\left(\frac{f}{3} \right) = -f$;
$r_1 = \frac{1}{3} f > 0$, $r_2 = -f < 0$ und $r_1 < |r_2|$ $\Rightarrow$ konkavkonvex.

(Bei Linsen mit einer konkaven und einer konvexen Oberfläche überwiegt die Seite mit der größeren Krümmung, d.h. mit dem kleineren Betrag des Radius).

c) $r_2 = \frac{r_1 \cdot 50 \text{ cm}}{2 r_1 - 50 \text{ cm}}$ Siehe Fig. 10.27.

Fig. 10.27

2. a) Die Körper liegen bei $x = 0$ und $x = 1$.

b) $m_1 : m_2 = 2 : 1$.

c) $V'(x) = \begin{cases} -\dfrac{1}{x^2} - \dfrac{0{,}5}{(x-1)^2} & \text{für } x < 0 \\ \dfrac{1}{x^2} - \dfrac{0{,}5}{(x-1)^2} & \text{für } 0 < x < 1 \\ \dfrac{1}{x^2} + \dfrac{0{,}5}{(x-1)^2} & \text{für } x > 1 \end{cases}$.

$V'(x) = 0 \Rightarrow \dfrac{1}{x^2} - \dfrac{0{,}5}{(x-1)^2} = 0$ für $0 < x < 1$ \quad (1)

$\Rightarrow x^2 - 4x + 2 = 0$

$\Rightarrow x = 2 - \sqrt{2}$

x		0		$2-\sqrt{2}$		1	
V'(x)	−		+		−		+
G_V	fällt		steigt		fällt		steigt

Maximum $(2 - \sqrt{2};\ -\tfrac{3}{2} - \sqrt{2})$

d) $D_V = \mathbb{R} \setminus \{0; 1\}$

Keine Symmetrie, keine Nullstellen.

$\lim\limits_{x \to 0 \pm 0} V(x) = -\infty$;

Unendlichkeitsstelle ohne VZW;
Asymptote $x = 0$.

$\lim\limits_{x \to 1 \pm 0} V(x) = -\infty$;

Unendlichkeitsstelle ohne VZW;
Asymptote $x = 1$.

$\lim\limits_{x \to \pm \infty} V(x) = 0$; Asymptote $y = 0$.

$W_V = \mathbb{R}^-$; siehe Fig. 10.28.

e) Gleichung (1) ersetzen durch:

$\dfrac{81}{x^2} - \dfrac{1}{(x-1)^2} = 0$ für $0 < x < 1$

$\Rightarrow 80x^2 - 162x + 81 = 0$

$\Rightarrow$ Maximum bei $x = 0{,}9$,
also nahe beim Mond.

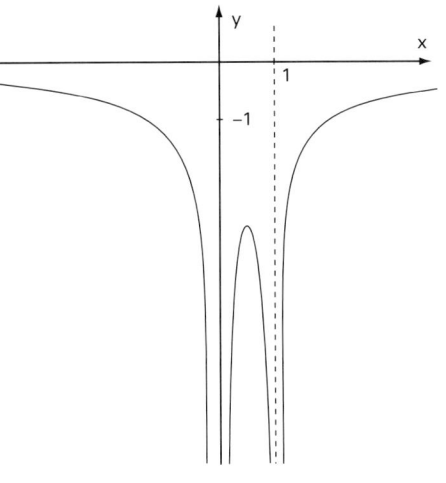

Fig. 10.28

11.1

S.164 1. a) An der Stelle $x_0 = 0$ nicht differenzierbar;   b) $f'(4) = \frac{1}{25}$;   c) $f'(-1) = -\frac{1}{4}$.

2. $f''(0) = -2$.

3. a) Quotientenregel: $f'(x) = \dfrac{\sin x \cdot 0 - 1 \cdot \cos x}{\sin^2 x} = -\dfrac{\cos x}{\sin^2 x}$.

   Kettenregel: $f'(x) = [\sin^{-1}(x)]' = -\sin^{-2}(x) \cdot \cos x = -\dfrac{\cos x}{\sin^2 x}$.

   b) Quotientenregel: $f'(x) = -\dfrac{3\cos^2 x (-\sin x)}{\cos^6 x} = \dfrac{3\sin x}{\cos^4 x}$.

   Kettenregel: $f'(x) = [\cos^{-3} x]' = -3 \cdot \cos^{-4} x \cdot (-\sin x) = \dfrac{3\sin x}{\cos^4 x}$.

4. a) Punktsymmetrie zum Ursprung; einfache Nullstelle $x = 0$; einfache Unendlichkeitsstellen $x = -2$; $x = +2$.

   $f(x) \to -\infty$ für $x \to -2+0$ und für $x \to 2+0$;
   $f(x) \to +\infty$ für $x \to -2-0$ und für $x \to 2-0$;
   $f(x) \to 0$ für $|x| \to \infty$.

   b) Symmetrie zur y-Achse; doppelte Nullstelle $x = 0$; einfache Unendlichkeitsstellen $x = -1$ und $x = 1$.

   $f(x) \to +\infty$ für $x \to 1+0$ und für $x \to -1-0$;
   $f(x) \to -\infty$ für $x \to 1-0$ und für $x \to -1+0$;
   $f(x) \to 2$ für $|x| \to \infty$.

   c) Keine Symmetrie; keine Nullstelle; doppelte Unendlichkeitsstelle $x = 2$.

   $f(x) \to +\infty$ für $x \to 2 \pm 0$;
   $f(x) \to 0$ für $|x| \to \infty$.

   d) Symmetrie zur y-Achse; keine Nullstelle; einfache Unendlichkeitsstellen $x = -2$; $x = +2$.

   $f(x) \to +\infty$ für $x \to -2-0$ und für $x \to 2+0$;
   $f(x) \to -\infty$ für $x \to -2+0$ und für $x \to 2-0$;
   $f(x) \to 0$ für $|x| \to \infty$;
   $f'(x) \to +\frac{1}{4}$ für $x \to 0-0$ $\Big\}$ Der Graph hat bei $x = 0$ eine Spitze.
   $f'(x) \to -\frac{1}{4}$ für $x \to 0+0$

   Siehe Fig. 11.1 a–d.

5. a) $\lim\limits_{x \to \pm\infty} f(x) = 0$; $f'(x) = \dfrac{-4x(x-2)}{(x^2-2x+2)^2}$;

   Maximum $(2; 2)$; Minimum $(0; -2)$ $\Rightarrow$ $W = [-2; 2]$.

   b) $\lim\limits_{x \to \pm\infty} f(x) = 0$; $f'(x) = \dfrac{-2x(x+1)(x-1)(x^2+1)}{(x^4+1)^2}$;

   Maxima $(-1; \frac{1}{2})$; $(+1; \frac{1}{2})$; Minimum $(0; 0)$ $\Rightarrow$ $W = [0; \frac{1}{2}]$.

   c) $\lim\limits_{x \to \pm\infty} f(x) = \pm 1 + 0$; $f'(x) \neq 0$ für alle $x \in \mathbb{R} \setminus \{1\}$;

   $\lim\limits_{h \to 0} f(1 \pm h) = \pm \infty$.

128

Es muss nur untersucht werden, ob es Funktionswerte gibt, die die Funktion nicht annimmt: $f(x) = c$.

$\Rightarrow |x| = cx - c \Rightarrow \begin{cases} \text{für } x \geq 0: x = \dfrac{c}{c-1} \geq 0 \\ \text{für } x < 0: x = \dfrac{c}{c+1} < 0 \end{cases}$

$\Rightarrow \begin{cases} \text{für } x \geq 0: (c \geq 0 \wedge c > 1) \vee (c \leq 0 \wedge c < 1) \\ \text{für } x < 0: (c < 0 \wedge c > -1) \vee (c > 0 \wedge c < -1). \end{cases}$

Da $c > 0 \wedge c < -1$ einen Widerspruch darstellt, folgt $W = \mathbb{R} \setminus]0;1]$.

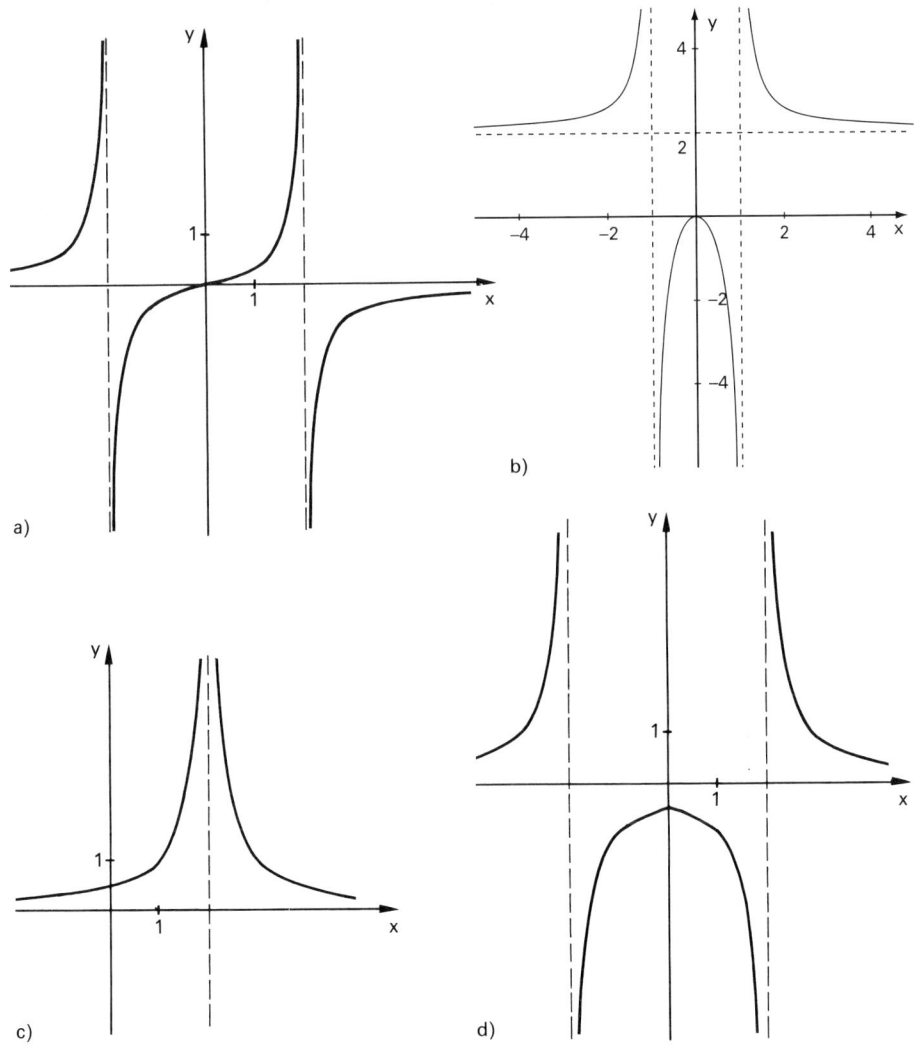

Fig. 11.1

6. $D_f = \mathbb{R} \setminus \left\{-\dfrac{d}{c}\right\}$; falls $-\dfrac{b}{a} = -\dfrac{d}{c}$ ist f die konstante Funktion $f(x) = \dfrac{a}{c}$ mit stetig behebbarer Definitionslücke bei $x = -\dfrac{d}{c}$. Sei im Folgenden $-\dfrac{b}{c} \neq -\dfrac{d}{c}$:

Nullstelle bei $x = -\frac{b}{a}$ falls $a \neq 0$, sonst keine Nullstelle; $\lim\limits_{x \to \pm\infty} f(x) = \frac{a}{c}$.

$f'(x) = \frac{da - bc}{(cx + d)^2} \Rightarrow$ keine Extrema.

$da - bc > 0 \Rightarrow$ in D_f streng monoton zunehmend;
$da - bc < 0 \Rightarrow$ in D_f streng monoton abnehmend;
$da - bc = 0 \Leftrightarrow -\frac{b}{a} = -\frac{d}{c}$ (siehe oben).

7. $f''(x) = 2x^2 - 2x - 12 = 0 \Rightarrow x_1 = +3; \ x_2 = -2;$
 $f'(3) = -27; \ f'(-2) = \frac{44}{3} < 27;$ am linken Intervallrand: $f'(-3) = 9;$
 $\Rightarrow$ steilste Stelle bei $x = 3$.

8. a) $D_f = \mathbb{R};$ b) $a = 0;$ c) $a = 3$.

   d) Siehe Fig. 11.2

   e) Schnittpunktsgleichung
   $5x^2 + ax + 8 = 0;$
   $D = a^2 - 160 \geq 0 \Leftrightarrow |a| \geq 4\sqrt{10}.$

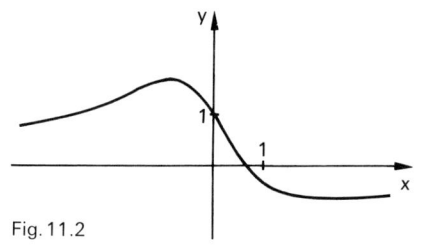

9. $f'(x) = \varphi'(x) = -3x^{-4};$ Fig. 11.2
   es gilt $f(x) = 1 + \varphi(x)$.

10. $x + z = 6$, Extremum für $f(x) = \frac{1}{x} + \frac{1}{6-x}$
    $\Rightarrow x = z = 3$.

S. 165 11. a) $D_{max} = \{x \mid 4 - x^2 \geq 0\} = \{x \mid 4 \geq x^2\} = [-2; 2]$.

   b) $\varphi'(x) = \frac{-x}{\sqrt{4 - x^2}}, \ D_{P'} = \ ]-2; 2[$.

   c) Allgemeine Form der Normalen in einem Punkt x_0:
   $$y = \varphi(x_0) - \frac{1}{\varphi'(x_0)} (x - x_0)$$
   also:
   $$y = \sqrt{4 - x_0^2} + \frac{\sqrt{4 - x_0^2}}{x_0} (x - x_0) = \frac{\sqrt{4 - x_0^2}}{x_0} \cdot x \quad (x \neq 0).$$

   Da die Geradengleichung keine additive Konstante enthält, geht die Gerade durch den Ursprung.

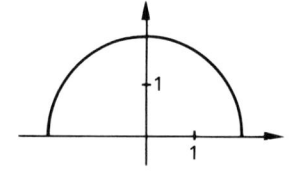

   d) Siehe Fig. 11.3.   Fig. 11.3

12. $\ddot{s} = -\omega^2 \sin \omega t = -\omega^2 s$.

13. Siehe Fig. 11.4
    $x^2 + z^2 = (2r)^2 \Rightarrow z = \sqrt{4r^2 - x^2}$.
    Maximum für $A(x) = xz = x\sqrt{4r^2 - x^2};$
    $A'(x) = \frac{4r^2 - 2x^2}{\sqrt{4r^2 - x^2}} = 0 \Rightarrow x = z = r\sqrt{2}$.
    Man erhält ein Quadrat mit $A_{max} = 2r^2$.   Fig. 11.4

14. $x^2 + z^2 = (2r)^2$;

Maximum für $u(x) = 2x + 2\sqrt{4r^2 - x^2}$

$\Rightarrow x = z = r\sqrt{2}$ (Quadrat).

Siehe Fig. 11.4.

15. Aus der Skizze (Fig. 11.5), in der die beiden Zimmerwände in eine Ebene geklappt sind, entnimmt man sofort den Punkt P 4 dm unter der Decke, den die Spinne ansteuern muss.

Für die Rechnung setze man den Abstand des Punktes P von der Decke gleich x. Die Weglänge l setzt sich zusammen aus

$\overline{PS} = \sqrt{(6-x)^2 + 2^2}$ und $\overline{PF} = \sqrt{(x-3)^2 + 1^2}$

Minimum für $l(x) = \sqrt{(x-3)^2 + 1} + \sqrt{(x-6)^2 + 4}$

liefert $(x-6)^2 \cdot [(x-3)^2 + 1] = (x-3)^2 \cdot [(x-6)^2 + 4]$

$\Rightarrow (x-6)^2 = 4 \cdot (x-3)^2 \Rightarrow x = 4$

Fig. 11.5

16. a) Zeit = $\dfrac{\text{Weg}}{\text{Geschwindigkeit}}$; $t(x) = \dfrac{s_1}{v_1} + \dfrac{s_2}{v_2}$; mit Pythagoras:

$t(x) = \dfrac{\sqrt{x^2 + a^2}}{v_1} + \dfrac{\sqrt{(d-x)^2 + b^2}}{v_2}$.

b) $t'(x) = \dfrac{x}{v_1\sqrt{x^2 + a^2}} - \dfrac{d-x}{v_2\sqrt{(d-x)^2 + b^2}} = 0$.

c) $\sin \varepsilon_1 = \dfrac{x}{s_1} = \dfrac{x}{\sqrt{x^2 + a^2}}$; $\sin \varepsilon_2 = \dfrac{d-x}{s_2} = \dfrac{d-x}{\sqrt{(d-x)^2 + b^2}}$.

d) aus b) mit c): $\dfrac{\sin \varepsilon_1}{v_1} - \dfrac{\sin \varepsilon_2}{v_2} = 0$;

$\Rightarrow \dfrac{\sin \varepsilon_1}{\sin \varepsilon_2} = \dfrac{v_1}{v_2} = n$.

S. 166 **17.** $h = a \cdot \sin \varphi$, $g = 2a \cos \varphi + a$ maximaler Querschnitt

$\Rightarrow$ Maximum für $A(\varphi) = a^2(\cos \varphi + 1) \cdot \sin \varphi$

$\Rightarrow \varphi = 60°$.

Siehe Fig. 11.6. Fig. 11.6

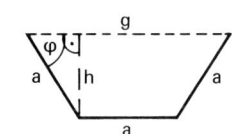

11.2.

1. Aufgabe

1. a) $x + 1 \neq 0 \Rightarrow D_{f(x)} = \mathbb{R} \setminus \{-1\}$.

b) $t = \lim\limits_{x \to \infty} [f(x) + 2x] = \lim\limits_{x \to \infty} \dfrac{3x + 1}{x + 1} = 3 \Rightarrow h: y = -2x + 3$.

c) $1 - \dfrac{2x^2}{x + 1} = -2x + 3 \Leftrightarrow 2 = 0 \text{ (f)} \Rightarrow$ kein gemeinsamer Punkt.

131

d) $\lim\limits_{|x_0|\to\infty} d(x_0) = \lim\limits_{|x_0|\to\infty} [h(x_0) - f(x_0)] = \lim\limits_{|x_0|\to\infty} \dfrac{2}{x_0+1} = 0$.

e) $h(x) - f(x) = \dfrac{2}{x+1} < 0$ für $x < -1$

$\Rightarrow G_f$ oberhalb h für $x < -1$,
G_f unterhalb h für $x > -1$.

2. a) $f(x) = 0 \Leftrightarrow x = -\tfrac{1}{2} \vee x = 1$;

G_f schneidet die x-Achse bei $x = -\tfrac{1}{2}$ und bei $x = 1$.

$f'(x) = \dfrac{-2x(x+2)}{(x+1)^2}$;

$f'(x) = 0$ für $x = 0$ und $x = -2$;
$f'(x) > 0$ für $-2 < x < -1$ und $-1 < x < 0$

$\Rightarrow$ Min$(-2; 9)$, Max$(0; 1)$.

b) $f''(x) = \dfrac{-4}{(x+1)^3} \neq 0$ für alle $x \in D_{f(x)}$

$\Rightarrow G_f$ hat keinen Wendepunkt.

c) h ist nach 1 d) Asymptote von G_f.
Bei $x = -1$ hat G_f eine Unendlichkeitsstelle mit Vorzeichenwechsel.

3. I) $\varphi(0) = -1 \Leftrightarrow c = -1$,

II) $\varphi(1) = 0 \Leftrightarrow a + b + c = 0$,

III) $\varphi'(1) = -\dfrac{1}{f'(1)} \Leftrightarrow 2a + b = \dfrac{2}{3}$,

$\Rightarrow \varphi(x) = -\dfrac{1}{3}x^2 + \dfrac{4}{3}x - 1$.

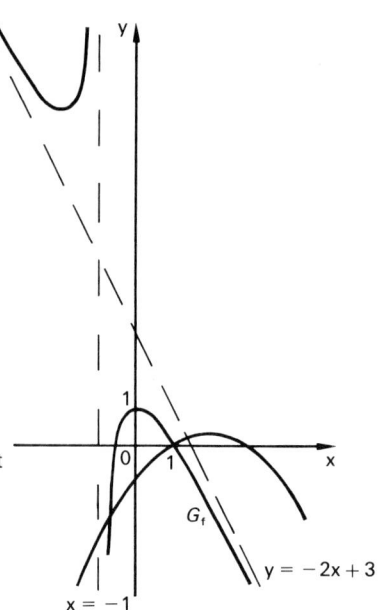

Fig. 11.7

2. Aufgabe

1. a) $x + \dfrac{a}{x} = kx \wedge x \neq 0 \wedge a > 0 \Leftrightarrow x^2 \cdot (k-1) = a \wedge x \neq 0 \wedge a > 0$

$\Rightarrow$ keine Lösung, falls $k - 1 \leq 0 \Leftrightarrow k \leq 1$.

b) $f'_a(x) = \lim\limits_{h\to 0} \dfrac{f(x+h) - f(x)}{h} = \lim\limits_{h\to 0} \dfrac{x + h + \dfrac{a}{x+h} - x - \dfrac{a}{x}}{h}$

$= \lim\limits_{h\to 0} \dfrac{1}{h} \cdot \left(h + \dfrac{ax - a \cdot (x+h)}{(x+h) \cdot x}\right) = \lim\limits_{h\to 0} \dfrac{1}{h} \cdot \left(h - \dfrac{ah}{(x+h) \cdot x}\right)$

$= \lim\limits_{h\to 0} \left(1 - \dfrac{a}{(x+h) \cdot x}\right) = 1 - \dfrac{a}{x^2}$.

c) $f'_a(x) = 0$ für $x = \pm\sqrt{a}$;

$f'_a(x) < 0$ für $x \in]-\sqrt{a}; +\sqrt{a}[\setminus \{0\}$;

$\Rightarrow$ Max$(-\sqrt{a}; -2\sqrt{a})$, Min$(\sqrt{a}; 2\sqrt{a})$.

Max: $\dfrac{y}{x} = \dfrac{-2\sqrt{a}}{-\sqrt{a}} = 2$, Min: $\dfrac{y}{x} = \dfrac{2\sqrt{a}}{\sqrt{a}} = 2$

$\Rightarrow$ Geometrischer Ort: $y = 2x$, $x \in \mathbb{R} \setminus \{0\}$.

d) $f_a(-x) = -f_a(x)$: Punktsymmetrie zum Ursprung
Nach a) kann G_f in dem markierten Bereich nicht verlaufen.
(s. Fig. 11.8).

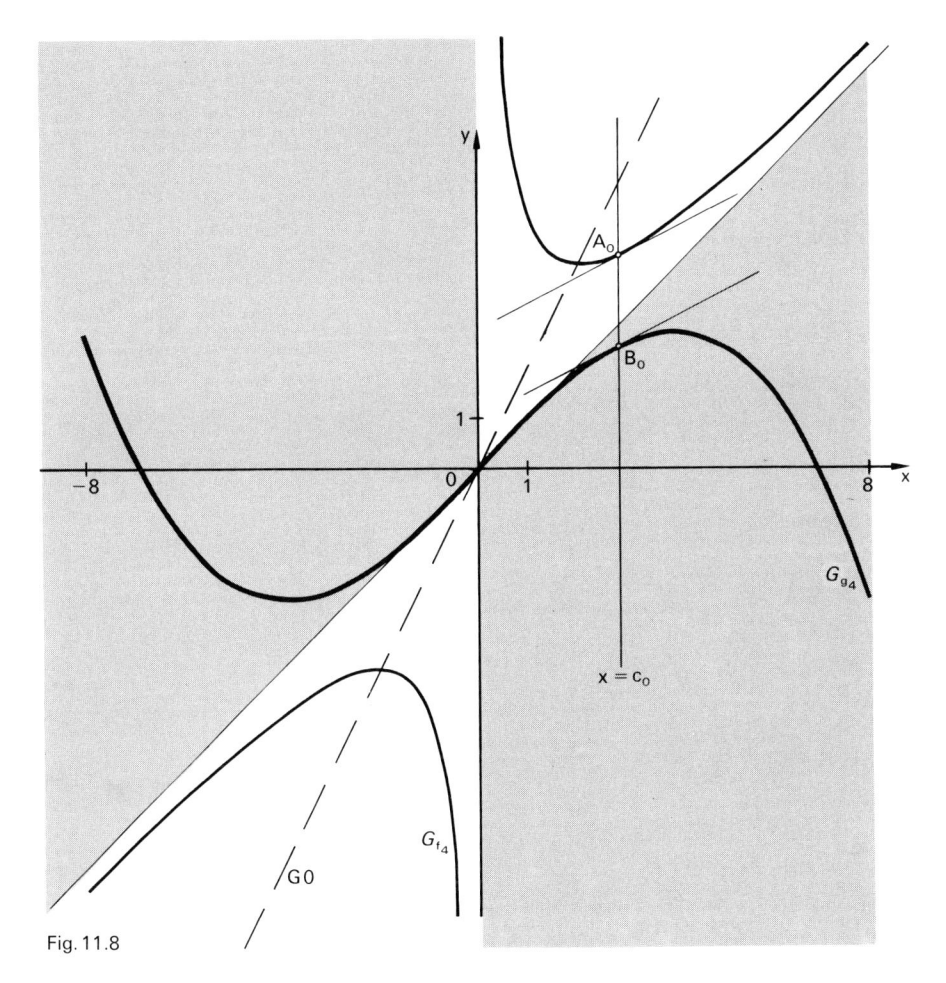

Fig. 11.8

2. a) $g'_a(x) = 1 - \dfrac{x^2}{a^2}$, $g''_a(x) = -\dfrac{2x}{a^2}$, $g'''_a(x) = -\dfrac{2}{a^2} \neq 0$; S. 167

$g''_a(x) = 0 \Leftrightarrow x = 0$; $g'_a(0) = 1$, $g_a(0) = 0$;

$\Rightarrow$ Für alle $a > 0$, $a \in \mathbb{R}$ ist der Wendepunkt $(0; 0)$ und die Steigung im Wendepunkt 1;

$\Rightarrow$ Alle Graphen der Schar haben dieselbe Wendetangente.

b) $g_4(x) = x - \dfrac{x^3}{48}$;

$g_4(-x) = -g_4(x)$: Punktsymmetrie zum Ursprung.

Schnittpunkte mit der x-Achse: $g_4(x) = 0$

$\Rightarrow x_1 = 0$, $x_{2/3} = \pm 4\sqrt{3}$.

Extrema: $g_4'(x) = 0 \Leftrightarrow x = \pm 4$

$g_4''(\pm 4) = \mp \frac{1}{2}$, $g_4(\pm 4) = \pm \frac{8}{3}$ $\Rightarrow$ Max $(4; \frac{8}{3})$, Min $(-4; -\frac{8}{3})$. (s. Fig. 11.8).

3. a) $f_a(x) = g_a(x) \Leftrightarrow \frac{a}{x} = -\frac{x^3}{3a^2} \Leftrightarrow x^4 = -3a^3 < 0$

$\Rightarrow$ Die beiden zum selben Wert von a gehörigen Graphen G_{f_a} und G_{g_a} haben jeweils keinen gemeinsamen Punkt.

b) $a > 0$, $c > 0$ $\Rightarrow$ $e = |y_A - y_B| = |f_a(c) - g_a(c)| = \left|\frac{a}{c} + \frac{c^3}{3a^2}\right| = \frac{a}{c} + \frac{c^3}{3a^2}$;

$e'(c) = -\frac{a}{c^2} + \frac{c^2}{a^2}$;

$e'(c) = 0 \wedge c > 0 \Rightarrow c_0 = \sqrt[4]{a^3}$, Minimum;

$f_a'(c_0) = 1 - \frac{a}{c_0^2} = 1 - \frac{a}{\sqrt{a^3}} = 1 - \frac{1}{\sqrt{a}}$;

$g_a'(c_0) = 1 - \frac{c_0^2}{a^2} = 1 - \frac{\sqrt{a^3}}{a^2} = 1 - \frac{1}{\sqrt{a}} = f_a'(c_0)$;

$\lim_{a \to \infty} m(a) = \lim_{a \to \infty}\left(1 - \frac{1}{\sqrt{a}}\right) = 1$.

11.3

3. Aufgabe

1. a) $y = a \cdot (x + 2) \cdot (x - 4)$

   $S(1; 3) \in G_f$

   $\Rightarrow 3 = a \cdot (1 + 2) \cdot (1 - 4)$

   $\Leftrightarrow a = -\frac{1}{3}$

   $\Rightarrow y = -\frac{1}{3} \cdot (x + 2) \cdot (x - 4)$

   $\Rightarrow y = -\frac{1}{3} \cdot (x^2 - 2x - 8)$.

   b) Siehe Fig. 11.9.

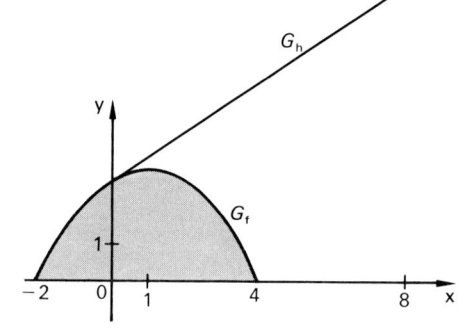

   Fig. 11.9

2. $A = \int_{-2}^{4} f(x)\, dx$

   $= -\frac{1}{3} \cdot \int_{-2}^{4}(x^2 - 2x - 8)\, dx = -\frac{1}{3} \cdot \left[\frac{x^3}{3} - x^2 - 8x\right]_{-2}^{4} = 12$.

3. a) $f'(x) = -\frac{2}{3} \cdot (x - 1)$

   $\Rightarrow f'(-2) + f'(4) = +2 + (-2) = 0$.

   b) $g(x) = 0 \Rightarrow x_{1/2} = \frac{1}{2a} \cdot (-b \pm \sqrt{b^2 - 4ac})$;

   $g'(x) = 2ax + b$

   $\Rightarrow g'(x_1) + g'(x_2) = 2a \cdot \frac{1}{2a} \cdot (-b + \sqrt{b^2 - 4ac}) + b$

   $\qquad + 2a \cdot \frac{1}{2a} \cdot (-b - \sqrt{b^2 - 4ac}) + b$

   $= -b + \sqrt{b^2 - 4ac} + b - b - \sqrt{b^2 - 4ac} + b = 0$.

c) Da jede Parabel eine Symmetrieachse durch ihren Scheitel hat, müssen die Steigungen in den Schnittpunkten mit der x-Achse dem Betrag nach gleich aber im Vorzeichen unterschiedlich sein.
Daher ist die Summe dieser Steigungen gleich null.

4. a) Differenzierbarkeit hat Stetigkeit zur Folge. S. 168

$$h > 0: \lim_{h \to 0} \frac{1}{h} \cdot (h(h) - h(0)) = \lim_{h \to 0} \frac{1}{h} \cdot (mh + t - \tfrac{8}{3})$$

$$= m + \lim_{h \to 0} \frac{1}{h} \cdot (t - \tfrac{8}{3}).$$

Für Differenzierbarkeit ist u.a. die Existenz dieses Grenzwertes verlangt. $\Rightarrow t = \tfrac{8}{3}$

$$\Rightarrow \lim_{h \to 0} \frac{1}{h} \cdot (h(h) - h(0)) = m.$$

$$h < 0: \lim_{h \to 0} \frac{1}{h} \cdot (h(h) - h(0)) = \lim_{h \to 0} \frac{1}{h} \cdot [-\tfrac{1}{3} \cdot (h^2 - 2h - 8) - \tfrac{8}{3}]$$

$$= \lim_{h \to 0} (-\tfrac{1}{3} \cdot (h - 2)) = \tfrac{2}{3}.$$

Für Differenzierbarkeit müssen die beiden Grenzwerte gleich sein.
$\Rightarrow m = \tfrac{2}{3}$.

b) Siehe Fig. 11.9.

c) $h'(x) = \begin{cases} -\tfrac{2}{3}(x-1) & \text{für } x < 0 \\ \tfrac{2}{3} & \text{für } x > 0 \end{cases}$,

$-\tfrac{2}{3}(x-1) > 0$ für $x < 0 \quad \wedge \quad \tfrac{2}{3} > 0 \quad \wedge \quad h'(0) = \tfrac{2}{3} > 0$ aus 4.b

$\Rightarrow h'(x) > 0$ für alle $x \in \mathbb{R} \Rightarrow$ h nimmt für $x \in \mathbb{R}$ streng monoton zu.

d) $h(0) = \tfrac{8}{3} \Rightarrow h^{-1}(\tfrac{8}{3}) = 0$;

$h^{-1}: y \mapsto x = \begin{cases} -\tfrac{1}{3} \cdot (y^2 - 2y - 8) & \text{für } y \leq 0, \; x \leq \tfrac{8}{3} \\ \tfrac{2}{3}y + \tfrac{8}{3} & \text{für } y \geq 0, \; x \geq \tfrac{8}{3} \end{cases}$,

$x = -\tfrac{1}{3} \cdot (y^2 - 2y - 8) \Leftrightarrow y^2 - 2y + 3x - 8 = 0$

$y \leq 0 \Rightarrow y = 1 - \tfrac{1}{2}\sqrt{4 - 4 \cdot (3x - 8)}$

$\Leftrightarrow y = 1 - \sqrt{9 - 3x}$

$(x \leq \tfrac{8}{3} \Rightarrow 9 - 3x \geq 1 \Rightarrow y \geq 0)$

$x = \tfrac{2}{3}y + \tfrac{8}{3} \Leftrightarrow y = \tfrac{3}{2}x - 4$

$\Rightarrow h^{-1}(x) = \begin{cases} 1 - \sqrt{9 - 3x} & \text{für } x \leq \tfrac{8}{3} \\ \tfrac{3}{2}x - 4 & \text{für } x \geq \tfrac{8}{3} \end{cases}$.

4. Aufgabe

1. a) $f'_p(x) = -\dfrac{16x}{(x^2 + 3p^2)^2}$,

$f''_p(x) = \dfrac{48 \cdot (x^2 - p^2)}{(x^2 + 3p^2)^3}$;

$f'_p(x) = 0 \Leftrightarrow x = 0$;

$f''_p(0) = -\dfrac{16}{9p^4} < 0$, $\text{Max}\left(0; \dfrac{8}{3p^2}\right)$;

$f''_p(x) = 0 \Leftrightarrow x = \pm p$;

$f''_p(x) < 0 \Leftrightarrow -p < x < p$;

$\Rightarrow$ $f''_p(x)$ ändert bei $x = -p$ und bei $x = p$ das Vorzeichen

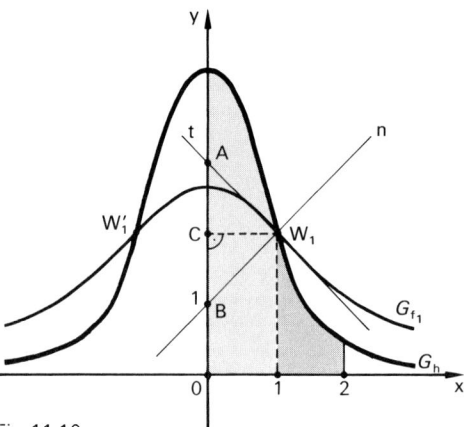

$\Rightarrow$ $W_p\left(p; \dfrac{2}{p^2}\right)$, $W'_p\left(-p; \dfrac{2}{p^2}\right)$.

Fig. 11.10

b) $f(-x) = f(x)$: Achsensymmetrie zur y-Achse (s. Fig. 11.10).

c) $x = \pm p$, $y = \dfrac{2}{p^2}$, $p \in \mathbb{R}^+$ $\Rightarrow$ $K: y = \dfrac{2}{x^2}$, $D_K = \mathbb{R} \setminus \{0\}$.

2. a) $\overline{AB} = \overline{AC} + \overline{CB}$, $C\left(0; \dfrac{2}{p^2}\right)$.

$f'_p(p) = -\dfrac{1}{p^3} = -\dfrac{\overline{AC}}{p}$ $\Rightarrow$ $\overline{AC} = \dfrac{1}{p^2}$

(mit $f'(x) = \tan\alpha$ im $\triangle CW_pA$).

$-\dfrac{1}{f'_p(p)} = p^3 = \dfrac{\overline{BC}}{p}$ $\Rightarrow$ $\overline{BC} = p^4$ $\Rightarrow$ $\overline{AB} = \dfrac{1}{p^2} + p^4$.

b) $\lambda = \overline{AB} : \overline{W'_p W_p} = \overline{AB} : (2p)$ $\Rightarrow$ $\lambda(p) = \dfrac{1}{2} \cdot \left(\dfrac{1}{p^3} + p^3\right)$;

$\lambda'(p) = \dfrac{3}{2} \cdot \left(-\dfrac{1}{p^4} + p^2\right) = \dfrac{3}{2} \cdot \dfrac{p^6 - 1}{p^4}$

$\lambda'(p) = 0 \wedge p \in \mathbb{R}^+$ $\Leftrightarrow$ $p = 1$

$\lambda'(p) > 0 \wedge p \in \mathbb{R}^+$ $\Leftrightarrow$ $p > 1$

$\Rightarrow$ Für $p < 1$ nimmt der Wert des Verhältnisses λ ab, für $p > 1$ nimmt er zu: Minimum bei $p = 1$.

3. $W_1(1; 2)$, $W'_1(-1; 2)$, $K'(x) = -\dfrac{4}{x^3}$

$g(x) = \begin{cases} \frac{1}{3}(-ax^3 - 9x^2 + bx + c) & \text{für } x \leq 0 \\ \frac{1}{3}(ax^3 - 9x^2 + bx + c) & \text{für } x \geq 0 \end{cases}$

$g'(x) = \begin{cases} \frac{1}{3}(-3ax^2 - 18x + b) & \text{für } x < 0 \\ \frac{1}{3} \cdot (3ax^2 - 18x + b) & \text{für } x > 0 \end{cases}$

I) $g(-1) = 2$ $\Leftrightarrow$ $\frac{1}{3} \cdot (a - 9 - b + c) = 2$

II) $g(1) = 2$ $\Leftrightarrow$ $\frac{1}{3} \cdot (a - 9 + b + c) = 2$

III) $g'(1) = K'(1) = -4$ $\Leftrightarrow$ $\frac{1}{3} \cdot (3a - 18 + b) = -4$

I $\wedge$ II $\Rightarrow$ $b = 0$ $\underset{\text{III}}{\Rightarrow}$ $a = 2$ $\underset{\text{I}}{\Rightarrow}$ $c = 13$

$\Rightarrow$ $g(x) = \frac{1}{3} \cdot (2|x|^3 - 9x^2 + 13)$.

4. a) $h(-x) = \begin{cases} \frac{1}{3} \cdot (2|-x|^3 - 9 \cdot (-x)^2 + 13); & |x| \leq 1 \\ \frac{2}{(-x)^2} & ; |x| > 1 \end{cases}$

$= \begin{cases} \frac{1}{3} \cdot (2|x|^3 - 9x^2 + 13); & |x| \leq 1 \\ \frac{2}{x^2} & ; |x| > 1 \end{cases}$

$= h(x);$

$\Rightarrow G_h$ ist achsensymmetrisch zur y-Achse.

b) $h(x) = \begin{cases} \frac{2}{x^2}; & x < -1 \\ \frac{1}{3} \cdot (-2x^3 - 9x^2 + 13); & -1 \leq x \leq 0 \\ \frac{1}{3} \cdot (2x^3 - 9x^2 + 13); & 0 < x \leq 1 \\ \frac{2}{x^2}; & x > 1 \end{cases}$

$h(0) = \frac{1}{3} \cdot 13 = \frac{13}{3};$ $\lim_{h \to 0} h(\pm h) = \lim_{h \to 0} (\frac{1}{3} \cdot (\pm 2h^3 - 9h^2 + 13)) = \frac{13}{3}$

$\Rightarrow \lim_{h \to 0} h(-h) = h(0) = \lim_{h \to 0} h(+h)$ $\Rightarrow$ Stetigkeit an der Stelle $x_1 = 0$.

$h(1) = \frac{1}{3} \cdot (2 - 9 + 13) = 2;$

$\lim_{h \to 0} h(1-h) = \lim_{h \to 0} (\frac{1}{3} \cdot [2 \cdot (1-h)^3 - 9 \cdot (1-h)^2 + 13]) = \frac{1}{3} \cdot (2 - 9 + 13) = 2;$

$\lim_{h \to 0} h(1+h) = \lim_{h \to 0} \frac{2}{(1+h)^2} = \frac{2}{1} = 2$

$\Rightarrow \lim_{h \to 0} h(1-h) = h(1) = \lim_{h \to 0} (1+h)$ $\Rightarrow$ Stetigkeit an der Stelle $x_2 = 1$.

c) Wertetabelle: $h(-x) = h(x)$ nach 4a (s. Fig. 11.10).

x	0	0,5	1	2	3
$\frac{2}{x^2}$				$\frac{1}{2}$	$\frac{2}{9}$
$\frac{1}{3}(2|x|^3 - 9x^2 + 13)$	$\frac{13}{3}$	$\frac{11}{3}$	2		

d) $A = \int_0^2 h(x)\,dx = \int_0^1 \frac{1}{3}(2x^3 - 9x^2 + 13)\,dx + \int_1^2 \frac{2}{x^2}\,dx = \frac{1}{3} \cdot [\frac{1}{2}x^4 - 3x^3 + 13x]_0^1 + \left[-\frac{2}{x}\right]_1^2$

$= \frac{1}{3} \cdot 10,5 + 1 = 4,5$

11.4.

5. Aufgabe S. 169

1. a) $f(x) = 0 \Leftrightarrow \ln x = 0 \Leftrightarrow x = 1;$

$\lim_{x \to 0} f(x) = [\lim_{x \to 0} \ln x]^2 = +\infty;$ $\lim_{x \to \infty} f(x) = [\lim_{x \to \infty} \ln x]^2 = +\infty;$

b) $f'(x) = 2 \cdot \ln x \cdot \frac{1}{x}$

$x \in \mathbb{R}^+ \wedge f'(x) > 0 \Leftrightarrow \ln x > 0 \Leftrightarrow x > 1$
$x \in \mathbb{R}^+ \wedge f'(x) < 0 \Leftrightarrow \ln x < 0 \Leftrightarrow 0 < x < 1$
$\Rightarrow$ f nimmt für $0 < x < 1$ streng monoton ab, für $x > 1$ streng monoton zu;
$\Rightarrow$ Minimum bei $x = 1$, Min $(1; 0)$;
mit a) folgt: $W_f = \mathbb{R}_0^+$.

c) $f''(x) = \frac{2}{x^2} \cdot (1 - \ln x);\quad \ln e = 1 \Rightarrow f''(e) = 0;$
$x < e \Leftrightarrow \ln x < 1 \Leftrightarrow 1 - \ln x > 0 \Leftrightarrow f''(x) > 0$
$\Rightarrow$ $f''(x)$ wechselt bei $x = e$ das Vorzeichen;
$\Rightarrow$ Die Krümmung von G_f ändert sich bei $x = e$ (von Linkskrümmung für $x < e$ nach Rechtskrümmung für $x > e$)
$\Rightarrow$ G_f hat bei $x = e$ einen Wendepunkt.

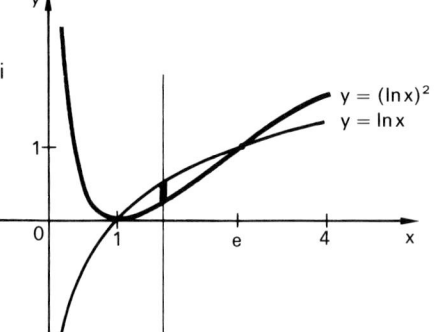

d) $f(\tfrac{1}{2}) = (\ln \tfrac{1}{2})^2 = (-\ln 2)^2$
$= (\ln 2)^2 \approx 0{,}48;$
$f(2) = (\ln 2)^2 \approx 0{,}48;$
$f(4) = (\ln 4)^2 = (\ln 2^2)^2$
$= 4 \cdot (\ln 2)^2 \approx 1{,}92;$
$f(\tfrac{1}{4}) = (-\ln 4)^2$
$= 4 \cdot (\ln 2)^2 \approx 1{,}92;$ Fig. 11.11

2. (1) $D_f = D_g$
(2) $g'(x) = 2 \cdot \frac{\ln x}{x} = f'(x)$
$\Rightarrow$ g und f können sich nur in einer additiven Konstanten C unterscheiden.
(3) $g(1) = 0 = f(1)$ (untere Integrationsgrenze)
$\Rightarrow$ $C = 0$
$\Rightarrow$ g und f sind identisch.

3. a) Siehe Fig. 11.11.
b) $s(u) = L(u) - f(u) = \ln u \cdot (1 - \ln u);$
$s'(u) = \frac{1}{u} \cdot (1 - 2 \cdot \ln u);$
$s'(u) = 0 \Leftrightarrow 2 \cdot \ln u = 1$
$\Leftrightarrow \ln u^2 = 1 \Leftrightarrow u^2 = e;$
$1 < u < e \Rightarrow u = \sqrt{e}.$
$s''(u) = -\frac{1}{u^2} \cdot (3 - 2 \ln u);\quad \ln \sqrt{e} = \tfrac{1}{2};$
$s''(\sqrt{e}) = -\frac{1}{e} \cdot (3 - 1) = -\frac{2}{e} < 0 \Rightarrow$ Maximum;
$s(\sqrt{e}) = \tfrac{1}{2} \cdot (1 - \tfrac{1}{2}) = \tfrac{1}{4}.$

6. Aufgabe

1. a) $1 - x \neq 0 \Rightarrow D_f = D_{f(x)} = \mathbb{R} \setminus \{1\};$
$f(x) = 0 \Leftrightarrow 2x - 4 = 0 \Leftrightarrow x = 2.$

b) $\lim\limits_{x \to \pm\infty} f(x) = \lim\limits_{x \to \pm\infty} \frac{2x-4}{1-x} = \lim\limits_{x \to \pm\infty} \frac{2-\frac{4}{x}}{\frac{1}{x}-1} = -2$

$\Rightarrow$ y = −2 ist horizontale Asymptote des Graphen G_f.

Um zu ermitteln, wo G_f sich der Asymptote von oben bzw. von unten nähert, verwendet man günstiger die folgende Grenzwertberechnung:

$\lim\limits_{x \to \pm\infty} f(x) = \lim\limits_{x \to \pm\infty} \frac{-2 \cdot (1-x) - 2}{1-x} = \lim\limits_{x \to \pm\infty} \left(-2 + \frac{2}{x-1}\right)$

$= -2 + \lim\limits_{x \to \pm\infty} \frac{2}{x-1} = -2 \pm 0;$

$\Rightarrow$ G_f nähert sich der Asymptote y = −2 für x → +∞ von oben, für x → −∞ von unten.

$\lim\limits_{h \to 0} f(1 \pm h) = \lim\limits_{h \to 0} \frac{2 \cdot (1 \pm h) - 4}{1 - (1 \pm h)}$

$= \lim\limits_{h \to 0} \frac{\pm 2h - 2}{\mp h}$

$= \lim\limits_{h \to 0} \frac{-2}{\mp h} = \pm \lim\limits_{h \to 0} \frac{2}{h} = \pm \infty$

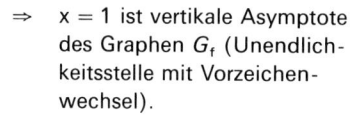

$\Rightarrow$ x = 1 ist vertikale Asymptote des Graphen G_f (Unendlichkeitsstelle mit Vorzeichenwechsel).

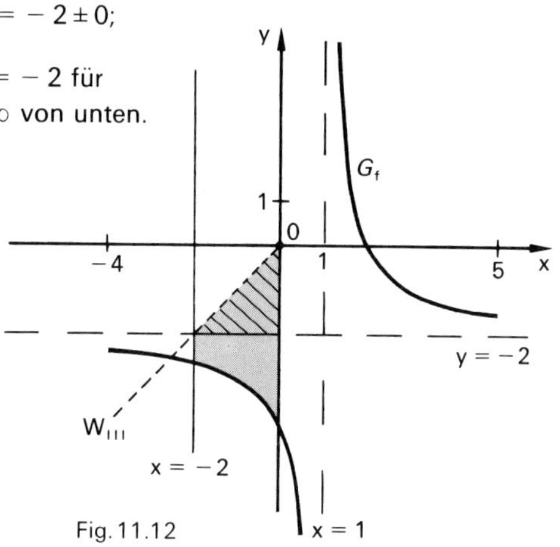

Fig. 11.12

c) $f'(x) = \frac{-2}{(1-x)^2} < 0$ für alle $x \in D_f$

$\Rightarrow$ f ist in D_f streng monoton abnehmend
$\Rightarrow$ G_f besitzt keine Extrempunkte.

d) f(0) = −4,
f(−1) = −3,
f(−4) = −2,4,
f(3) = −1,
f(5) = −1,5,
f(0,5) = −6,
f(1,5) = 2. (s. Fig. 11.12)

2. a) Da D_f kein zusammenhängendes Intervall ist, genügt der Nachweis der Monotonie als Begründung nicht!

$y = \frac{2x-4}{1-x} \overset{\text{in } D_f}{\Leftrightarrow} 2x - 4 = y - yx \Leftrightarrow x \cdot (2+y) = y + 4 \Leftrightarrow x = \frac{y+4}{y+2}$

$\Rightarrow$ f stellt eine (in D_f) umkehrbar eindeutige Zuordnung dar, d.h. f ist umkehrbar.

$f^{-1}(x) = \frac{x+4}{x+2}$, $D_{f^{-1}} = \mathbb{R} \setminus \{-2\}$, $W_{f^{-1}} = D_f = \mathbb{R} \setminus \{1\}$.

b) Die Schnittpunkte erfüllen die Bedingung y = x, weshalb man sie z.B. durch Gleichsetzen von x mit $f^{-1}(x)$ erhalten kann: **S. 170**

$x = \frac{x+4}{x+2} \Rightarrow x^2 + x - 4 = 0 \Rightarrow x_{1/2} = \frac{-1 \pm \sqrt{17}}{2}$ $y = x \Rightarrow y_{1/2} = \frac{-1 \pm \sqrt{17}}{2}$.

3. a) F ist eine Stammfunktion von f, wenn gilt:

$F'(x) = f(x)$ und $D_{F'} = D_f$.

$F'(x) = \dfrac{1}{(1-x)^2} \cdot 2 \cdot (1-x) \cdot (-1) - 2$

$= \dfrac{-2 + 2x - 2 \cdot (1 - 2x + x^2)}{(1-x)^2} = \dfrac{-2 \cdot (x^2 - 3x + 2)}{(1-x)^2} = \dfrac{-2 \cdot (x-1) \cdot (x-2)}{(1-x)^2}$

$= \dfrac{2 \cdot (1-x) \cdot (x-2)}{(1-x)^2} = \dfrac{2 \cdot (x-2)}{1-x} = \dfrac{2x-4}{1-x} = f(x)$, was zu zeigen war.

b) $A = \dfrac{2^2}{2} + \int_{-2}^{0} [-2 - f(x)]\, dx = 2 + [-2x - \ln((1-x)^2) + 2x]_{-2}^{0}$

$= 2 + \ln 9 \approx 4{,}20$.

7. Aufgabe

1. a) $f(-x) = e^{1 - 0{,}5 \cdot (-x)^2} = e^{1 - 0{,}5 x^2} = f(x)$

⇒ G_f ist achsensymmetrisch zur y-Achse;

$\lim\limits_{|x| \to \infty} f(x) = \lim\limits_{|x| \to \infty} e^{1 - 0{,}5 x^2} = \lim\limits_{|x| \to \infty} e^{-x^2} = 0$

⇒ Die x-Achse ist waagerechte Asymptote.

b) $f'(x) = -0{,}5 \cdot 2x \cdot e^{1 - 0{,}5 x^2} = -x \cdot f(x)$

$f(x) > 0$ für alle $x \in \mathbb{R}$

⇒ $f'(x) = 0 \Leftrightarrow x = 0$
  $f'(x) < 0 \Leftrightarrow x > 0$
  $f'(x) > 0 \Leftrightarrow x < 0$

⇒ G_f steigt für $x < 0$ und fällt für $x > 0$

⇒ G_f besitzt genau ein Maximum bei $x = 0$
  $f(0) = e \Rightarrow$ Max $(0; e)$;

mit a) folgt: $W_f =]0; e]$.

c) $f''(x) = -x \cdot f'(x) - 1 \cdot f(x) = +x^2 \cdot f(x) - f(x) = (x^2 - 1) \cdot f(x)$.

$f(x) > 0$ für alle $x \in \mathbb{R}$

⇒ Das Vorzeichen von $f''(x)$ wird von $(x^2 - 1)$ bestimmt.

Für $x > 1$ ist $x^2 - 1 > 0$,
Für $-1 < x < 1$ ist $x^2 - 1 < 0$,
Für $x = 1$ ist $x^2 - 1 = 0$.

⇒ G_f ist linksgekrümmt für $x > 1$,
  rechtsgekrümmt für $0 \leq x < 1$ und
  hat bei $x = 1$ einen Wendepunkt.

⇒ Für $x \geq 0$ gibt es keinen weiteren Wendepunkt.

$f(1) = e^{1 - 0{,}5} = \sqrt{e} \Rightarrow W(1; \sqrt{e})$.

Wendetangente: t: $y = f'(1) \cdot (x-1) + f(1)$
                t: $y = -\sqrt{e} \cdot (x-1) + \sqrt{e}$,

$y = 0 \Leftrightarrow x = 2$; $x = 0 \Leftrightarrow y = 2\sqrt{e}$

$\Rightarrow$ Die Schnittpunkte mit den Koordinatenachsen sind $S(2; 0)$ und $T(0; 2\sqrt{e})$.

d) $f(0,5) = e^{0,875} \approx 2,40$; $f(1) = \sqrt{e} \approx 1,65$; $f(0) = e \approx 2,72$

   $f(2) = \dfrac{1}{e} \approx 0,37$; $f(3) = e^{-3,5} \approx 0,03$.   (s. Fig. 11.13).

2. a) Die Wendestellen sind Extremalstellen der 1. Ableitung, da $f''(x)$ die 1. Ableitung von $f'(x)$ ist und dort $f''(x)$ sein Vorzeichen ändert.

   b) Das Flächenstück liegt unterhalb der x-Achse:

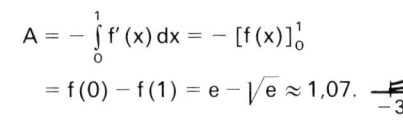

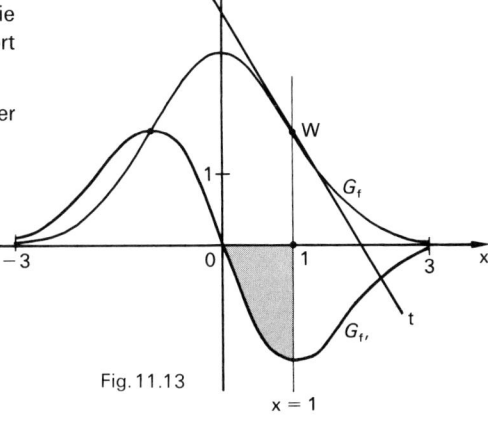

   $A = -\int_0^1 f'(x)\,dx = -[f(x)]_0^1$

   $= f(0) - f(1) = e - \sqrt{e} \approx 1,07$.

Fig. 11.13

8. Aufgabe
S. 170

1. a) $\dfrac{x-3}{2x} > 0$;

   $\Leftrightarrow (x-3 > 0 \land 2x > 0) \lor (x-3 < 0 \land 2x < 0)$

   $\Leftrightarrow \quad x > 3 \quad \lor \quad x < 0$

   $\Rightarrow D_f = \mathbb{R} \setminus [0; 3]$.

   b) $\lim\limits_{|x| \to \infty} \dfrac{x-3}{2x} = \dfrac{1}{2} \Rightarrow \lim\limits_{|x| \to \infty} f(x) = \ln \dfrac{1}{2} = -\ln 2$;

   $\lim\limits_{x \to 0-0} \dfrac{x-3}{2x} = +\infty \Rightarrow \lim\limits_{x \to 0-0} f(x) = +\infty$;

   $\lim\limits_{x \to 3+0} \dfrac{x-3}{2x} = +0 \Rightarrow \lim\limits_{x \to 3+0} f(x) = -\infty$;

   $\Rightarrow$ waagrechte Asymptote $y = -\ln 2$, senkrechte Asymptoten $x = 0$ und $x = 3$.

   c) $f(x) = 0 \Leftrightarrow \dfrac{x-3}{2x} = 1$
S. 171

   $\Rightarrow$ Nullstelle: $x = -3$;

   $f'(x) = \dfrac{2x}{x-3} \cdot \dfrac{1 \cdot 2x - (x-3) \cdot 2}{(2x)^2} = \dfrac{3}{x^2 - 3x}$.

   Monotonieverhalten:

x		0		3	
f'(x)	+	nicht def.		nicht def.	+
G_f	steigt	nicht def.		nicht def.	steigt

   $f(x)$ ist streng monoton zunehmend in $]-\infty; 0[$ und $]3; \infty[$.

d) $f''(x) = \dfrac{0 \cdot (x^2 - 3x) - 3 \cdot (2x - 3)}{x^2(x-3)^2} = \dfrac{9 - 6x}{x^2(x-3)^2}$;

$f''(x) = 0 \Rightarrow 9 - 6x = 0 \Rightarrow x = \tfrac{3}{2} \notin D_f$.

Es gibt keinen Wendepunkt.

Krümmungsverhalten:

x		0		3	
f''(x)	+		nicht def.		−
G_f	Linkskrümmung		nicht def.		Rechtskrümmung

e)
x	−5	−1	4	7
f(x)	−0,22	0,69	−2,08	−1,25

s. Fig. 11.14

2. a) $F'(x) = 1 \cdot \ln \dfrac{x-3}{2x}$

$+ x \cdot \dfrac{3}{x^2 - 3x} - 3 \cdot \dfrac{-1}{3-x}$

$= \ln \dfrac{x-3}{2x} = f(x)$,

w.z.z.w

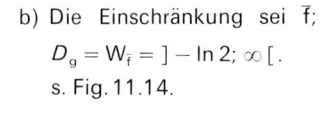

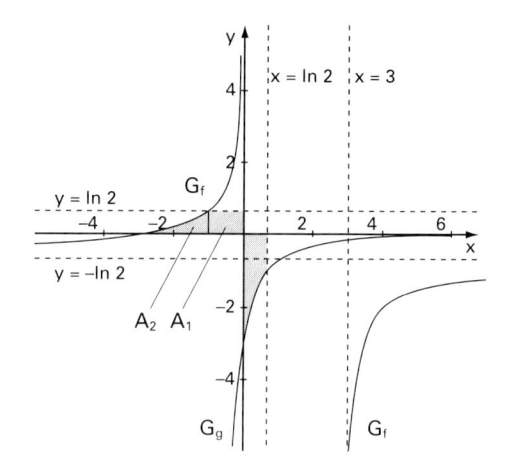

b) Die Einschränkung sei $\bar{f}$;
$D_g = W_{\bar{f}} =]-\ln 2; \infty[$.
s. Fig. 11.14.

Fig. 11.14

c) Da man das gesuchte Flächenstück ohne Kenntnis der Umkehrfunktion nicht direkt berechnen kann, berechnet man das gleich große, von G_f, den Achsen und der Geraden $y = \ln 2$ begrenzte Flächenstück (s. Fig. 11.14). Es besteht aus einer rechteckigen Fläche (A_1) und einer Fläche zwischen G_f und der x-Achse (A_2). Man benötigt dazu die Schnittstelle von G_f und der Geraden $y = \ln 2$:

$\ln \dfrac{x-3}{2x} = \ln 2 \Rightarrow \dfrac{x-3}{2x} = 2 \Rightarrow x = -1$.

$A_1 = 1 \cdot \ln 2 = \ln 2$;

$A_2 = \displaystyle\int_{-3}^{-1} f(x)\,dx = \left[x \ln \dfrac{x-3}{2x} - 3\ln(3-x) \right]_{-3}^{-1}$

$= -\ln 2 - 3\ln 4 - (-3\ln 1 - 3\ln 6)$
$= -\ln 2 - 6\ln 2 + 3\ln 6$
$= -4\ln 2 + 3\ln 3$.

$A = A_1 + A_2 = -3\ln 2 + 3\ln 3 = 3\ln \tfrac{3}{2} \approx 1{,}22$.

9. Aufgabe   S. 171

1. a) $f(-x) = (1-(-x)^2)e^{\frac{1}{2}(3-(-x)^2)} = (1-x^2)e^{\frac{1}{2}(3-x^2)} = f(x);$
$\Rightarrow$ G_f ist symmetrisch zur y-Achse.
Nullstellen: $f(x) = 0 \Leftrightarrow 1-x^2 = 0 \Rightarrow x_1 = -1; x_2 = 1$
$\lim_{|x|\to\infty} f(x) = \lim_{|x|\to\infty} e^{\frac{1}{2}(3-x^2)} - \lim_{|x|\to\infty} x^2 e^{\frac{1}{2}(3-x^2)} = 0 - e^{\frac{3}{2}} \cdot \lim_{|x|\to\infty} x^2 e^{-\frac{1}{2}x^2} = 0$ (s. Hinweis).

b) $f'(x) = (-2x)e^{\frac{1}{2}(3-x^2)} + (1-x^2)e^{\frac{1}{2}(3-x^2)} \cdot (-x) = (x^3 - 3x)e^{\frac{1}{2}(3-x^2)};$
$f'(x) = 0 \Leftrightarrow x^3 - 3x = 0 \Leftrightarrow x(x^2 - 3) = 0;$
$\Rightarrow x_1 = -\sqrt{3}; x_2 = 0; x_3 = \sqrt{3}.$

Monotonieverhalten:

x		$-\sqrt{3}$		0		$\sqrt{3}$	
f'(x)	$-$		$+$		$-$		$+$
G_f	fällt		steigt		fällt		steigt

f ist streng monoton abnehmend in $]-\infty; -\sqrt{3}[$ und $]0; \sqrt{3}[$
und streng monoton zunehmend in $]-\sqrt{3}; 0[$ und $]\sqrt{3}; +\infty[$.
$\Rightarrow$ Tiefpunkte $T_1(-\sqrt{3}; -2)$ und $T_2(\sqrt{3}; -2)$, Hochpunkt $H(0; e^{\frac{3}{2}})$.

c) s. Fig. 11.15.

d) Die Fläche ist maximal, wenn die Höhe des Dreiecks maximal ist. Das ist dann der Fall, wenn P mit dem Hochpunkt zusammenfällt.
$A_\triangle = \frac{1}{2}gh = \frac{1}{2} \cdot 2e^{\frac{3}{2}} = e^{\frac{3}{2}}$

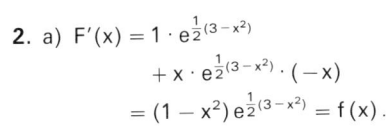

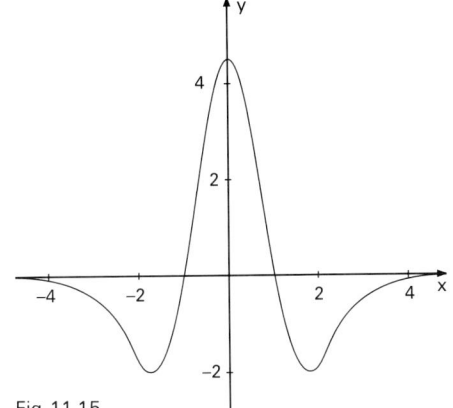

2. a) $F'(x) = 1 \cdot e^{\frac{1}{2}(3-x^2)}$
$+ x \cdot e^{\frac{1}{2}(3-x^2)} \cdot (-x)$
$= (1-x^2)e^{\frac{1}{2}(3-x^2)} = f(x).$

Damit ist F auf jeden Fall Stammfunktion von f.
Da außerdem $F(0) = 0$, ist F die Integralfunktion.

Fig. 11.15

b) $F'(x) = 0 \Leftrightarrow f(x) = 0 \Rightarrow x_1 = -1; x_2 = 1;$
$F''(-1) = f'(-1) > 0 \Rightarrow$ Tiefpunkt $T(-1; -e);$
$F''(1) = f'(1) < 0 \Rightarrow$ Hochpunkt $H(1; e);$
$F''(x) = 0 \Leftrightarrow f'(x) = 0 \Rightarrow x_1 = -\sqrt{3}; x_2 = 0; x_3 = \sqrt{3}.$
Da $F''(x)$ bzw. $f'(x)$ an diesen Stellen das Vorzeichen wechselt, liegen auf jeden Fall Wendepunkte vor.
$\Rightarrow W_1(-\sqrt{3}; -\sqrt{3}); W_2(0; 0); W_3(\sqrt{3}; \sqrt{3}).$

c) Mit dem Hinweis von 1.a) erhält man: $\lim_{x\to\infty} F(x) = \lim_{x\to\infty} e^{\frac{3}{2}} x e^{-\frac{1}{2}x^2} = 0.$

Das bedeutet, dass die beiden Flächenstücke zwischen G_f und der x-Achse von 0 bis 1 und von 1 bis ∞ gleich groß sind.

S.172 10. Aufgabe

ab 2. Auflage: $f_a : x \mapsto \dfrac{2x^2 - 4a^2}{x^2 - a^2}$.

1. a) $f_a(-x) = \dfrac{2(-x)^2 - 4a^2}{(-x)^2 - a^2} = \dfrac{2x^2 - 4a^2}{x^2 - a^2} = f_a(x)$;

$\Rightarrow$ G_a ist symmetrisch zur y-Achse.
$f_a(x) = 0 \Leftrightarrow 2x^2 - 4a^2 = 0 \Leftrightarrow x^2 = 2a^2$
$\Rightarrow x_1 = -a\sqrt{2}; \; x_2 = a\sqrt{2}$;
$\Rightarrow$ Schnittpunkte mit der x-Achse: $N_1(-a\sqrt{2}; 0)$ und $N_2(a\sqrt{2}; 0)$.
$f_a(0) = 4$;
$\Rightarrow$ Schnittpunkt mit der y-Achse: $P(0; 4)$.

b) $\lim\limits_{|x| \to \infty} f_a(x) = 2$ $\Rightarrow$ horizontale Asymptote $y = 2$.

Bei den Definitionslücken $\pm a$ ist der Zähler von $f_a(x)$ ungleich 0, daher liegen Unendlichkeitsstellen vor. Es gibt also die senkrechten Asymptoten $x = -a$ und $x = a$.
zu zeigen: $f_a(x) < 2$ oder $f_a(x) - 2 < 0$ für $x > a$

$f_a(x) - 2 = \dfrac{2x^2 - 4a^2}{x^2 - a^2} - 2 = \dfrac{2x^2 - 4a^2}{x^2 - a^2} - \dfrac{2x^2 - 2a^2}{x^2 - a^2} = \dfrac{-2a^2}{x^2 - a^2} < 0$ für $x > a$.

c) $f_a'(x) = \dfrac{4x(x^2 - a^2) - (2x^2 - 4a^2) \cdot 2x}{(x^2 - a^2)^2} = \dfrac{4a^2 x}{(x^2 - a^2)^2}$;

$f_a'(x) = 0$ für $x = 0$;
$f_a'(x) < 0$ (G_f fällt) für $x < 0$ und $f_a'(x) > 0$ (G_f steigt) für $x > 0$.
$\Rightarrow$ Tiefpunkt $T(0; 4)$.

2. $F_a'(x) = 2 + a\left(\dfrac{1}{x+a} - \dfrac{1}{x-a}\right) = \dfrac{2(x^2 - a^2)}{x^2 - a^2} + \dfrac{a(x-a)}{x^2 - a^2} - \dfrac{a(x+a)}{x^2 - a^2} = \dfrac{2x^2 - 4a^2}{x^2 - a^2} = f_a(x)$,

w.z.z.w.

3. a) Schnittpunkt mit der positiven x-Achse: $N_2(2; 0)$;

$f_{\sqrt{2}}'(x) = \dfrac{8x}{(x^2 - 2)^2}$.

Steigung der Tangente:
$m = f_{\sqrt{2}}'(2) = 4$.

Gleichung der Tangente:
$y = 4x + t$ mit
$0 = 4 \cdot 2 + t \Rightarrow t = -8$
$\Rightarrow y = 4x - 8$.

b) $f_{\sqrt{2}}(x) = \dfrac{2x^2 - 8}{x^2 - 2}$

$f_{\sqrt{2}}(1) = 6$;
$f_{\sqrt{2}}(3) = \dfrac{10}{7} \approx 1{,}43$;
s. Fig. 11.16.

Fig. 11.16

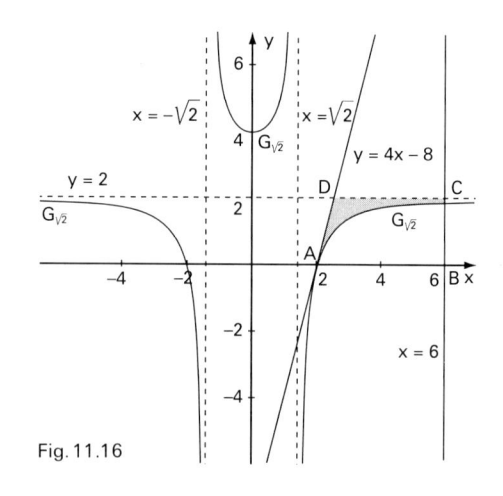

c) $4x - 8 = 2 \Rightarrow x_0 = 2{,}5$.

d) Die gesuchte Fläche erhält man als Differenz aus der Fläche A_1 des Trapezes ABCD (siehe Fig. 11.16) und der Fläche A_2 zwischen G_f und der x-Achse.

$A_{Trapez} = \dfrac{a+c}{2} \cdot h;$ hier: $A_1 = \dfrac{4+3,5}{2} \cdot 2 = 7,5.$

$A_2 = \int\limits_2^6 f_{\sqrt{2}}(x)\, dx = [F_{\sqrt{2}}(x)]_2^6 = [2x + \sqrt{2}\,(\ln(x+\sqrt{2}) - \ln(x-\sqrt{2}))]_2^6$

$= 12 + \sqrt{2}\,[\ln(6+\sqrt{2}) - \ln(6-\sqrt{2})] - \{4 + \sqrt{2}\,[\ln(2+\sqrt{2}) - \ln(2-\sqrt{2})]\}$

$= 8 + \sqrt{2}\,\ln \dfrac{(6+\sqrt{2})(2-\sqrt{2})}{(6-\sqrt{2})(2+\sqrt{2})} \approx 6,19.$

$A = A_1 - A_2 = 1,31.$

11. Aufgabe

1. a) $f(x) = 0$

$\Leftrightarrow x = 0 \vee \ln x = 1$

$\Leftrightarrow x = 0 \vee x = e.$

Wegen $0 \notin D_f$ gibt es nur die Nullstelle $x = e$.

$f'(x) = (1 - \ln x)^2 + x \cdot 2(1 - \ln x) \cdot \left(-\dfrac{1}{x}\right)$

$= (\ln x)^2 - 1;$

$f''(x) = \dfrac{2 \ln x}{x};$

$f'(x) = 0 \Leftrightarrow \ln x = \pm 1$

$\Rightarrow x_1 = \dfrac{1}{e}; \quad x_2 = e;$

$f''\left(\dfrac{1}{e}\right) < 0 \Rightarrow$ Hochpunkt $H\left(\dfrac{1}{e}; \dfrac{4}{e}\right);$

$f''(e) > 0 \Rightarrow$ Tiefpunkt $T(e; 0).$

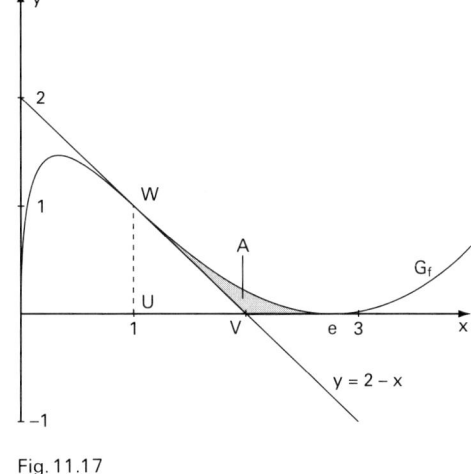

Fig. 11.17

b) $f''(x) = 0 \Leftrightarrow x = 1;$

$f''(x)$ wechselt das Vorzeichen bei $x = 1$, daher Wendepunkt $W(1; 1)$.

Steigung der Wendetangente: $m = f'(1) = -1$.

Gleichung der Wendetangente: $y = -x + t$ mit $1 = -1 + t \Rightarrow t = 2;$

$\Rightarrow y = 2 - x.$

c) $\lim\limits_{x \to \infty} f(x) = \infty;$

$\lim\limits_{x \to 0} f(x) = \lim\limits_{x \to 0} (x - 2x \ln x + x(\ln x)^2) = 0;$ (siehe Hinweis)

$\lim\limits_{x \to \infty} f'(x) = \infty;$

$\lim\limits_{x \to 0} f'(x) = \infty.$

$\left.\begin{array}{l} f(x) \geq 0 \\ \text{Tiefpunkt } T(e; 0) \\ f \text{ nimmt monoton und unbeschränkt zu für } x > e \end{array}\right\} \Rightarrow W_f = \mathbb{R}_0^+.$

d) $f(2) \approx 0,19;\quad f(4) \approx 0,60;\quad$ s. Fig. 11.17.

2. a) $F'(x) = x \cdot [\frac{5}{2} - 3\ln x + (\ln x)^2] + \frac{x^2}{2}(-\frac{3}{x} + \frac{2\ln x}{x})$

$= \frac{5}{2}x - 3x\ln x + x(\ln x)^2 - \frac{3}{2}x + x\ln x = x - 2x\ln x + x(\ln x)^2$

$= x \cdot (1 - \ln x)^2 = f(x);$ w.z.z.w.

b) Die gesuchte Fläche erhält man als Differenz aus der Fläche A_1 zwischen G_f und der x-Achse von $x = 1$ bis $x = e$ und der Fläche A_2 des Dreiecks UVW.
V ist die Nullstelle der Wendetangente: $2 - x = 0 \Rightarrow x_V = 2$.

$A_1 = \int_1^e f(x)\,dx = [F(x)]_1^e = \frac{e^2}{2}(\frac{5}{2} - 3 + 1) - \frac{1}{2}(\frac{5}{2} - 0 + 0) = -\frac{5}{4} + \frac{1}{4}e^2$.

$A_\Delta = \frac{1}{2}gh$; hier: $A_2 = \frac{1}{2} \cdot 1 \cdot 1 = \frac{1}{2}$.

$A = A_1 - A_2 = \frac{1}{4}e^2 - \frac{7}{4} = \frac{1}{4}(e^2 - 7)$.

S. 173 12. Aufgabe

1. a) $f(x) = 0 \Leftrightarrow x^2 = k;$

   $\Rightarrow$ keine Nullstelle, falls $k < 0$;
   eine Nullstelle $x = 0$, falls $k = 0$;
   zwei Nullstellen $x = \pm\sqrt{k}$, falls $k \in \mathbb{R}^+ \setminus \{1\}$;
   eine Nullstelle $x = 1$, falls $k = 1$ (weil $-1 \notin D_f$).

b) f_k ist bei -1 stetig fortsetzbar, wenn sich der Term $f_k(x)$ mit $(x + 1)$ kürzen lässt:

$f_k(x) = \frac{x^2 - k}{x + 1} = \frac{(x - \sqrt{k})(x + \sqrt{k})}{x + 1} = x - 1$ (mit $x \neq -1$), falls $k = 1$.

Antwort: für $k = 1$
$\lim_{x \to -1} f_1(x) = -2$.

c) $f_k(0) = -k \Rightarrow$ Schnittpunkt mit der y-Achse: $S(0; -k)$.

2. a) Polynomdivision: $(x^2 - k) : (x + 1) = x - 1 + \frac{1 - k}{x + 1}$.

Der Bruchterm verschwindet für große x $\Rightarrow$ Asymptote $y = x - 1$.
Für $k = 1$ fällt diese Gerade mit dem Funktionsgraphen zusammen (siehe 1b); man kann dann nicht von einer Asymptoten sprechen.
Für $k \neq 1$ liegt bei $x = -1$ eine Unendlichkeitsstelle vor; die Gerade h ist daher senkrechte Asymptote.

b) Gemeinsame Punkte gibt es, wenn $\frac{1 - k}{x + 1} = 0$ (siehe 2a). Das ist für $k \neq 1$ nicht möglich.

3. a) $f'_k(x) = \frac{2x(x + 1) - (x^2 - k)}{(x + 1)^2} = \frac{x^2 + 2x + k}{(x + 1)^2}$.

b) $k = 0$: $f'_0(x) = 0 \Rightarrow x(x + 2) = 0 \Rightarrow x_1 = -2; x_2 = 0;$

x		-2		-1		0	
$f'_0(x)$	+		−		−		+
G_f	steigt		fällt		fällt		steigt

⇒ Hochpunkt H (−2; −4);
Tiefpunkt T (0; 0);
k = 1: $f_1'(x) = 0$
⇒ $(x + 1)^2 = 0$
⇒ $x_1 = −1 \notin D_f$;
⇒ keine Extremwerte.

Wegen 4. wird noch zusätzlich k = 4 untersucht:
k = 4: $f_4'(x) = 0$
⇒ $x^2 + 2x + 4 = 0$.

Diskriminante D = 4 − 16 < 0
⇒ keine Lösung,
keine Extremwerte.

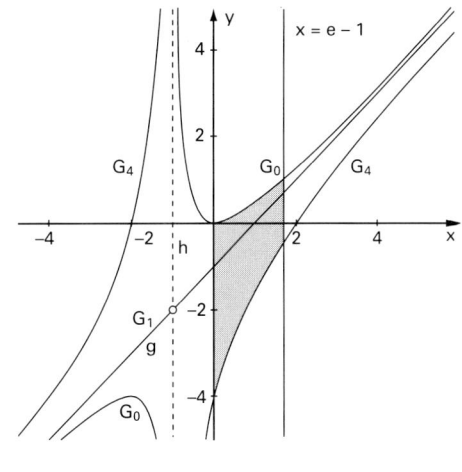

4. Siehe Fig. 11.18.

Fig. 11.18

5. $A = \int_0^{e-1} [f_0(x) - f_4(x)]\,dx = \int_0^{e-1} \left(\frac{x^2}{x+1} - \frac{x^2-4}{x+1}\right) dx = \int_0^{e-1} \left(\frac{4}{x+1}\right) dx$

$= 4 [\ln(x+1)]_0^{e-1} = 4(\ln e - \ln 1) = 4$.

13. Aufgabe

1. a) $D = \mathbb{R} \setminus \{-1\}$;
   $f(x) = 0 \Leftrightarrow x(x + a) = 0$;
   ⇒ Nullstellen $x_1 = 0$; $x_2 = -a$.

   b) $x + (a-1) - \frac{a-1}{x+1} = \frac{x(x+1) + (a-1)(x+1) - (a-1)}{x+1}$
   $= \frac{x^2 + x + ax + a - x - 1 - a + 1}{x+1} = \frac{x^2 + ax}{x+1} = f_a(x)$

   (oder andersherum mit Polynomdivision).

   Da der Term $\frac{a-1}{x+1}$ für große x verschwindet, erhält man die Gleichung einer schrägen Asymptote mit y = x + (a − 1).
   Bei x = − 1 liegt eine Unendlichkeitsstelle vor, daher gibt es eine senkrechte Asymptote mit der Gleichung x = − 1.

   c) $f_a'(x) = \frac{(2x+a)(x+1) - (x^2+ax)}{(x+1)^2} = \frac{x^2 + 2x + a}{(x+1)^2}$;

   $f_a'(x) = 0 \Leftrightarrow x^2 + 2x + a = 0$;
   Diskriminante D = 4 − 4a = 4(1 − a) $\begin{cases} > 0 \text{ falls } a < 1 & \Rightarrow \text{ zwei Lösungen} \\ < 0 \text{ falls } a > 1 & \Rightarrow \text{ keine Lösung}. \end{cases}$

   ⇒ Für a < 1 gibt es zwei Stellen mit horizontaler Tangente, für a > 1 keine.

   d) Siehe Fig. 11.19 a.

S. 174 2. $f_1(x) = \dfrac{x^2+x}{x+1} = \dfrac{x(x+1)}{x+1} = x$ für $x \neq -1$; siehe Fig. 11.19 b.

3. a) $D_F =]-1; \infty[$;

$F'(x) = x + 2 - \dfrac{2}{x+1} = \dfrac{(x+2)(x+1)-2}{x+1} = \dfrac{x^2+3x}{x+1} = f_3(x)$, w.z.z.w.

b) $A(b) = \int\limits_0^b [x+2-f_3(x)]\,dx = [\tfrac{1}{2}x^2 + 2x - F(x)]_0^b$

$= [\tfrac{1}{2}x^2 + 2x - \tfrac{1}{2}x^2 - 2x + 2\ln(x+1) - 5]_0^b = [2\ln(x+1) - 5]_0^b = 2\ln(b+1)$

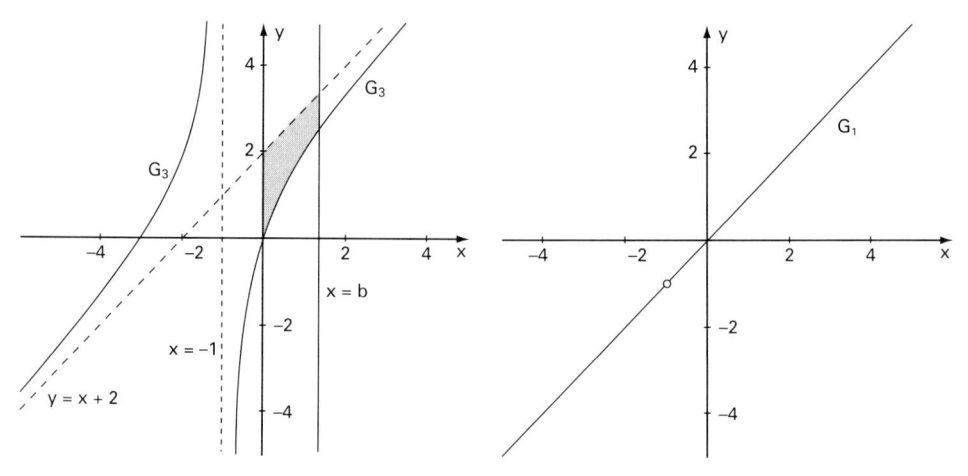

c) $\lim\limits_{b \to \infty} A(b) = \lim\limits_{b \to \infty} 2\ln(b+1) = +\infty$.

Fig. 11.19 a

Fig. 11.19 b

14. Aufgabe

1. a) $f(x) = 0 \Leftrightarrow 2e^x - 1 = 0 \Rightarrow e^x = \tfrac{1}{2} \Rightarrow x = \ln\tfrac{1}{2} = -\ln 2$;

$f(0) = 1$;

$\Rightarrow$ Schnittpunkte mit den Koordinatenachsen: $N(-\ln 2; 0)$ und $S(0; 1)$;

$\lim\limits_{x \to \infty} f(x) = \lim\limits_{x \to \infty} \dfrac{2e^x - 1}{e^{2x}} = \lim\limits_{x \to \infty} \dfrac{2 - e^{-x}}{e^x} = 0$ (Zähler $\to 2$, Nenner $\to \infty$);

$\lim\limits_{x \to -\infty} f(x) = \lim\limits_{x \to -\infty} \dfrac{2e^x - 1}{e^{2x}} = -\infty$ (Zähler $\to -1$, Nenner $\to +0$).

b) $f'(x) = \dfrac{2e^x \cdot e^{2x} - (2e^x - 1) \cdot 2e^{2x}}{(e^{2x})^2} = \dfrac{e^{2x}(2e^x - 4e^x + 2)}{(e^{2x})^2} = \dfrac{2 - 2e^x}{e^{2x}}$.

c) $f'(x) = 0 \Rightarrow 2 - 2e^x = 0$;

$\Rightarrow e^x = 1$;

$\Rightarrow x = 0$;

für $x < 0$: $f'(x) > 0$, f streng monoton zunehmend;
für $x > 0$: $f'(x) < 0$, f streng monoton abnehmend;

$\Rightarrow$ Hochpunkt $H(0; 1)$.

d) $f''(x) = \dfrac{-2e^x \cdot e^{2x} - (2-2e^x) \cdot 2e^{2x}}{(e^{2x})^2} = \dfrac{e^{2x}(-2e^x - 4 + 4e^x)}{(e^{2x})^2} = \dfrac{2e^x - 4}{e^{2x}}$

$f''(x) = 0 \Leftrightarrow 2e^x - 4 = 0$
$\Rightarrow e^x = 2$
$\Rightarrow x = \ln 2;$

$x < \ln 2$: $f''(x) < 0$, G_f rechtsgekrümmt;
$x > \ln 2$: $f''(x) > 0$, G_f linksgekrümmt;
$\Rightarrow$ Wendepunkt $W(\ln 2; \tfrac{3}{4})$.

Wendetangente: $m = f'(\ln 2) = -\tfrac{1}{2}$;
$y = -\tfrac{1}{2}x + t$;
mit $W(\ln 2; \tfrac{3}{4})$: $\tfrac{3}{4} = -\tfrac{1}{2}\ln 2 + t$;
$\Rightarrow t = \tfrac{3}{4} + \tfrac{1}{2}\ln 2 = 0{,}75 + \ln\sqrt{2}$.

e)
x	3	$-\tfrac{1}{2}$	$-\ln 3$
f(x)	0,10	0,58	$-3{,}00$

Siehe Fig. 11.20.

2. a) $F'(x) = \dfrac{-4e^x \cdot 2e^{2x} - (1-4e^x) \cdot 4e^{2x}}{4(e^{2x})^2} = \dfrac{4e^{2x}(-2e^x - 1 + 4e^x)}{4(e^{2x})^2} = \dfrac{2e^x - 1}{e^{2x}} = f(x)$,

w.z.z.w.

b) $J(k) = \int\limits_k^0 f(x)\,dx = [F(x)]_k^0 = -\tfrac{3}{2} - \dfrac{1 - 4e^k}{2e^{2k}} = \dfrac{4e^k - 1}{2e^{2k}} - \tfrac{3}{2}$.

c) $J(-\ln 2) = \dfrac{4 \cdot \tfrac{1}{2} - 1}{2 \cdot \tfrac{1}{4}} - \tfrac{3}{2} = \tfrac{1}{2} = A_1$ (siehe Fig. 11.20).

d) $J(-\ln 3) = \dfrac{4 \cdot \tfrac{1}{3} - 1}{2 \cdot \tfrac{1}{9}} - \tfrac{3}{2} = 0$.

$\Rightarrow A_1 = A_2$ (siehe Fig. 11.20).

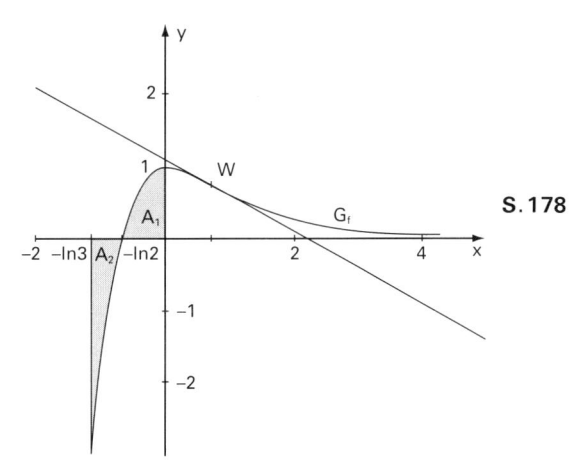

Ergänzungen und Ausblicke

1. $f(x) = x^2 - a$; $f'(x) = 2x$.

$x_{n+1} = x_n - \dfrac{x_n^2 - a}{2x_n} = \dfrac{1}{2}\left(x_n + \dfrac{a}{x_n}\right)$.

$a = 2$:

n	x_n
1	1
2	1,5
3	1,416667
4	1,414216
5	1,414214
6	1,414214

$\sqrt{2} \approx 1{,}41421$

$a = 5$:

n	x_n
1	2
2	2,25
3	2,236111
4	2,236068
5	2,236068

$\sqrt{5} \approx 2{,}23607$

Fig. 11.20

S. 178

2. $f(x) = x^3 - 5$; $f'(x) = 3x^2$.

Newton: $x_{n+1} = x_n - \dfrac{x_n^3 - 5}{3x_n^2} = \dfrac{2}{3}x_n + \dfrac{5}{3x_n^2}$.

n	x_n
1	1,5
2	1,740741
3	1,710516
4	1,709976
5	1,709976

$\sqrt[3]{5} \approx 1,7100$

S. 181 1. J_1: $I_1 = 0,0025$; J_2: $I_2 = 0,0000712443$;

$\dfrac{I_1}{I_2} = 35,090527$.

2. Versagt sofort, wenn $f'(x_1) = 4x_1^3 - 10x_1 = 0$;
$\Rightarrow 2x_1(2x_1^2 - 5) = 0$;
$\Rightarrow x_{11} = 0$; $x_{12/13} = \pm\dfrac{1}{2}\sqrt{10} \approx \pm 1,5811$.

Versagt nach einem Schritt, wenn $f'(x_2) = 0$, d.h. $x_2 = 0$ oder $x_2 = \pm\dfrac{1}{2}\sqrt{10}$ (s.o.).

$x_2 = x_1 - \dfrac{x_1^4 - 5x_1^2 + 4}{4x_1^3 - 10x_1} = \dfrac{3x_1^4 - 5x_1^2 - 4}{4x_1^3 - 10x_1}$.

$x_2 = 0 \Rightarrow 3x_1^4 - 5x_1^2 - 4 = 0$; (mit Substitution $z = x_1^2 \Rightarrow$)

$\Rightarrow x_{14/15} = \pm\dfrac{1}{6}\sqrt{30 + 6\sqrt{73}} \approx \pm 1,5024$.

$x_2 = \dfrac{1}{2}\sqrt{10} \Rightarrow \dfrac{3x_1^4 - 5x_1^2 - 4}{4x_1^3 - 10x_1} = \dfrac{1}{2}\sqrt{10}$;

$\Rightarrow 3x_1^4 - 2\sqrt{10}x_1^3 - 5x_1^2 + 5\sqrt{10}x_1 - 4 = 0$.

Näherungslösungen mit Computer-Hilfe: $x_{16} = -1,5441$; $x_{17} = 0,2873$

$x_2 = -\dfrac{1}{2}\sqrt{10} \Rightarrow \dfrac{3x_1^4 - 5x_1^2 - 4}{4x_1^3 - 10x_1} = -\dfrac{1}{2}\sqrt{10}$;

$\Rightarrow 3x_1^4 + 2\sqrt{10}x_1^3 - 5x_1^2 - 5\sqrt{10}x_1 - 4 = 0$.

Näherungslösungen mit Computer-Hilfe: $x_{18} = -0,2873$; $x_{19} = 1,5441$.

3. Nach einem Schritt:

$x_2 = 1 \Rightarrow x_1 - \dfrac{x_1^3 - 1}{3x_1^2} = \dfrac{2x_1^3 + 1}{3x_1^2} = 1$;

$\Rightarrow 2x_1^3 - 3x_1^2 + 1 = 0$; mit $x_{11} = 1$ (schon bekannt):
$\Rightarrow (x_1 - 1)(2x_1^2 - x_1 - 1) = 0$;
$\Rightarrow x_{12} = -\dfrac{1}{2}$; $x_{13} = 1$.

Nur mit $x_{12} = -\dfrac{1}{2}$ braucht man tatsächlich einen Schritt.

Nach 2 Schritten:

$x_3 = x_2 - \dfrac{x_2^3 - 1}{3x_2^2} = \dfrac{2x_2^3 + 1}{3x_2^2} = 1$;

$\Rightarrow x_2 = 1 \vee x_2 = -\dfrac{1}{2}$

mit $x_2 = -\dfrac{1}{2}$: $\dfrac{2x_1^3 + 1}{3x_1^2} = -\dfrac{1}{2}$;

$\Rightarrow 2x_1^3 + \dfrac{3}{2}x_1^2 + 1 = 0$; mit Computer-Hilfe: $x_{14} = -1,1369$.

Nach 3 Schritten:

$x_4 = 1 \Rightarrow x_3 = -\frac{1}{2} \Rightarrow x_2 = -1{,}1369;$
$\Rightarrow 2x_1^3 + 3{,}4107 x_1^2 + 1 = 0$

mit Computer-Hilfe: $x_{15} = -1{,}8512$.

4. Siehe Fig. 11.21 mit einem Programm in QBasic und einem Ausdruck.
   Die Subroutine (Unterprogramm) „newton" berechnet die Lösung für einen Punkt; das Hauptprogramm durchläuft die Punkte eines Intervalls.

```
DECLARE SUB newton (p!, q!)              'Subroutine anmelden
CLS                                      'Bildschirm löschen
F$ = "###.#####"                         'Format für Ausdruck
INPUT "Linker Rand: xmin ="; xmin        'Intervallgrenzen eingeben
INPUT "Rechter Rand: xmax ="; xmax
INPUT "delta x ="; deltax                'Schrittweite eingeben
zalt = 10000000                          'Beliebige Zahl als letzte
                                         'Lösung setzen
FOR x = xmin TO xmax STEP deltax         'Jetzt geht es los.
   CALL newton(x, z)                     '"newton" wird aufgerufen.
   IF z = zalt THEN GOTO 5               'Wenn keine neue Lösung,
                                         'dann weiter
   PRINT "ab x="; USING F$; x            'x und Lösung ausdrucken
   PRINT "         Lösurg ="; z
5  zalt = z                              'Neue Lösung wird zur alten.
NEXT x                                   'Ende der Schleife
PRINT "bis x="; USING F$; x - deltax
END

SUB newton (x, z)              'Hier wird die Subroutine definiert:
   F$ = "###.#####"                      'Format für Ausdruck
   x0 = x                                'Startwert speichern
   FOR n = 1 TO 100                      'Beginn der Schleife
      F = x ^ 4 - 5 * x ^ 2 + 4          'Funktion
      f1 = 4 * x ^ 3 - 10 * x            '1.Ableitung
      IF ABS(f1) < .0001 THEN GOTO 20    'Problem wenn Nenner=0
      xneu = x - F / f1                  'Iteration
      IF ABS(xneu - x) < .00001 THEN GOTO 30  'wenn Lösung stabil...
      x = xneu
   NEXT n                                'Ende der Schleife
20 PRINT "bei x ="; USING F$; x0;        'Ausgang bei Problem
   PRINT " keine Lösung"
   GOTO 40
30 z = xneu                              'Normaler Ausgang
40 x = x0                                'auf Startwert zurücksetzen
END SUB


Linker Rand: xmin =? 1
Rechter Rand: xmax =? 2
delta x =? 0.01
ab x=   1.00000
          Lösung = 1
ab x=   1.48000
          Lösung =-2
ab x=   1.49000
          Lösung = 2
ab x=   1.51000
          Lösung =-2
ab x=   1.52000
          Lösung =-1
ab x=   1.55000
          Lösung =-2
ab x=   1.59000
          Lösung = 2
bis x=  2.00000
```

Fig. 11.21

Experimente, die Geschichte machten

Jürgen Teichmann,
Wolfgang Schreier,
Michael Segre

220 Seiten, mit zahlreichen
Abbildungen, kart.,
Bestell-Nr. 3798-3

Von Galileis Versuchen zum freien Fall bis zur heute aktuellen Hochtemperatursupraleitung spannt sich der Bogen physikalischer *Experimente, die Geschichte machten*.

Wie solche Versuche im Meinungsstreit zwischen Theorie und Experiment verlaufen sind und welche Folgen sie hatten, darüber gibt dieses Buch interessante Informationen in Text und Bild.

Die fächerübergreifende Diskussion über Naturwissenschaft, Technik und Gesellschaft und das Wissen um historische Zusammenhänge, lässt so manches als »langweilig« geltendes physikalische Thema in einem neuen Licht erscheinen.

Bayerischer Schulbuch Verlag · Rosenheimer Str. 145 · 81671 München